21世纪高等学校计算机专业实用规划教材

数据结构
(C++描述)(第2版)

熊岳山 编著

清華大学出版社
北京

内 容 简 介

数据结构是计算机科学与技术、网络工程、软件工程、信息安全等专业的重要基础课，是这些专业的核心课程之一，是一门集技术性、理论性和实践性于一体的课程。本书重点介绍抽象数据类型、基本数据结构、算法性能评价、C++语言描述数据结构、数据结构的应用等内容，进一步使读者理解数据抽象与面向对象编程实现的关系，提高使用计算机解决实际问题的能力。

本书内容包括基本数据类型、抽象数据类型、算法效率分析、顺序表、链表、树和二叉树、图、多维数组等内容。本书结构合理，内容丰富，算法理论分析详细，数据结构的算法描述丰富。书中用 C++语言编写的算法代码都已调试通过，便于自学。本书可作为高等学校计算机科学与技术、网络工程、软件工程、信息安全等专业以及军事院校的基础合训或其他相关专业的教材和参考书，也可供从事计算机软件开发的科技工作者参考。

图书在版编目（CIP）数据

数据结构（C++描述）/熊岳山编著．—2 版．—北京：清华大学出版社，2015（2023.12重印）
21 世纪高等学校计算机专业实用规划教材
ISBN 978-7-302-38818-0

Ⅰ．①数…　Ⅱ．①熊…　Ⅲ．①数据结构－高等学校－教材　②C 语言－程序设计－高等学校－教材　Ⅳ．①TP311.12　②TP312

中国版本图书馆 CIP 数据核字(2014)第 301058 号

责任编辑：刘　星
封面设计：何凤霞
责任校对：梁　毅
责任印制：沈　露

出版发行：清华大学出版社
　　网　　址：https://www.tup.com.cn，https://www.wqxuetang.com
　　地　　址：北京清华大学学研大厦 A 座　　**邮　　编**：100084
　　社 总 机：010-83470000　　**邮　　购**：010-62786544
　　投稿与读者服务：010-62776969，c-service@tup.tsinghua.edu.cn
　　质量反馈：010-62772015，zhiliang@tup.tsinghua.edu.cn
　　课件下载：https://www.tup.com.cn ,010-83470236

印 装 者：天津鑫丰华印务有限公司
经　　销：全国新华书店
开　　本：185mm×260mm　　**印　张**：15.25　　**字　　数**：378 千字
版　　次：2012 年 1 月第 1 版　2015 年 2 月第 2 版　　**印　　次**：2023 年 12 月第 7 次印刷
印　　数：4601～4900
定　　价：45.00元

产品编号：062439-02

编审委员会成员

（按地区排序）

出版说明

随着我国改革开放的进一步深化，高等教育也得到了快速发展，各地高校紧密结合地方经济建设发展需要，科学运用市场调节机制，加大了使用信息科学等现代科学技术提升、改造传统学科专业的投入力度，通过教育改革合理调整和配置了教育资源，优化了传统学科专业，积极为地方经济建设输送人才，为我国经济社会的快速、健康和可持续发展以及高等教育自身的改革发展做出了巨大贡献。但是，高等教育质量还需要进一步提高以适应经济社会发展的需要，不少高校的专业设置和结构不尽合理，教师队伍整体素质亟待提高，人才培养模式、教学内容和方法需要进一步转变，学生的实践能力和创新精神亟待加强。

教育部一直十分重视高等教育质量工作。2007 年 1 月，教育部下发了《关于实施高等学校本科教学质量与教学改革工程的意见》，计划实施"高等学校本科教学质量与教学改革工程（简称'质量工程'）"，通过专业结构调整、课程教材建设、实践教学改革、教学团队建设等多项内容，进一步深化高等学校教学改革，提高人才培养的能力和水平，更好地满足经济社会发展对高素质人才的需要。在贯彻和落实教育部"质量工程"的过程中，各地高校发挥师资力量强、办学经验丰富、教学资源充裕等优势，对其特色专业及特色课程（群）加以规划、整理和总结，更新教学内容、改革课程体系，建设了一大批内容新、体系新、方法新、手段新的特色课程。在此基础上，经教育部相关教学指导委员会专家的指导和建议，清华大学出版社在多个领域精选各高校的特色课程，分别规划出版系列教材，以配合"质量工程"的实施，满足各高校教学质量和教学改革的需要。

本系列教材立足于计算机专业课程领域，以专业基础课为主、专业课为辅，横向满足高校多层次教学的需要。在规划过程中体现了如下一些基本原则和特点。

（1）反映计算机学科的最新发展，总结近年来计算机专业教学的最新成果。内容先进，充分吸收国外先进成果和理念。

（2）反映教学需要，促进教学发展。教材要适应多样化的教学需要，正确把握教学内容和课程体系的改革方向，融合先进的教学思想、方法和手段，体现科学性、先进性和系统性，强调对学生实践能力的培养，为学生知识、能力、素质协调发展创造条件。

（3）实施精品战略，突出重点，保证质量。规划教材把重点放在公共基础课和专业基础课的教材建设上；特别注意选择并安排一部分原来基础比较好的优秀教材或讲义修订再版，逐步形成精品教材；提倡并鼓励编写体现教学质量和教学改革成果的教材。

（4）主张一纲多本，合理配套。专业基础课和专业课教材配套，同一门课程有针对不同层次、面向不同应用的多本具有各自内容特点的教材。处理好教材统一性与多样化，基本教材与辅助教材、教学参考书，文字教材与软件教材的关系，实现教材系列资源配套。

（5）依靠专家，择优选用。在制定教材规划时要依靠各课程专家在调查研究本课程教材建设现状的基础上提出规划选题。在落实主编人选时,要引入竞争机制,通过申报、评审确定主题。书稿完成后要认真实行审稿程序,确保出书质量。

繁荣教材出版事业,提高教材质量的关键是教师。建立一支高水平教材编写梯队才能保证教材的编写质量和建设力度,希望有志于教材建设的教师能够加入到我们的编写队伍中来。

21世纪高等学校计算机专业实用规划教材
联系人:魏江江 weijj@tup.tsinghua.edu.cn

前 言

数据结构是计算机科学与技术一级学科相关专业的重要基础课程之一，是软件开发和维护的基础。计算机的数据处理能力是计算机解决各种实际问题的关键。现实生活中的实际问题经过抽象，得出反映实际事物本质的数据表示后，才有可能被计算机处理。从实际问题抽象出数学模型，得出它的数据表示后，如何用计算机所能接受的形式来描述这些数据（包括数据本身与数据之间的关系），如何将这些数据以及它们之间的关系存储在计算机中，如何用有效的方法去处理这些数据，是数据结构研究的主要问题。

面向对象的程序设计（OOP）是当今流行的一种程序设计方法。它以一种与传统的面向过程的程序设计方法完全不同的思维方式来认识软件设计的各个方面，并用于指导软件生产的整个过程。面向对象的程序设计有几个优点：首先，由于对象包含属性和行为，因此它支持模块化的程序设计，而模块化程序设计又便于程序的开发和维护；其次，在面向对象程序设计过程中可以充分地利用已有类库，在此基础上所做的修改与扩充不会损害原有类库，因此应用程序的新增代码明显减少，应用程序的可靠性得以提高。C++是一种支持面向对象的程序设计的语言。C++是C语言的超集，它不但实现了面向对象的程序设计的要求，而且还继承了C语言的所有优点，是开发系统软件和应用软件的有力工具，这就是C++备受青睐的主要原因。

用面向对象的程序设计语言C++描述数据结构，与用面向过程的程序设计语言（C或PASCAL）描述数据结构相比，有很大的变化。用面向对象的C++语言的类来描述抽象数据类型，可利用封装、继承和多态等特性。

本书是在深入研究国内外同类教材的基础上，结合多年“数据结构”课程教学经验编写而成的。选材充分考虑了教育部高等学校计算机类专业教学指导委员会对“数据结构”课程的内容要求，算法理论分析详细，数据结构的算法描述丰富。全书共分9章，第1章为数据结构概述，主要介绍数据结构概念：逻辑结构、存储方法、算法复杂度分析、基本数据类型、抽象数据类型与类。第2章介绍线性表、数组、栈和队列及其应用，内容有向量、栈和队列的逻辑结构，抽象数据类型数组、栈和队列的描述；Josephus问题求解、栈与后缀表达式求值、栈与递归、队列与离散事件模拟等应用实例。第3章介绍链表及其应用，内容有动态存储、单链表、循环表、双链表、栈和队列的链接存储。第4章介绍各种排序方法，内容有排序的基本概念，被排序文件的存储表示，折半插入排序、Shell排序、冒泡排序、快速排序、归并排序和外部排序等各种排序方法，各种排序方法的时空效率，算法的实现细节和算法的时空效率等。第5章介绍了线性表的查找，内容有有关查找的概念，顺序查找、折半查找、分块查找、字符串查找的KMP算法和散列查找。第6章介绍树和二叉树，内容有树(树林)和二叉树的概念、树（树林）和二叉树的遍历、抽象数据类型BinaryTree与类BinaryTree、二叉树的遍历算法。第7章介绍树形结构的应用,内容有二叉排序树、平衡的二叉排序树、B-树和 B^+-树、2-3树、Huffman最优树、堆排序和判定树、红黑树、并查集和键树。第8章介绍图结构,内容有图的基本概念、图的存储表示、Graph类的构造与实现、图的遍历、最小代价生成树、单源最短路径问题、每一对顶点间的最短路径问题、有向无回路图的拓扑排序和关键路径。第9章为多维数组,内容有多维数组的存储方法、稀疏矩阵的存储和抽象数据类型——稀疏矩阵。

本书是作为计算机专业本科生"数据结构"课程教材编写的,也可供从事计算机软件开发和计算机应用的工程与科技人员参考。具备了C++语言基础的读者可学习本教材。书中没有标"*"的章节可用50学时的时间讲授。全部内容可用60学时完成。

此外,为配合课堂教学,便于学生理解和掌握所学知识,提高程序设计编程能力,应另外配有20~30小时的上机时间。

本书的出版得到国防科技大学计算机学院、计算机系、613教研室以及清华大学出版社的大力支持,在此深表谢意。特别感谢陈怀义教授、姚丹霖教授在合作撰写数据结构教材中的辛勤工作。由于时间仓促,加之作者水平有限,书中错误在所难免,敬请广大读者和专家批评指正。

编　者

2014年10月

目　录

第1章　数据结构概述

计算机的数据处理能力是计算机解决各种实际问题的基础,但是现实世界中的实际问题必须经过抽象,得出反映实际事物本质的数据表示后才有可能被计算机处理。如何从实际问题抽象出它的数学模型,得出它的数据表示,这不属于本课程的内容;但如何用计算机所能接受的形式来描述这些数据(包括数据本身及数据与数据之间的关系),如何将这些数据以及它们之间的关系存储在计算机中,如何用有效的方法去处理这些数据,则是数据结构课程要研究的主要问题。

1.1 基本概念

1.1.1 数据、数据元素和数据对象

数据是客观事物的符号表示,是对现实世界的事物采用计算机能够识别、存储和处理的形式进行描述的符号的集合。计算机能处理多种形式的数据。例如,科学计算软件处理的是数值数据;文字处理软件处理的是字符数据;多媒体软件处理的是图像、声音等多媒体数据。数据元素是数据的基本单位。在计算机程序中,数据元素通常是作为一个整体来处理的。一个数据元素又可以由若干个数据项组成。数据项包括两种:一种是初等项,是数据的不可分割的最小单位;另一种是组合项,它由若干个初等项组成。

例 1.1　表 1.1 所示的学生情况表就是描述学生基本情况的数据。

表中,每个学生的情况占一行,每一行就是一个数据元素(或称为结点)。每一个数据元素由学号、姓名、年龄、籍贯、性别、专业、成绩等数据项组成。姓名、年龄、籍贯、性别、专业为初等项,而成绩为组合项,它又分为高等数学、线性代数、大学英语成绩等初等项。因为学号的值能唯一标识一个数据元素,学号称为关键字(或称为主关键字),非关键字的数据项又称为属性项(或次关键字)。

表 1.1　学生情况表

学号	姓名	年龄	籍贯	性别	专业	成绩		
						高等数学	线性代数	大学英语
20100601	张三	18	湖南	男	信息安全	90	86	82
20100602	李四	19	北京	女	软件工程	89	84	88
20100603	王五	18	上海	男	信息安全	88	87	90
…	…	…	…	…	…	…	…	…

数据对象是性质相同的数据元素的集合，是数据集合的一个子集。数据元素则是数据对象集合中的数据成员。例如，学生情况表就是一个数据对象。整数集合和复数集合都是数据对象。

1.1.2 数据结构

在任何数据对象中，数据元素都不是孤立存在的，它们相互之间存在一种或多种特定的关系，这种关系称为结构。数据的结构是指数据的组织形式，由数据对象及该对象中数据元素之间的关系组成。数据结构可以描述为一个二元组：

$$\text{Data Structure} = (D,R)$$

其中：D 是数据对象，为数据元素的有限集；R 是该数据对象中所有数据元素之间关系的有限集。

例 1.2 用符号 $<\mathrm{k}_i,\mathrm{k}_j>$ 表示两数据元素 k_i，k_j 的先后次序关系，即 k_i 在 k_j 的前面，则下面两种二元组分别表示两个不同的逻辑结构。

结构 1 = (D,R)
$D=\{\mathrm{k}_0,\mathrm{k}_1,\cdots,\mathrm{k}_{n-1},\mathrm{k}_n\}, R=\{r\}$
$r=\{<\mathrm{k}_0,\mathrm{k}_1>,<\mathrm{k}_1,\mathrm{k}_2>,\cdots,$
$<\mathrm{k}_{n-2},\mathrm{k}_{n-1}>,<\mathrm{k}_{n-1},\mathrm{k}_n>\}$

结构 2 = (D,R)
$D=\{\mathrm{k}_0,\mathrm{k}_1,\mathrm{k}_2,\mathrm{k}_3,\mathrm{k}_4\}, R=\{r\}$
$r=\{<\mathrm{k}_0,\mathrm{k}_1>,<\mathrm{k}_0,\mathrm{k}_2>,$
$<\mathrm{k}_1,\mathrm{k}_3>,<\mathrm{k}_1,\mathrm{k}_4>\}$

以上是数学意义的数据结构概念，是数据结构的逻辑描述，即逻辑结构。尽管在一般情况下所说的数据结构即指数据的逻辑结构，但当这种数据结构要放在计算机中进行处理时，数据结构概念的含义就不仅限于此了。涉及计算机的数据结构概念，至今尚未有一个公认的标准定义，但一般认为应包括以下三个方面：

(1) 数据元素及数据元素之间的逻辑关系，也称为数据的逻辑结构。

(2) 数据元素及数据元素之间的关系在计算机中的存储表示，也称为数据的存储结构或物理结构。

(3) 数据的运算，即对数据施加的操作。

数据的逻辑结构是从逻辑关系上描述数据，是根据问题所要实现的功能而建立的。数据的逻辑结构是面向问题的，是独立于计算机的。数据的存储结构是指数据在计算机中的物理表示方式，是根据问题所要求的响应速度、处理时间、存储空间和处理速度等建立的，是依赖于计算机的。每种逻辑结构都有一个运算的集合，例如，最常见的运算有检索、插入、排序等，这些运算在数据的逻辑结构上定义，只规定“做什么”，在数据的存储结构上考虑运算的具体实现，规定“如何做”。

例如，表 1.1 就是一个数据结构，它由若干个数据元素组成，每个学生的情况数据就是一个数据元素。对任何一个数据元素，除第一个元素外，其他每个元素都有且仅有一个前驱，第一个元素没有前驱；除最后一个元素外，其他每个元素都有且仅有一个后继，最后一个元素没有后继。这就是数据的一种逻辑结构。

要利用这张表对学生的情况进行计算机管理，首先要把这张表存入计算机。可以把表中的这些数据元素顺序邻接地存储在一片连续的存储单元中，也可以用指针把各自存储的数据元素按表中顺序连接在一起，这种表在计算机中的存储方式就是数据的存储结构。

学生情况的管理，必然涉及学生成绩的登记和查询、学生的插班和退学等，这些管理行为就是数据的运算，这里涉及数据元素的查找、插入和删除等操作。这些操作在数据的逻辑结构上定义，在数据的存储结构上实现。

1.2 数据结构的分类

对于一个数据结构而言，每一个数据元素可称为一个结点，数据结构中所包含的数据元素之间的关系就是结点之间的关系。如果两个结点 k、k′之间存在的关系可用有序对<k,k′>表示，则称 k′是 k 的后继，k 是 k′的前驱，k 和 k′互为相邻结点。如果 k 没有后继，则称 k 为终端结点；如果 k 没有前驱，则称 k 为开始结点；如果 k 既不是终端结点，也不是开始结点，则称 k 为内部结点。

数据的逻辑结构可分为两大类：一类是线性结构；另一类是非线性结构。

线性结构中有且仅有一个开始结点和一个终端结点，并且所有的结点最多只有一个前驱和一个后继。线性表是典型的线性结构。学生情况表就是一个线性表。

非线性结构中的一个结点可能有多个前驱和后继。如果一个结点最多只有一个前驱，而可以有多个后继，这种结构就是树。树是最重要的非线性结构之一。如果对结点的前驱和后继的个数不作限制，这种结构就是图。图是最一般的非线性结构。数据的这几种逻辑结构可用图 1.1 表示。

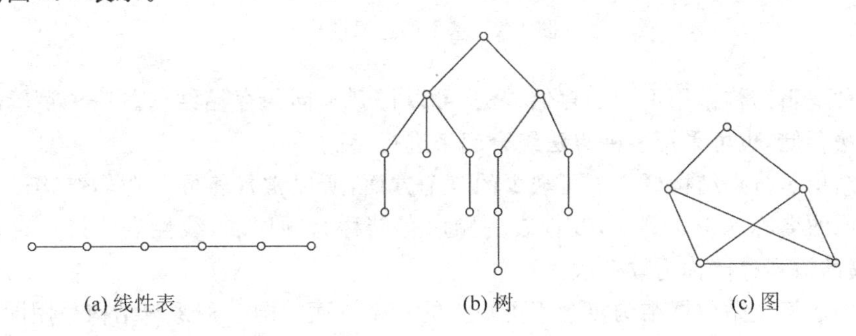

(a) 线性表　　(b) 树　　(c) 图

图 1.1　基本的逻辑结构

数据的存储结构取决于四种基本的存储方法：顺序存储、链接存储、索引存储和散列存储。

顺序存储方法是把逻辑上相邻的结点存储在物理位置相邻的存储单元里，结点之间的逻辑关系用存储单元的邻接关系来体现。顺序存储主要用于线性结构，非线性结构也可以通过某种线性化的方法来实现顺序存储。通常顺序存储是用程序语言的数组来描述的。

链接存储方法对逻辑上相邻的结点不要求在存储空间的物理位置上亦相邻，结点之间的逻辑关系由附加的指针来表示。非线性结构常用链接存储，线性结构也可以链接存储。通常链接存储是用程序语言的指针来描述的。

索引存储方法是在存储结点数据的同时，还建立附加的索引表。索引表的每一项称为索引项。一般情况下索引项由关键字(关键字是结点的一个字段或多个字段的组合，其值能唯一确定数据结构中的一个结点)和地址组成。一个索引项唯一对应于一个结点，其中的关键字是能唯一标识该结点的数据项，地址指示该结点的存储位置。

散列存储方法是根据结点的关键字计算出该结点的存储地址的，是一种从关键字到地址码的存储映射方法。

这四种基本的存储方法形成四种不同的存储结构,如图1.2所示。

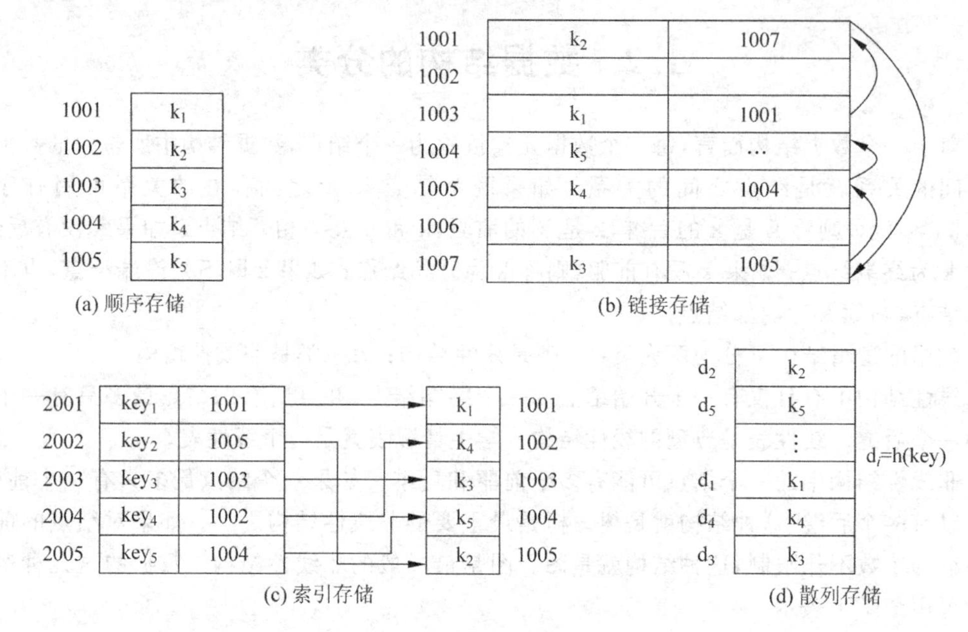

图1.2 基本的逻辑结构

同一种逻辑结构采用不同的存储方法,可以得到不同的存储结构。一种逻辑结构可采用一种方法存储,也可采用多种方法组合起来进行存储。

存储结构是数据结构概念不可缺少的一个方面,所以常常将同一逻辑结构的不同存储结构用不同的名称标识。例如,线性表的顺序存储称为顺序表,线性表的链接存储称为链表,线性表的散列存储称为散列表。

数据的运算也是数据结构概念不可缺少的一个方面。同一种逻辑结构采用同一种存储方式,如果定义的运算不同,也将以不同的名称标识。例如,若在线性表上插入、删除操作限制在表的一端进行,则称为栈;若插入限制在表的一端进行,删除限制在表的另一端进行,则称为队列。如果这种线性表是顺序存储的,则称为顺序栈或顺序队列;如果是链接存储的,则称为链式栈或链式队列。

在计算机环境下研究数据结构,应该将数据的逻辑结构、数据的存储结构和数据的运算看成一个整体,只有对这三个方面都清楚了,才能真正了解这个数据结构。

1.3 抽象数据类型

1.3.1 两种软件设计方法

在软件设计中,为了降低问题的复杂度,一种基本的策略就是"分解"。把复杂的问题分解成若干个较为简单的子问题,然后分别对这些子问题进行处理。传统的软件设计技术采用的是功能分解。它把软件看成一个处理过程,将软件分解为若干个表示过程步骤的模块,然后由编程语言的构件(子程序和函数)来实现。

面向对象的软件设计方法将软件看成由数据对象组成的集合，这些对象是应用问题所涉及的物理实体的数据模型，它们之间的相互作用构成了一个软件系统。首先，软件被分解成若干个数据对象，用抽象数据类型加以描述；然后，通过面向对象的程序设计语言 C++的类加以表示和实现；最后，通过各个类的实例之间的消息连接，实现软件的功能。

因为数据对象自然地对应于应用问题中的实体，所以与传统的软件设计方法相比，面向对象的软件设计方法分解更为直观，分解的难度也降低了。用面向对象设计方法生成的软件，测试和调试效率高，易于修改，质量可靠，而且便于重用。

之所以面向对象的软件设计方法优于传统的软件设计方法，主要原因是面向对象的软件设计方法采用了抽象数据类型的描述方式，实现了数据抽象和信息隐蔽。

1.3.2 数据类型

在早先的高级程序语言中都有数据类型的概念。数据类型是一组性质相同的值的集合以及定义在这个集合上的一组操作的总称。

N. Wirth 曾指出：算法＋数据结构＝程序。在早先的高级程序语言中，数据结构是通过数据类型来描述的。数据类型用于刻画操作对象的特性。每个变量、常量和表达式都属于一个确定的数据类型，例如整型、实型、字符型等，这些数据类型规定了数据可能取值的范围以及允许进行的操作。例如，C 程序中的变量 k 定义为整型 int，则它可能取值的范围是{0，＋1，－1，＋2，－2，…，maxint，minint}，其中 maxint 和 minint 分别是所用计算机上整型量所能表示的最大整数和最小整数。对它可施行的操作有算术一元运算（＋、－）、算术二元运算（＋、－、*、/、%）、关系运算（＜＝、＞＝、＝＝、!＝）、赋值运算（＝）等。

在高级程序语言中，数据类型分为两种：一种是基本类型，如整型、实型、字符型等，其取值范围和允许的操作都是由系统预先规定的；另一种是组合类型，它由一些基本类型组合构造而成，如记录、数组、结构等。基本数据类型通常是由程序语言直接提供的，而组合类型则由用户借助程序语言提供的描述机制自己定义。这些数据类型都可以看成是程序设计语言已实现了的数据结构。

1.3.3 抽象数据类型

抽象是指从特定的实例中抽取共同的性质以形成一般化概念的过程。抽象是对某系统的简化描述，即强调该系统中的某些特性，而忽略一部分细节。对系统进行的抽象描述称为对它的规范说明，对抽象的解释称为它的实现。抽象可分为不同的层次，高层次抽象将其低层次抽象作为它的一种实现。抽象是人们在理解复杂现象和求解复杂问题中处理复杂度的主要工具。

数据抽象是一种对数据和操作数据的算法的抽象。数据抽象包含了模块化和信息隐蔽两种抽象。模块化是将一个复杂的系统分解成若干个模块，每个模块与系统某个特定模块有关的信息保持在该模块内。一个模块是对整个系统结构的某一部分的自包含和完整的描述。模块化的优点是便于修改或维护；系统发现问题后，容易定位问题出在哪个模块上。信息隐蔽是将一个模块的细节部分对用户隐藏起来，用户只能通过一个受保护的接口来访问该模块，而不能直接访问模块的内部细节。这个接口一般由一些操作组成，这些操作定义了一个模块的行为。这样，错误的影响被限制在一个模块内，增强了系统的可靠性。模块化和信息隐蔽是面向对象方法的核心。

数据类型已经体现了数据的抽象。例如,在计算机中使用二进制定点数和浮点数实现数据的存储和运算,在汇编语言中程序员可直接使用它们的自然表示,如15.5,1.35E10,10等,不必考虑它们实现的细节,这是二进制数据的抽象。在高级语言中,出现了整型、实型、双精度实型等数据类型,给出了更高一级的数据抽象。面向对象程序语言出现后,可以用抽象数据类型定义更高层次的数据抽象,如各种表、树、图甚至窗口、管理器等。这种数据抽象的层次为软件设计者提供了有利的手段,使设计者可从抽象的概念出发,从整体上进行考虑,然后自顶向下,逐步展开,最后得到所需结果。

抽象数据类型(Abstract Data Type,ADT)是指抽象数据的组织和与之相关的操作。抽象数据类型通常是由用户定义,用于表示应用问题的数据模型,它可以看作是数据的逻辑结构及在逻辑结构上定义的操作。ADT可用如下形式描述:

```
ADT ADT—Name
{
  //数据说明
  Data
  数据元素之间逻辑关系的描述
  //操作说明
  Operations
    //操作1,通常用C++函数原型描述
    Operation1
      Input                    //对输入数据的说明
      Preconditions            //执行操作前系统应满足的状态
      Process                  //对数据执行的操作
      Output                   //对返回数据的说明
      Postconditions           //执行操作后系统的状态
    //操作2
    Operation2
    …
}//ADT
```

抽象数据类型体现了数据抽象,它将数据和操作封装在一起,使得用户程序只能通过在ADT里定义的某些操作来访问其中的数据,从而实现了信息隐蔽。ADT既独立于它的具体实现,又与具体的应用无关,这可使软件设计者把注意力集中在数据及其操作的理想模型的选择上。

在C++中,用类的说明来表示ADT,用类的实现来实现ADT,因此C++中实现的类相当于数据的存储结构及其在存储结构上实现的对数据的操作。ADT和类的概念反映了软件设计的两次抽象:ADT相当于在概念层(抽象层)上描述问题,而类相当于在实现层上描述问题。

下面给出一个矩形抽象数据类型的例子。

矩形由长和宽决定,不同的长和宽构成不同的矩形。与矩形相关的主要操作,一个是计算面积,另一个是计算周长。因此,数据长和宽及求面积和周长的操作就构成了矩形的抽象数据类型。

封装的矩形数据和操作的抽象数据类型如下:

```
ADT Rectangle
{ Data
  非负实数,给出矩形的长和宽
 Operations
  Area
   Input                    //无
   Preconditions            //无
   Process                  //计算矩形的面积
   Output                   //返回面积值
   Postconditions           //无
  Perimeter
   Input                    //无
   Preconditions            //无
   Process                  //计算矩形的周长
   Output                   //返回周长值
   Postconditions           //无
}
```

该抽象数据类型可用C++中的类(class)来表示。类由多个存放数据值的成员和加工数据的运算组成。类型为类的变量称为对象。类的公共(public)部分描述用户使用类的界面,包括用类初始化数据成员的构造函数和计算面积与周长的方法,它使用户不必了解对象的内部细节而使用对象。类的私有(private)部分由实现数据抽象的数据和内部操作组成,它包含两个私有数据成员:矩形的长和宽。

```
//类的说明
class Rectangle
{
 private:
   //定义数据成员 length,width 为浮点数
   float length,width;
 public:
   //构造函数
   Rectangle(float l,float w);
   //计算矩形的面积
   float Area(void) const;
   //计算矩形的周长
   float Perimeter(void) const;
};
```

类的说明用程序语言表示了抽象数据类型,类的实现则用函数的形式实现了在抽象数据类型上所定义的运算。

```
//类的实现
//构造函数实现类的数据成员的初始化
Rectangle::Rectangle(float l,float w):length(l),width(w){}
//计算矩形的面积
float Rectangle::Area(void) const{return length * width;}
//计算矩形的周长
float Rectangle::Perimeter(void) const{return 2.0 * (length + width);}
```

1.4 算法和算法分析

1.4.1 算法的概念

在面向对象的软件设计中,通过类来表示抽象数据类型之后,还要用函数的定义来实现数据操作的细节。另外,软件系统的功能是由数据对象之间的相互作用构造的,这些相互作用也要用函数定义来实现。在这些函数定义中规定了完成某种功能的处理步骤。这些步骤体现了算法。

通常人们将算法定义为一个有穷的指令集,这些指令为解决某一特定任务规定了一个运算系列。

一个算法应当具有以下特性:

(1) 输入。一个算法必须有一个或多个输入。这些输入取自特定的对象的集合,它们可使用输入语句由外部提供,也可以使用置初值语句或赋值语句在算法内给定。

(2) 输出。一个算法应该有一个或多个输出。

(3) 确定性。算法的每一步都应确切地、无歧义地定义。对于每一种情况,需要执行的动作都应严格、清晰地规定。

(4) 有穷性。一个算法无论在什么情况下都应在执行有穷步后结束。

(5) 可行性。算法中每一个运算都应是可行的,即都可以通过已经实现的基本操作执行有限次来完成。

算法的描述有多种方法,如自然语言方式、图形方式、表格方式等。在这里用C++程序语言来描述算法。

把一个具体问题的功能需求转变为一个算法,使用的方法是自顶向下、逐步求精的结构化程序设计方法。

例 1.3 在一个矩形游泳池的周围建一个环形过道,并在其外围设立栅栏,如图1.3所示。

如果游泳池的长和宽由键盘输入,过道宽度为3米,栅栏造价为5元/米,过道造价为3元/米^2,要求计算整个工程的造价。完成这个功能需求的算法如算法1.1所示。

图1.3 矩形游泳池

算法 1.1 计算修建游泳池工程造价。

```
void main(void)
{
 float length,width;
 float FenceCost, ConcreteCost,TotalCost;
 //输入游泳池的长和宽
 cout <<"Enter the length and width of the pool:";
 cin >> length >> width;
 //定义两个矩形对象
 Rectangle Pool(length,width);
 Rectangle PoolRim(length + 6,width + 6);
 //计算栅栏造价
```

```
    FenceCost = PoolRim.Perimeter( ) * 5;
    cout <<"Fencing Cost is"<< FenceCost << endl;
    //计算过道造价
    ConcreteCost = (PoolRim.Area( ) - Pool.Area( )) * 3;
    cout <<"Concrete Cost is"<< ConcreteCost << endl;
    //计算总造价
    TotalCost = FenceCost + ConcreteCost;
    cout <<"Total cost is"<< TotalCost << endl;
}
```

1.4.2 算法分析

通常一个好的算法应达到如下目标：

(1) 正确性。算法应满足具体问题的需求，正确反映求解问题对输入输出和加工处理等方面的需求。

(2) 可读性。算法除了用于编制程序在计算机上执行之外，另一个重要用处是阅读和交流。可读性好有助于人们对算法的理解，便于算法的交流与推广。

(3) 健壮性。当输入数据非法时，算法应能适当地做出反应或进行处理，输出表示错误性质的信息并中止执行。

(4) 时间效率和存储占用量。一般来说，求解同一个问题若有多种算法，则执行时间短的算法效率高，占用存储空间少的算法较好。但是算法的时间开销和空间开销往往是相互制约的，对高时间效率和低存储量的要求只能根据问题的性质折衷处理。

在这四个目标中，对算法在计算机上执行所耗费的时间和所占空间的分析，常常是人们对算法进行评估和选择的重要依据。

一个用高级程序语言描述的算法，在计算机上运行所耗费的时间取决于多种因素：算法所采用的策略；求解问题的规模；程序语言的级别；编译程序的优劣；机器运行的速度等。同一个算法用不同的语言编程，或者用不同的编译程序编译，或者在不同机器上运行，所消耗的机器时间均不相同。显然，用绝对的机器运行时间来衡量算法的时间效率是不妥的。但是撇开这些与计算机软硬件有关的因素，可以认为一个特定算法"运行工作量"的大小只依赖于问题的规模，或者说是问题规模的函数。

一般将求解问题的输入量作为问题的规模，并用一个整数 n 来表示。一个算法的时间复杂度(也称时间复杂度) $T(n)$ 则是算法的时间耗费，记为

$$T(n) = f(n)$$

其中，$f(n)$ 是该算法所求解问题规模 n 的函数。当问题规模 n 趋向无穷大时，把时间复杂度 $T(n)$ 的数量级(阶)称为算法的渐近时间复杂度。

一个算法的耗费时间，应该是该算法中各个语句执行时间之和，而每个语句的执行时间是该语句的执行次数与执行一次所需时间之积。描述算法的程序在计算机上执行时，语句执行一次所需时间与机器的性能、速度及编译产生的代码质量相关；在不同机器上同一种语句执行一次所需时间不同，不同的语句在同一种机器上执行一次所需时间也不同。所以，假定任何一个语句在任何环境下执行一次所需时间都相等，则一个算法的时间耗费就简化成每个语句的执行次数之和，这样就可以独立于机器的软、硬件系统来分析算法的优劣。

例 1.4 两个 $n\times n$ 矩阵相乘的算法。

算法 1.2 计算两个 $n\times n$ 矩阵的乘积。

```
void MatrixMultiply(int A[n][n],int B[n][n],int C[n][n])
{
  int i,j,k;
  for (i = 0;i < n;i++)                              //语句(1)
    for (j = 0;j < n;j++)                            //语句(2)
    {
    C[i][j] = 0;                                     //语句(3)
    for(k = 0;k < n;k++)                             //语句(4)
     C[i][j] = C[i][j] + A[i][k] * B[k][j];          //语句(5)
  }
}
```

语句(1)～(5)的执行次数分别为 $n+1, n(n+1), n^2, n^2(n+1), n^3$，它们之和即算法的时间耗费(即时间复杂度)：

$$T(n) = 2n^3 + 3n^2 + 2n + 1$$

当问题的规模 n 趋向无穷大时，有

$$\lim_{n\to\infty}[T(n)/n^3] = 2$$

这说明，当 n 充分大时，$T(n)$和 n^3 的数量级相同，可表示为：

$$T(n) = O(n^3)$$

这就是矩阵相乘算法的渐近时间复杂度。其中记号“O”是数学符号，其数学定义为：若 $T(n)$和 $f(n)$是定义在正整数集合上的两个函数，则 $T(n)=O(f(n))$表示存在正的常数 C 和 n_0，使得当 $n\geqslant n_0$ 时都满足 $0\leqslant T(n)\leqslant C\times f(n)$。

在评价一个算法时，更多的是采用渐进时间复杂度。例如，算法 A_1 和 A_2 求解同一个问题，它们的时间复杂度分别为 $T_1(n)=100n^2$，$T_2(n)=5n^3$，当问题规模 $n<20$ 时，有 $T_1(n)>T_2(n)$，算法 A_2 耗费时间较少。但随着问题规模的增大，两个算法的时间耗费之比 $n/20$ 也随之增大，算法 A_1 就比算法 A_2 要有效得多。它们的渐进时间复杂度分别为 $O(n^2)$ 和 $O(n^3)$，从宏观上评价了两个算法的优劣。因此，在算法分析时，一个算法的渐进时间复杂度往往就简称为时间复杂度。

有时，算法的时间复杂度不仅仅依赖于问题的规模，还与输入实例的初始化状态有关。例如，在一个数组中顺序查找一个值为 k 的数组元素。查找算法中一个关键语句是比较语句，如果在数组中查找的第一个元素值就等于 k，则比较语句执行的次数最少；如果数组中没有值为 k 的元素，则比较语句执行的次数最多。后一种情况耗费时间最多，是最坏的一种情况，在这种情况下耗费的时间是算法对于任何输入实例所用时间的上界。所以，若不特别说明，所讨论的时间复杂度均指最坏情况下的时间复杂度。有时，也讨论算法的平均时间复杂度。平均时间复杂度是指所有可能的输入实例以等概率出现时算法的平均(或期望)运行时间。按数量级递增排列，常见的时间复杂度有 $O(1)$，$O(\log_2 n)$，$O(n)$，$O(n\log_2 n)$，$O(n^2)$，$O(n^3)$，…，$O(n^k)$，$O(2^n)$等。

类似于算法的时间复杂度，以空间复杂度作为算法所需存储空间的耗费记为 $S(n)=O(f(n))$，其中，n 为问题规模，$f(n)$为算法所处理的数据所需存储空间与算法操作所需辅助空间之和。

在进行算法分析时，一般只讨论算法的时间效率，偶尔涉及算法的存储量需求时，主要考虑的也只是算法运行时所需辅助空间的大小。

习　题

1.1　简述下列概念：数据，数据元素，数据对象，数据结构，数据类型，抽象数据类型，线性结构，非线性结构。

1.2　举一个数据结构的例子，叙述其逻辑结构、存储结构、运算这三方面的内容。

1.3　试用C++的类定义“复数”的抽象数据类型。要求：

① 在复数内部用浮点数定义它的实部和虚部。

② 实现三个构造函数：默认的构造函数没有参数；第二个构造函数将双精度浮点数赋给实部，虚部置0；第三个构造函数将两个双精度浮点数分别赋给实部和虚部。

③ 实现获取和修改实部和虚部，以及+、-、*、/等运算的成员函数。

④ 实现重载的流函数来输出一个复数。

1.4　线性表、树、图这三种数据结构在逻辑上有什么特点？

1.5　什么是算法？算法的特性是什么？试根据这些特性解释算法与程序的区别。

1.6　什么是算法的时间复杂度？它与哪些因素有关？

1.7　设 n 为正整数，变量类型已说明，利用“O”记号，将下列程序段的执行时间表示为 n 的函数。

①

```
int i = 1,k = 0;
while(i < n)
{
 k = k + 10 * i;
 i++;
}
```

②

```
int i = 0,k = 0;
do
{
 k = k + 10 * i;
 i++;
}while(i < n);
```

③

```
int i = 1,j = 0;
while(i + j < = n)
{
 if(i > j) j++;
 cloc i++;
}
```

④

```
int x,y=0;
x=n; //n>1
while(x>=(y+1)*(y+1))
 y++;
```

⑤

```
int x=91,y=100;
while(y>0)
 if(x>100)
 {
  x-=10;
  y--;
 }
else x++;
```

1.8 设三个函数如下：

$$f(n) = 100n^3 + n^2 + 1000$$
$$g(n) = 25n^3 + 5000n^2$$
$$h(n) = n^{1.5} + 5000n\log^2 n$$

试判断下列关系式是否成立：

① $f(n)=O(g(n))$。

② $g(n)=O(f(n))$。

③ $h(n)=O(n^{1.5})$。

④ $h(n)=O(n\log^2 n)$。

第2章 顺序表

线性结构是简单而又常见的数据结构，线性表是一种典型的线性结构。本章将对顺序存储的线性表（简称顺序表）进行介绍，包括一般的线性表，以及特殊的线性表——数组、栈和队列，讨论它们在顺序存储情况下的数据结构及其应用。

2.1 线性表

2.1.1 线性表的抽象数据类型表示

线性表是 $n(n\geqslant 0)$ 个数据元素（也称结点或表元素）组成的有限序列 $k_0, k_1, \cdots, k_{n-1}$，其中：$k_0$ 为开始结点，没有前驱，仅有一个后继；k_{n-1} 为终端结点，没有后继，仅有一个前驱；其他结点 $k_i(0<i<n-1)$ 有且仅有一个前驱 k_{i-1} 和一个后继 k_{i+1}；n 为线性表的长度，当 $n=0$ 时称为空表。

线性表中的各个数据元素并不要求是同一种数据类型。为描述简单起见，只讨论数据类型相同的数据元素组成的线性表，这种数据元素相同的线性表又称为数组或向量。数据元素不同类型的线性表可通过建立索引表后，转化为数据元素相同的线性表处理。

组成线性表的数据元素是一个数据项。这种数据项可以是初等项，如一个数、一个字符等。当线性表的数据元素是单个字符时，这种线性表也称为串。串是一种字符数组。作为数据元素的数据项也可以是组合项，它又包含若干个数据项，而且这若干个数据项的数据类型还可以不同，这种数据元素称为记录，由这种数据元素组成的线性表又称为文件。

线性表的基本运算主要有以下几种：

(1) 表的初始化，即生成一个空表。

(2) 判断表是否为空，即表结点个数是否为零。

(3) 判断表是否已满，即表结点个数是否为最大允许个数。

(4) 求表长，即求表中结点个数。

(5) 取表中第 i 个结点。

(6) 查找表中值为 x 的结点。

(7) 在表中第 i 个位置上插入一个新结点。

(8) 删除表中的第 i 个结点。

在不同的应用领域，线性表所需执行的运算可能不同，但以上几种运算是最基本的。其他更为复杂的运算可用基本运算的组合来实现。

线性表的抽象数据类型如下：

```
ADT LinearList  {
Data
  数据元素的有限序列 k0,k1,…,kn-1
  k0 无前驱,后继为 k1
  kn-1 无后继,前驱为 kn-2
  ki 的前驱为 ki-1,后继为 ki+1(0<i<n-1)
  Operations
  InitList
Input                    //申请表空间的长度
Preconditions            //无
Process                  //申请一个表空间,生成一个空表
Output                   //表空间位置和范围,表长为 0
Postconditions           //表已存在
  DestroyList
Input                    //无
Preconditions            //表已存在
Process                  //撤销一个表
Output                   //无
Postconditions           //表不存在
  ListEmpty
Input                    //无
Preconditions            //表已存在
Process                  //判断表是否为空表
Output                   //若为空表,返回 TRUE; 否则返回 FALSE
Postconditions           //无
  ListFull
Input                    //无
Preconditions            //表已存在
Process                  //判断表是否已满
Output                   //若表已满,返回 TRUE; 否则返回 FALSE
Postconditions           //无
  ListLength
Input                    //无
Preconditions            //表已存在
Process                  //求表的结点个数
Output                   //返回表的长度
Postconditions           //无
  GetElem
Input                    //结点序号 i
Preconditions            //表已存在
Process                  //按 i 读取 ki
Output                   //若读取成功,则返回 ki 的值; 否则返回 NULL
Postconditions           //无
  LocateElem
Input                    //要在表中查找的值
Preconditions            //表已存在
Process                  //扫描表,找与查找值相等的结点
Output                   //若查找成功,则返回找到结点的序号; 否则返回 -1
Postconditions           //无
  InsertElem
Input                    //新结点要插入的位置
```

```
Preconditions          //表已存在
Process                //将新结点按插入位置插入其中
Output                 //若插入成功,则返回 TRUE; 否则返回 FALSE
Postconditions         //表中增加 1 个结点,表长增 1
  DeleteElem:
Input                  //要删除结点的序号
Preconditions          //表已存在
Process                //删除指定序号的结点
Output                 //若删除成功,则返回 TRUE; 否则返回 FALSE
Postconditions         //表中减少 1 个结点,表长减 1
}
```

2.1.2 线性表的类表示

抽象数据类型描述了线性表的逻辑结构及基本运算,当要把线性表的逻辑结构及其基本运算在计算机中实现时,则必须考虑线性表的存储结构。

线性表的数据元素可以顺序存储或链接存储,也可以散列存储。必要时,还可以为数据元素建立索引表,进行索引存储。这一章只讨论顺序存储的情况,链接存储在第 3 章讨论,而散列存储和索引存储在第 5 章讨论。

用 C++的类来表示线性表,既表示了线性表的逻辑结构,也体现了线性表的存储结构,并且定义和实现了线性表所要求的基本运算。

用 C++的类表示的线性表如下:

```
enum boolean{FALSE,TRUE};
template <class T>
class LinearList
{
 private:
  T * data;                                  //线性表以数组形式存放
  int MaxSize;                               //表空间最大范围
  int Last;                                  //表当前结点个数,即表长
 public:
  LinearList (int MaxSize = defaultSize);    //构造函数
  ~LinearList (void);                        //析构函数
  boolean ListEmpty (void);                  //判表是否为空
  boolean ListFull (void);                   //判表是否已满
  int ListLength (void)const;                //求表长
  T GetElem (int i);                         //求第 i 个结点的值
  int LocateElem (T& x )const;               //查找表中值为 x 的结点
  boolean InsertElem (T& x , int i );        //在表中第 i 个位置插入新结点
  boolean DeleteElem (int i );               //删除表中第 i 个结点
};
```

算法 2.1 构造函数 LinearList(int sz)。

```
template <class T>
LinearList <T>::LinearList(int sz )
{
  //按 sz 的大小申请一个表空间,生成一个空表,即表的初始化
```

```
    if (sz > 0)
    {
     MaxSize = sz;
     Last = 0;
     //创建表空间
     data = new T [MaxSize];
    }
}
```

算法 2.2 析构函数~LinearList( )。

```
template < class T>
LinearList < T>::~LinearList(void)
{
  //清除表,释放表空间,即撤销一个表
  delete [ ] data;
}
```

算法 2.3 判断线性表是否为空。

```
template < class T>
boolean LinearList < T>::ListEmpty(void)
{
  //判断表是否为空: 空则返回 TRUE; 否则返回 FALSE
  return (Last < = 0)? TRUE:FALSE;
}
```

算法 2.4 判断线性表是否已满。

```
template < class T>
boolean LinearList < T>::ListFull(void)
{
  //判断表是否已满: 满则返回 TRUE; 否则返回 FALSE
  return (Last > = MaxSize)?TRUE:FALSE;
}
```

算法 2.5 求线性表的长度。

```
template < class T>
int LinearList < T>::ListLength(void)const
{
  //求表中结点个数,即求表长
  return Last;
}
```

算法 2.6 求线性表中第 i 个结点的值。

```
template < class T>
T LinearList < T>::GetElem(int i)
{
  //求表中第 i 个结点的值
  //若第 i 个结点存在,则返回该结点的值; 否则返回 NULL
  return (i < 0 || i > = Last) ? NULL : data[i];
}
```

算法 2.7 查找线性表中值为 x 的结点。

```
template <class T>
int LinearList <T>::LocateElem (T& x) const
{
  //查找表中值为 x 的结点：若查找成功，则返回该结点的序号；否则返回 -1
  //若表中值为 x 的结点有多个，找到的是最前面的一个
  for (int i = 0;i < Last;i++)
   if(data[i] == x) return i;                  //查找成功
  return -1;                                   //查找失败
}
```

算法 2.8 在线性表中第 i 个位置插入值为 x 的结点。

```
template <class T>
boolean LinearList <T>::InsertElem (T& x, int i)
{
  //在表中第 i 个位置插入值为 x 的结点
  //若插入成功，则返回 TRUE；否则返回 FALSE
  //插入位置不合理，插入失败
  if (i < 0 || i > Last || Last == MaxSize )
   return FALSE;
  else
  {
   //后移
   for (int j = Last;j > i;j-- )data[j] = data[j - 1];
   //插入
   data[i] = x;
   //表长增 1
   Last++;
   return TRUE;
  }
}
```

算法 2.9 删除线性表的第 i 个结点。

```
template <class T>
boolean LinearList <T>::DeleteElem (int i)
{
  //删除表中第 i 个结点：若删除成功，则返回 TRUE；否则返回 FALSE
  //第 i 个结点不存在，删除失败
  if (i < 0 || i >= Last || Last == 0 )
   return FALSE;
  else
  {
   //前移
   for (int j = i; j < Last - 1; j++) data[j] = data[j + 1];
   //表长减 1
   Last--;
   return TRUE;
   }
}
```

2.2 数组

在实际应用中,数组是以表的形式出现的,数组中的元素是同一类型的。科学与工程计算领域中数组的元素通常是数值类型,非数值计算领域中数组的元素通常是用户自定义类型。一维数组又称为向量,二维数组又称为矩阵。多维数组通过行优先或列优先描述,可以映射成一维数组。本节只讨论一维数组,简称为数组,多维数组的内容将在第9章讨论。

2.2.1 数组的抽象数据类型

数组是由同一种数据类型的数据元素组成的线性表,因此数组的逻辑结构与一般线性表的逻辑结构是相同的。

组成数组的数据元素可以是初等项,这是最简单的情况;也可以是组合项,甚至是一种数据结构,这种情况处理起来就比较复杂。

数组中元素按它们之间的关系排成一个线性序列:

$$a_0, a_1, \cdots, a_{n-1}$$

其中,数组中元素的序号排列采用了与C++中数组下标相同的排列方法,即 n 个元素的序号从0到 $n-1$。数组中的元素在存储空间中是顺序存储的。

假设数组中一个元素所占用的存储空间大小为l,整个数组存储空间的始地址为addr,用 $Loc(a_i)$ 表示元素 a_i 的存储始地址,显然有 $Loc(a_i)=addr+i*l\ (i=0,1,\cdots,n-1)$,只要知道整个数组的存储始地址(即 a_0 的存储地址)、某个数组元素的序号和每个数组元素所占存储空间的大小,就可以立即求出该数组元素的存储地址,而且求任何一个数组元素的存储地址所花费的时间都相等。因此,这种存储结构是一种随机存储结构。

数组的抽象数据类型可用类表示如下:

```
template <class T>
#define DefaultSize 100
enum boolean{FALSE,TRUE};
class Array
{
 private:
   T * array;                              //数组
   int ArraySize,ArrayLength;              //数组大小,数组元素个数
   void GetArray (void);                   //动态分配数组存储空间
 public:
   Array(int ArraySize = DefaultSize);     //构造函数
   ~Array(void){delete [ ] array;}         //析构函数
   int GetLength (void)const {return ArrayLength;}       //求数组元素个数
   T Getnode(int i)
   {
    //取数组中第 i 个结点的值: 若第 i 个结点存在,则返回该结点的值;
    //否则返回 NULL
    return (i<0 || i>= ArrayLength) ? NULL : array[i];
   }
   int Find (T& x)
```

```
 {
  //查找值为 x 的结点：若找到,则返回结点序号；否则返回 -1
  for (int i = 0; i < ArrayLength; i++)
   if (array[i] == x)return i;
  return -1;
 }

 //插入值为 x 的结点：若插入成功,则返回 TRUE；否则返回 FALSE
 boolean Insert (T& x, int i );
 //删除第 i 个结点：若删除成功,则返回 TRUE；否则返回 FALSE
 boolean Remove (int i);
};
```

上述申明中,在类的私有部分封装了数组的存储结构,用一个私有函数来动态分配数组空间。下面给出实现数组顺序存储的基本操作 C++代码。

算法 2.10 成员函数 GetArray(void)。

```
template <class T>
void Array <T>::GetArray (void)
{
 //私有函数,动态分配数组存储空间
 array = new T[ArraySize];                    //创建数组
 if (array == NULL) cerr <<"Memory Allocation Error"<< endl;
}
```

算法 2.11 构造函数 Array(int sz)。

```
template <class T>
Array <T>::Array(int sz)
{
 //构造函数,建立一个最大元素个数为 sz 的数组
 if (sz <= 0)
 cerr <<"Invalid Array Size"<< endl;
 else
 {
  ArraySize = sz;
  ArrayLength = 0;
  GetArray ( );
 }
}
```

析构函数、求数组中元素函数和数组元素的查找已作为内联函数在类说明中给出。数组元素的插入和删除操作与前面讨论的线性表的相应操作基本相同。下面将对数组元素的插入和删除算法进行描述和算法效率分析。

2.2.2 数组元素的插入和删除

按照 2.2.1 节所规定的方法,n 个数组元素存储的位置分别是第 0 个位置,第 1 个位置,…,第 $n-1$ 个位置,而且第 0 个位置就是存储数组空间的起始位置。

数组元素的插入操作要求在数组的第 $i(0 \leqslant i \leqslant n)$ 个位置上插入一个值为 x 的新元素。

对插入位置 i 有一定的要求和限制。不允许 $i<0$,因为数组的存储方式决定了 $i<0$ 时所指示的位置已在数组空间之外,无法插入。也不允许 $i>n$,如果在大于 n 的位置插入,即使没有越出数组空间的范围,也会由于新插入的元素与原来最后一个元素 a_{n-1} 之间存在空隙,使新元素与原元素的关系不符合数组中元素逻辑结构的要求,因此这种插入也是不允许的。当 $0\leqslant i\leqslant n$,同时 $n\leqslant \text{ArraySize}-1$ 时,插入才允许进行。因为每插入一个新元素,数组的长度将增1,$n\leqslant \text{ArraySize}-1$ 表示在插入之前至少还有一个数组元素的空闲空间可供使用。在这种情况下插入时,除 $i=n$ 之外,都涉及原数组元素的移动。例如,$i=0$ 时,在第0个位置插入新元素,为了把第0个位置的存储空间空出来,必须将 $a_{n-1},a_{n-2},\cdots,a_0$ 依次向后移动一个存储位置,这样,数组元素的个数增加了一个,而数组仍然保持了原来的逻辑结构。当 $i=j$ 时,在第 j 个位置插入新元素,必须将 $a_{n-1},a_{n-2},\cdots,a_j$ 依次向后移动一个存储位置。当 $i=n-1$ 时,在第 $n-1$ 个位置插入新元素,只需将 a_{n-1} 一个元素向后移动一个存储位置。当 $i=n$ 时,新结点直接插到 a_{n-1} 之后,不需要移动任何元素。当 $n=\text{ArraySize}$ 时,在任何位置上插入都是不允许的,因为已经没有空闲空间。

数组中插入一个新元素的算法可用C++函数描述如下:

算法2.12 在数组中第i个位置插入值为x的新元素。

```
template <class T>
boolean Array<T>::Insert (T& x, int i)
{
 //在数组中第 i 个位置插入值为 x 的新元素
 //若插入成功,则返回 TRUE; 否则返回 FALSE
 if (ArrayLength == ArraySize )
 {cerr <<"overflow"<< endl; return FALSE;}          //数组存储空间已满
 else if (i < 0 || i > ArrayLength)
  {cerr <<"position error"<< endl; return FALSE;}   //插入位置错
  else
  {
    for (int j = ArrayLength - 1; j >= i; j -- )
    array[j + 1] = array[j];                        //后移
    array[i] = x;                                   //插入
    ArrayLength++;                                  //数组长度增 1
    return TRUE;
  }
}
```

因为数组的长度就是问题的规模,所以这个算法的时间复杂度就是数组长度的函数。执行次数与数组长度有关的语句是for循环中的数组元素后移语句。该语句的执行次数不仅与数组长度有关,还与插入的位置有关。设数组的长度为 n,在第 i 个位置插入需要执行后移语句 $n-i$ 次,所有可能的插入位置有 $n+1$ 个,在这些位置上插入时,最多执行后移语句 n 次,最少执行0次。由于插入可能在任何位置进行,因此需要分析算法的平均性能。

假设在数组中任何合法位置上插入新元素的机会是均等的,则在每个可能的位置上插入的概率都为 $1/(n+1)$。因此,在等概率插入的情况下,后移语句的平均执行次数为

$$\sum_{i=0}^{n}(n-i)\times\frac{1}{n+1}=\frac{n}{2}$$

这说明在数组上进行插入操作平均要移动一半的结点。就数量级而言，该算法的平均时间复杂度为 $O(n)$。

数组中的删除操作是将数组的第 $i(0 \leqslant i \leqslant n-1)$ 个元素删去。显然，对删除结点的位置 i 也有一定的要求。与插入运算类似，在删除元素之后，也要移动数组元素，才能保持数组元素之间的线性逻辑关系。只不过插入时数组元素要后移，而删除时数组元素要前移。数组中删除一个元素的算法可用 C++ 函数描述如下：

算法 2.13 删除数组中第 i 个元素。

```
template <class T>
boolean Array<T>::Remove (int i)
{
 //删除第 i 个元素：若删除成功，则返回 TRUE；否则返回 FALSE
 if (ArrayLength == 0 )
 {cerr <<"Array is empty"<< endl; return FALSE;}
//空向量
 else if (i<0 || i>ArrayLength - 1)
  {
   cerr <<"position error"<< endl; return FALSE;
   }//删除位置错
   else
    for (int j = i; j < ArrayLength - 1; j++)
         array[j] = array[j + 1];                //前移
    ArrayLength-- ;                              //数组长度减 1
    return TRUE;
   }
}
```

对于有 n 个元素的数组，存在 n 种可能的删除操作，如果每个元素被删除的概率相等，则前移语句的平均执行次数为

$$\sum_{i=0}^{n-1}(n-1-i) \times \frac{1}{n} = \frac{n-1}{2}$$

这说明在数组中上进行删除操作与插入操作一样，平均也要移动约一半的结点，其算法的平均时间复杂度也是 $O(n)$。

2.2.3 数组的应用

例 2.1 求集合的"并运算"和"交运算"。

集合可以用数组来表示，利用数组的类定义来实现所要求的运算。"并"运算是将两个数组（假设每个数组中的元素互异）合并成一个数组，两个数组中相同的元素只留下一个。"并"运算的算法实现如下：

算法 2.14 将两个数组合并成一个数组。

```
template <class T>
void Union (Array<T> & Va, Array<T> & Vb)
{
 //把数组 Vb 合并到 Va 中，重复元素只留一个
 int n = Va.GetLength( );
```

```
  int m = Vb.GetLength( );
  for (int i = 0; i < m; i++)
  {
   T x = Vb.Getnode(i);              //从 Vb 中取一元素
   int k = Va.Find(x);               //在 Va 中查找同值元素
   if (k == -1)                      //若找不到同值元素
   {
    Va.Insert(x, n); n++;            //则插到 Va 的最后
   }
  }
}
```

“交”运算是用两个数组之间的相同元素组成一个数组。“交”运算的算法实现如下：

算法 2.15 两个数组之间的“交”运算。

```
template <class T>
void Intersection (Array<T> & Va,Array<T> & Vb)
{
 //求 Va 和 Vb 中的相同元素,并存入 Vb
 int n = Va.GetLength( );
 int m = Vb.GetLength( );
 int i = 0;
 while (i < m)
 {

  T x = Vb.Getnode(i);             //从 Vb 中取一元素
  int k = Va.Find(x);              //在 Va 中查找等值元素
  if (k == -1)                     //若找不到等值元素
  {
   Vb.Remove(i);                   //则从 Vb 中删去该元素
   m--;
  }
  else i++;                        //否则,在 Vb 中保留该元素
 }
}
```

“并”运算中与问题规模有关的操作是查找和插入。查找需要做比较操作,插入需要做移动操作。不妨假设 Va 的长度大于 Vb 的长度。对 Vb 中的任一元素,要在 Va 中查找是否有等值元素,最好的情况是 Va 的前 m 个元素分别与 Vb 中的一个元素等值,这时所需比较次数最少。这个最少的比较次数为：

$$C_{\min} = \sum_{i=0}^{m-1}(i+1) = \frac{m\times(m+1)}{2}$$

最坏的情况是 Va 中的任何元素都不与 Vb 的元素等值,这时所需比较次数最多。因为 Vb 中的每一个元素在比较之后都会插入 Va 的最后,使 Va 的长度不断增加,所以这个最多的比较次数为：

$$C_{\max} = \sum_{i=0}^{m-1}(n+i) = n\times m + \frac{m\times(m-1)}{2}$$

因为每次都是在 Va 的最后插入,Va 中的元素无须移动,可能移动的是 Vb 中的元素。

最少和最多的移动次数分别为：

$$M_{\min} = 0, \quad M_{\max} = m$$

归纳上面的分析结果，可分别对比较和移动两个操作按最差的情况来给出算法的时间复杂度。对于比较操作而言，时间复杂度为 $O(n \cdot m + m^2)$，对于移动操作而言，时间复杂度为 $O(m)$。

实际上在插入过程中，Va 增长的部分都是 Vb 的元素，后续的比较其实只需比到 Va 原来的最后一个元素即可。如果把类 Array 中的 Find 操作稍作修改，限制比较范围（比到 Va 的第 $n-1$ 个元素为止），则可使“并”运算的比较操作的时间复杂度降低为 $O(n \cdot m)$。

用类似的方法对“交”运算算法进行分析可得出如下结果：

(1) 对于比较操作而言

$$C_{\min} = \sum_{i=0}^{m-1}(i+1) = \frac{m \times (m+1)}{2}$$

$$C_{\max} = m \times n$$

时间复杂度为 $O(n \cdot m)$。

(2) 对于移动操作而言

$$M_{\min} = 0$$

$$M_{\max} = \sum_{i=0}^{m-1}(m-1-i) = \frac{m \times (m-1)}{2}$$

时间复杂度为 $O(m^2)$。

例 2.2 约瑟夫(Josephus)问题。

设 n 个人围成一个圆圈，按一指定方向，从第 s 个人开始报数，报数到 m 为止，报数为 m 的人出列，然后从下一个人开始重新报数，报数为 m 的人又出列……，直到所有的人全部出列为止。Josephus 问题要对任意给定的 n、s 和 m，求按出列次序得到的人员顺序表。

【问题求解分析】

依初始位置，顺序地给这 n 个人每人一个编号（可以是数字的，也可以是符号的）。Josephus 问题就是要按报数出列的方法将人员编号重新排列。把这个实际问题加以数字抽象，可看成是 n 个整数或 n 个符号的重新排序，显然可以用数组来表示该问题的数据结构，利用数组的类定义来构建问题求解的算法。

不妨用整数来为这 n 个人编号：$1,2,\cdots,n$，并将这 n 个数存入一个数组 P 中，某个人出列即把对应的数组元素从数组中删除。每删去一个数组元素后，就将后面的所有元素前移，同时将这个删去的元素插到数组最后的位置上；然后对前 $n-1$ 个数组元素重复上述过程。当数组 P 中所有的元素都删去一次后，数组 P 中存放的就是报数出列的人员顺序。

算法 2.16 模拟 Josephus 问题求解。

```
void Josephus (Array< int > & P, int n, int s, int m)
{
 //将人员编号存入数组 P 中
 int k = 1;
 for (int i = 0;i < n;i++) {P.Insert(k, i); k++;}
 int s1 = s;
 for (int j = n; j > = 1; j -- )
```

```
    {
     s1 = (s1 + m - 1) % j;
     if (s1 == 0) s1 = j;
     int w = P.Getnode(s1 - 1);
     P.Remove(s1 - 1);
     P.Insert(w, n - 1);
    }
  }
```

该算法的时间耗费主要是删去数组元素后,剩下元素前移所用的时间,每次最多移动 $n-1$ 个元素,总计最多移动次数为 $n\times(n-1)$,时间复杂度为 $O(n^2)$。

读者不难从上面 Josephus 问题的求解方法中找到中国式的击鼓传花游戏的模拟解法。

2.3 栈

栈是一种特殊的线性表。在逻辑结构和存储结构上,栈与一般的线性表没有区别,但对允许的操作却加以限制,栈的插入和删除操作只允许在表尾一端进行,因此栈是操作受限的线性表。

栈可以顺序存储,也可以链接存储。顺序存储的栈称为顺序栈,链接存储的栈称为链栈。在这一章里只讨论顺序栈,链栈将在第3章中介绍。

2.3.1 栈的抽象数据类型及其实现

栈的逻辑结构是线性表,在这里采取顺序的存储结构,可以用一个与数组相同的顺序存储方式存储栈。

栈中数据元素的类型都相同,称为栈元素。往栈里插入一个元素称为进栈(push),从栈里删除一个栈元素称为出栈(pop)。由于插入和删除操作只能在表的尾端进行,所以每次删除的都是最后进栈的元素,故栈也称为后进先出(LIFO)表。

栈中插入、删除的一端称为栈顶,另一端称为栈底。栈底固定不动,栈顶随着插入和删除操作而不断变化。不含栈元素的栈称为空栈。

为了对栈中运算处理的方便,设置了一个栈顶指针(top),它总是指向最后一个进栈的栈元素,如图2.1所示。

存放栈元素的数组称为栈空间,这片空间可以静态分配,也可以动态生成。沿栈增长方向的未用栈空间称为自由空间,自由空间的大小随进栈出栈操作而不断变化。栈顶指针 top 实际上是数组的下标,它的正常取值范围应该是 0～MaxSize－1。当 top＝－1 时,表示栈为空,不能再进行删除操作;当 top＝MaxSize－1 时,表示栈已满,再进行插入操作就会"溢出"。

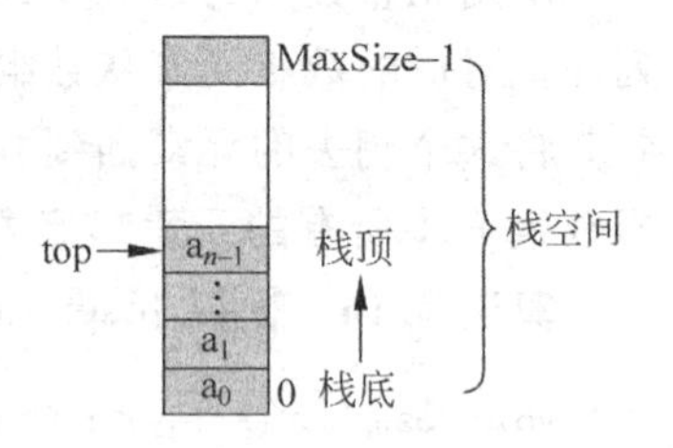

图 2.1 顺序存储的栈

用类表示的栈的抽象数据类型如下:

```
template <class T>
class Stack
```

```
{
 //栈的类定义  private:
  int top;                                //栈顶指针
  T * elements;                           //存放栈元素的数组
  int MaxSize;                            //栈空间的最大尺寸
 public:
  Stack(int MaxSize = defaultsize );      //创建栈空间,生成一个空栈
  ~Stack(void) {delete [ ] elements;}     //释放栈空间
  //进栈:若栈未满,则 item 插入栈顶,返回 0;否则不做进栈操作,返回 -1
  int Push(const T& item );
  //出栈:若栈非空,则出栈,返回栈顶元素的值;
  //否则不做出栈操作,返回 NULL
  T Pop(void);
  //读栈顶:若栈非空,则返回栈顶元素的值,栈顶指针不动;否则返回 NULL
  T GetTop(void);
  //置栈为空栈
  void MakeEmpty (void){top = -1;}
  //判断栈是否为空
  boolean IsEmpty (void)const {return boolean(top == -1);}
  //判断栈是否已满
  boolean IsFull (void)const {return boolean(top == MaxSize - 1);}
};
```

算法 2.17 构造函数 Stack(int s)。

```
//类操作的实现
template <class T>
Stack <T>::Stack (int s)
{
 //构造函数:创建栈空间,生成一个空栈
 MaxSize = s;
 elements = new T[MaxSize];               //创建栈空间
 top = -1;                                //生成一个空栈
}
```

算法 2.18 进栈 Push(const T& item)。

```
template <class T>
int Stack <T>::Push (const T& item)
{
 //进栈:若栈不满,则 item 进栈,返回 0;否则返回 -1
 if (!IsFull( )) {elements[++top] = item; return 0;}
 else return -1;
}
```

算法 2.19 出栈 Pop(void)。

```
template <class T>
T Stack <T>::Pop (void)
{
 //出栈:若栈非空,则栈顶元素出栈,返回其值;否则返回 NULL
```

```
 if (!IsEmpty( )) return elements[top -- ];
 else return NULL;
}
```

算法 2.20 读栈顶元素。

```
template < class T >
T Stack < T >::GetTop (void)
{
 //读栈顶: 若栈非空,则返回栈顶元素的值; 否则返回 NULL
 if (!IsEmpty( )) return elements[top];
 else return NULL;
}
```

2.3.2 栈的应用

在计算机的程序设计中,尤其在系统软件的设计中,栈是应用最多的一种数据结构。输入输出中数制的转换、编译过程中常量表达式的计值、嵌套循环中控制变量的管理、嵌套调用中返回地址和调用参数的传递以及各种递归函数的实现等都离不开栈。

1. 表达式的计值

在源程序的编译过程中,编译程序要对源程序的表达式进行处理。源程序中的表达式,一种含有变量,编译程序经过分析,把表达式的计值步骤翻译成机器指令序列,在目标程序运行时执行这个机器指令序列,即可求出表达式的值;另一种不含变量,即常量表达式,编译程序经过分析,在编译过程中就可立即算出表达式的值。表达式的分析和计算是编译程序最基本的功能之一,也是栈的应用的一个典型例子。

为了使问题简化,在这里只考虑常量表达式的情况,而且假设:表达式中的操作数只允许为个位的整型常数(若为多位数,可用"."分隔两操作数);除整型常数之外,只含有二元运算符(+、-、*、/)和括号((、));计值顺序遵守四则运算法则;表达式没有语法错误。

在源程序中书写表达式时,二元运算符在两个操作数之间,这种表示方式称为中缀式。中缀表达式的计值需要两个工作栈,一个运算符栈,一个操作数栈。编译程序扫描表达式(表达式在源程序中是以字符串的形式表示的),析取一个"单词"——操作数或运算符,是操作数则进操作数栈,是运算符则进运算符栈,但运算符在进栈时要按运算法则作如下处理:

(1) 当运算符栈为空时,析取的运算符无条件进栈。

(2) 当运算符栈顶为"*"或"/"时,若析取的运算符为"(",则进栈;否则,先执行出栈操作,并执行(6)的操作,然后该运算符再进栈。

(3) 当运算符栈顶为"+"或"-"时,若析取的运算符为"("、"*"或"/",则进栈;否则,先执行出栈操作,并执行(6)的操作,然后该运算符再进栈。

(4) 当运算符栈顶为"("时,析取的运算符除")"之外都可进栈。

(5) 若析取的运算符为")",则先要连续执行出栈操作,直到出栈的运算符为"("时为止,实际上,")"并不进栈。

(6) 除了"("之外,每当一个运算符出栈时,要将操作数栈的栈顶和次栈顶出栈,进行该运算符所规定的运算,运算结果立即又进操作数栈。"("出栈时,操作数栈不做任何操作。

(7) 当表达式扫描结束后,若运算符栈还有运算符,则将运算符一一出栈,并执行(6)的操作。当运算符栈为空时，操作数栈的栈顶内容就是整个表达式的值。

例如，表达式 2＊(3＋4)－8/2 的计值过程如图 2.2 所示。

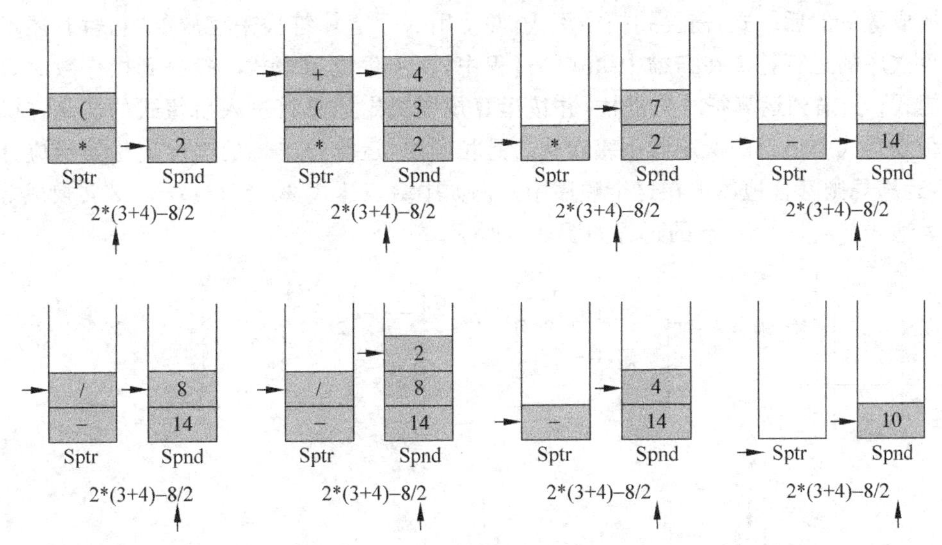

图 2.2　中缀表达式的计值过程

在实际的表达式计值中往往采用另一种处理方法，即先把中缀式转换成后缀式，然后对后缀式进行计值处理。把操作数所执行运算的运算符放在操作数之后的表示方式称为后缀式。例如，中缀表达式 2＊(3＋4)－8/2 对应的后缀式为 234＋＊82/－。

一个表达式的中缀式和对应的后缀式是等价的，即表达式的计算顺序和结果完全相同。但在后缀式中没有了括号，运算符紧跟在两个操作数后面，所有的计算按运算符出现的顺序，严格从左向右进行，而不必考虑运算符的优先规则。后缀式的计值只需一个操作数栈。

编译程序在扫描后缀表达式时，若析取一个操作数，则立即进栈；若析取一个运算符，则将操作数栈的栈顶和次栈顶连续出栈，使出栈的两个操作数执行运算符规定的运算，并将运算结果进栈。后缀表达式扫描结束时，操作数栈的栈顶内容即为表达式的值。例如后缀表达式 234＋＊82/－的计值过程如图 2.3 所示。

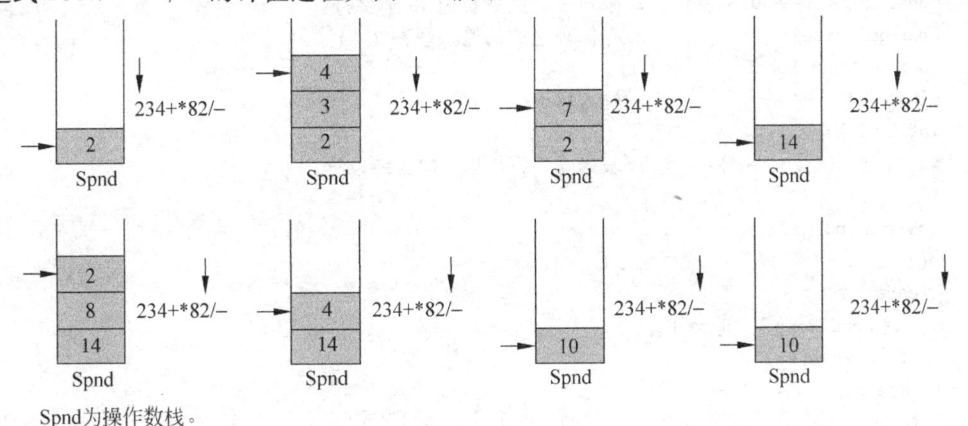

图 2.3　后缀表达式的计值

后缀表达式的计值只需一个栈,而且不必考虑运算符的优先规则,显然比中缀表达式的计值要简单得多,但这种简单性的优势是以中缀式到后缀式的转换为代价的。为了把中缀式转换成等价的后缀式,需要扫描中缀式,并使用一个运算符栈来存放"("和暂时还不能确定计算次序的运算符。在扫描中缀式的过程中,逐步生成后缀式。扫描到操作数时直接进入后缀式;扫描到运算符时先进栈,并按运算规则决定运算符进入后缀式的次序。操作数在后缀表达式中出现的次序与中缀表达式是相同的,运算符出现的次序就是实际应计算的顺序,运算规则隐含地体现在这个顺序中。例如中缀表达式 2*(3+4)-8/2 转换成等价的后缀表达式 234+*82/-的过程如图 2.4 所示。

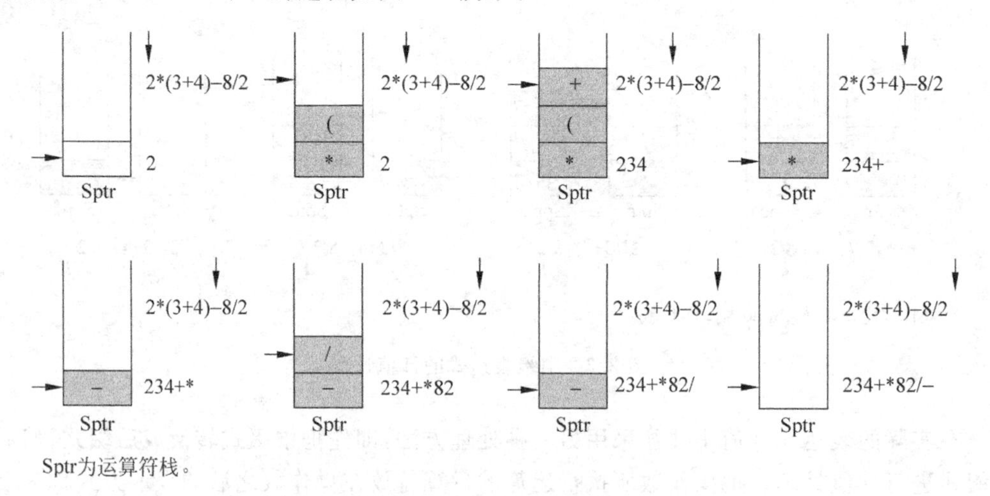

图 2.4 中缀表达式转换成后缀表达式的过程

下面给出利用栈实现后缀表达式计值的算法。

算法 2.21 后缀表达式计值。

```
int EvaluatePostfix (void)
{
 //后缀表达式的计值
 //假设运算符只有 + 、- 、* 、/,操作数都是个位整数,后缀表达式无语法错误
 Stack < int > Spnd(80);
 const int size = 80;          //限定表达式最长为 79 个字符
 char buf[size];               //存储表达式的输入缓冲区
 cout <<"Input Postfix"<< endl;
 cin >> buf ;                  //输入后缀表达式
 int i = 0,k;
 while (buf[i]! = '\0')        //表达式字符串以'\0'为结束符
 {
  switch (buf[i])
  {
   case '+':
    k = Spnd.Pop( ) + Spnd.Pop( );
    Spnd.Push(k);
    break;
   case '-':
    k = Spnd.Pop( );
```

```
        k = Spnd.Pop( ) - k;
        Spnd.Push(k);
        break;
      case '*':
        k = Spnd.Pop( ) * Spnd.Pop( );
        Spnd.Push(k);
        break;
      case '/':
        k = Spnd.Pop( );
        k = Spnd.Pop( )/k;
        Spnd.Push(k);
        break;
      default:
        //操作数进栈时,字符转换成数值
        Spnd.Push(int(buf[i] - 48));
    }
   i++;
  }
  cout <<"The value is "<< Spnd.Pop( )<< endl;
  return 0;
}
```

2. 栈与递归

递归是数学和计算机科学中强有力的问题求解工具。递归可使问题的描述和求解步骤变得简洁和清晰,递归算法比非递归算法易于设计、易于理解,尤其是当问题本身或所涉及的数据结构是递归定义时,采用递归算法特别合适。

若一个函数、过程或者数据结构定义的内部又直接或间接地包含定义本身的应用,则称它们是递归的。

数学上常用的阶乘函数、幂函数、斐波那契函数等,它们的定义和计算都是递归的,对于这些递归的函数,可以用递归过程来求解。某些数据结构,如链表、树、广义表等的定义也是递归的,在这些结构上施行的操作和采用的算法也可用递归过程来实现。另外,有些问题只能用递归的方法来解决,才能把求解问题所付出的代价限制在一个能接受的范围之内,如汉诺塔问题。

递归算法的采用有两个条件:一是规模较大的原问题能分解成一个或多个规模较小,但具有类似于原问题特性的子问题,即较大的问题可用较小的子问题来描述,解原问题的方法同样可用来解这些子问题,如有必要,这种分解可以继续下去;二是存在一个或多个无须分解、可直接求解的最小子问题。前者称为递归步骤,后者称为终止条件。在递归步骤中分解问题时,应使子问题相对原问题而言更接近于递归终止条件,以保证经过有限次递归步骤后,子问题的规模减至最小,达到递归终止条件而结束递归。

最简单也是最典型的两个递归问题就是求前 n 个正整数的和以及求前 n 个正整数的积。

$$S(n) = 1 + 2 + \cdots + (n-1) + n$$

$$n! = n \cdot (n-1) \cdot \cdots \cdot 2 \cdot 1$$

这两个问题可以用递归方法定义如下:

$$S(n) = \begin{cases} 1, & n = 1 \quad (\text{递归出口}) \\ n + S(n-1), & n > 1 \quad (\text{递归定义}) \end{cases}$$

$$n! = \begin{cases} 1, & n = 0 \quad (\text{递归出口}) \\ n*(n-1)!, & n > 0 \quad (\text{递归定义}) \end{cases}$$

由定义很容易写出递归算法。

算法 2.22 求前 n 个正整数的和的递归算法。

```
int Sum (int n)
{
 //设 n 是正整数
 if (n == 1) return 1;
 else return n + Sum (n - 1);
}
```

算法 2.23 求前 n 个正整数的积的递归算法。

```
int Factorial (int n)
{
 //设 n 是非负整数
 if (n == 0) return 1;
 else return n * Factorial (n - 1);
}
```

汉诺塔问题是比较复杂的问题。传说婆罗门庙里有一个塔台,台上有三根用钻石做成的柱子 A、B、C,在 A 柱上放着 64 个金盘,每一个都比下面的略小一点。把 A 柱上的金盘全部移到 C 柱上的那一天就是世界的末日。但移动必须遵守规则:一次只能移动一个金盘;移动过程中大盘不能放在小盘上面。这种移动一共要进行 $2^{64}-1$ 次,如果每秒钟移动一次,大约需要 5000 多亿年。但是汉诺塔问题的递归解决方法却是明了清晰的。图 2.5 说明了求解汉诺塔问题的递归算法。

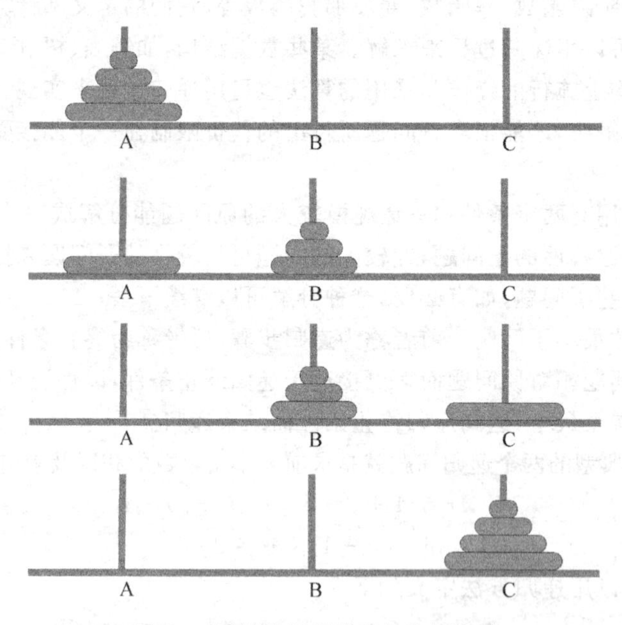

图 2.5 汉诺塔问题的递归求解过程

先将 $n-1$ 个盘子从 A 柱移到 B 柱，然后把最大的盘子移到 C 柱，再把 $n-1$ 个盘子从 B 柱移到 C 柱。这样就使问题分解成三个子问题：第一个子问题是把 $n-1$ 个盘子从 A 柱移到 B 柱，这其实是一个 $n-1$ 阶的汉诺塔问题；第二个子问题是把最大的盘子从 A 柱移到 C 柱，这是一个能直接求解的最小子问题，为递归终止条件；第三个子问题是把 $n-1$ 个盘子从 B 柱移到 C 柱，这也是一个 $n-1$ 阶的汉诺塔问题。把第一和第三个子问题进一步分解，就可形成四个 $n-2$ 阶的汉诺塔问题和两个能直接求解的子问题。如此重复下去，最后，n 阶汉诺塔问题将被分解成若干个只须移动一个盘子的能直接求解的子问题，这样整个问题也就得到了解决。汉诺塔问题的递归求解过程如图 2.5 所示。

汉诺塔问题的递归算法如下：

算法 2.24 汉诺塔问题的递归算法。

```
void Hanoi (int n, char a, char b, char c)
{
 //将 n 个盘子从 a 柱移到 c 柱
 //只有一个盘子,直接移动
 if (n == 1)
  cout <<"move"<< a <<"to"<< c << endl;
 else
 {
  //将 n - 1 个盘子从 a 柱移到 b 柱
  Hanoi (n - 1, a, c, b );
  //最后一个盘子从 a 柱移到 c 柱
  cout <<"move"<< a <<"to"<<< c << endl;
  //将 n - 1 个盘子从 b 柱移到 c 柱
  Hanoi (n - 1, b, a, c );
 }
}

void main (void)
{
 int n; //盘子个数
 char A = '1',B = '2',C = '3'; //柱名
 cout <<"Enter the number of disks:";
 cin >> n;
 cout <<"The solution for n = "<<< n << endl;
 Hanoi (n, A, B, C );
}
```

递归定义和递归算法可以把对复杂问题的描述简单化，但递归过程在计算机中实现时必须依赖于堆栈。

递归过程在其过程内部又调用了自己，调用结束后要返回到递归过程内部本次调用语句的后继语句处。为了保证递归过程每次调用和返回的正确执行，必须解决调用时的参数传递和返回地址保存问题。在高级语言的处理程序中，是利用一个“递归工作栈”来解决这个问题的。

每一次递归调用所需保存的信息构成一个工作记录，它基本上包括三个内容：返回地址，即本次调用结束后应返回去执行的语句地址；本次调用时使用的实参；本层的局部变

量。每进入一层递归时,系统就要建立一个新的包括上述三种信息的工作记录,并存入递归工作栈的栈顶。每退出一层递归,就从递归工作栈栈顶退出一个工作记录,由于栈的"后进先出"操作特性,这个退出的工作记录恰好是进入该层递归调用所存入的工作记录。递归调用正在执行的那一层的工作记录处于栈顶,称为活动记录。

以计算 $n!$的递归算法为例来说明栈在递归实现中的作用。$n!$的递归过程及其调用如下:

算法 2.25 阶乘的递归调用。

```
void main (void)
{
int n;
    n = Factorial(3);                   //调用 Factorial (3)时,活动记录进栈
     ↑__________ RetLoc1                //调用返回 RetLoc1 处
}
int Factorial (int n)
{
int temp;
    if (n == 0) temp = 1;
    else temp = n * Factorial(n - 1);   //递归调用,活动记录进栈
                   ↑________ RetLoc2    //调用返回到 RetLoc2 处
    return temp;                        //返回,活动记录退栈
}
```

递归调用过程中,活动记录的进栈情况如图2.6所示。

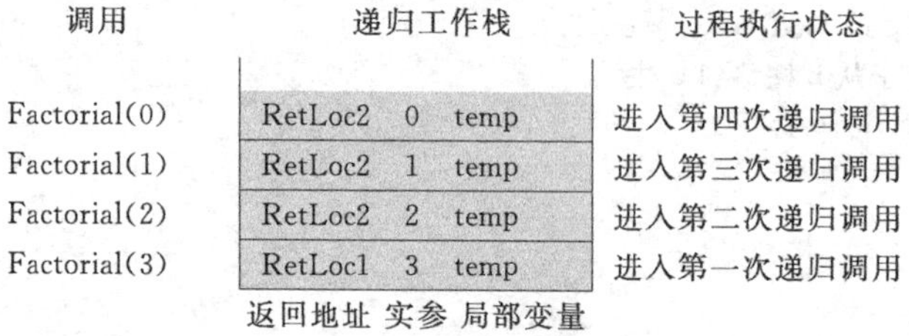

调用	递归工作栈			过程执行状态
Factorial(0)	RetLoc2	0	temp	进入第四次递归调用
Factorial(1)	RetLoc2	1	temp	进入第三次递归调用
Factorial(2)	RetLoc2	2	temp	进入第二次递归调用
Factorial(3)	RetLoc1	3	temp	进入第一次递归调用
	返回地址	实参	局部变量	

图2.6 活动记录的进栈情况

递归调用返回时,活动记录的退栈情况如图2.7所示。

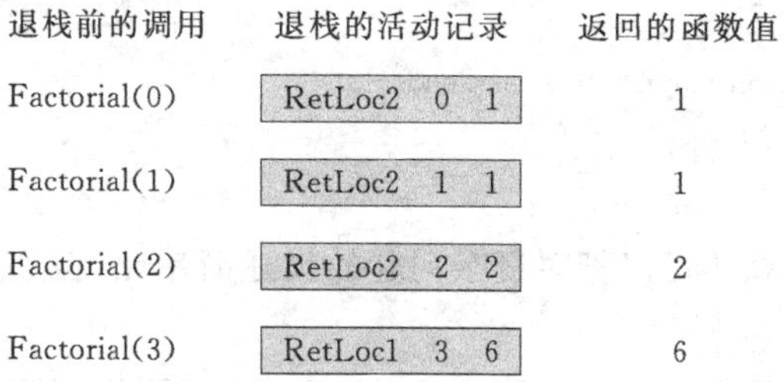

退栈前的调用	退栈的活动记录			返回的函数值
Factorial(0)	RetLoc2	0	1	1
Factorial(1)	RetLoc2	1	1	1
Factorial(2)	RetLoc2	2	2	2
Factorial(3)	RetLoc1	3	6	6

图2.7 活动记录的退栈情况

因为递归引起的重复调用要多次组织活动记录并占用栈空间,将导致较高的时间复杂度和空间复杂度,所以递归的执行并不高效。

递归不是面向对象的概念,但它却具有面向对象程序设计的优点,允许程序员管理算法中的一些关键逻辑部件而隐藏其复杂的实现细节。使用递归前,必须权衡设计和估计运行

时的复杂度，当强调算法设计且在运行时有合理的空间复杂度和时间复杂度时，使用递归是正确的。

2.4 队　　列

与栈一样，队列也是一种操作受限的线性表。队列的插入操作只允许在表尾一端进行，而删除操作只允许在表头一端进行。队列根据存储方式的不同，可分为顺序队列和链式队列，这里只讨论顺序队列，链式队列将在第3章介绍。

2.4.1 队列的抽象数据类型及其实现

队列的逻辑结构是线性表，与栈一样，也可与数组相同的顺序存储方式存储队列。

队列中的数据元素类型相同，称为队列元素。往队列里插入一个队列元素称为入队，从队列中删除一个队列元素称为出队。因为队列只允许在一端插入，在另一端删除，所以只有最早进入队列的元素才能最先从队列中删除，故队列也称为先进先出(FIFO)表。

队列中允许插入的一端称为队尾，允许删除的一端称为队头。在插入和删除操作中，队尾和队头不断变化。不含队列元素的队列称为空队列。

建立顺序存储队列也必须为其静态分配或动态申请一片连续的存储空间，并设置两个指针进行管理。一个指针是队头指针 front，它指向队头元素；另一个指针是队尾指针 rear，它指向下一个入队元素的存储位置，如图2.8所示。

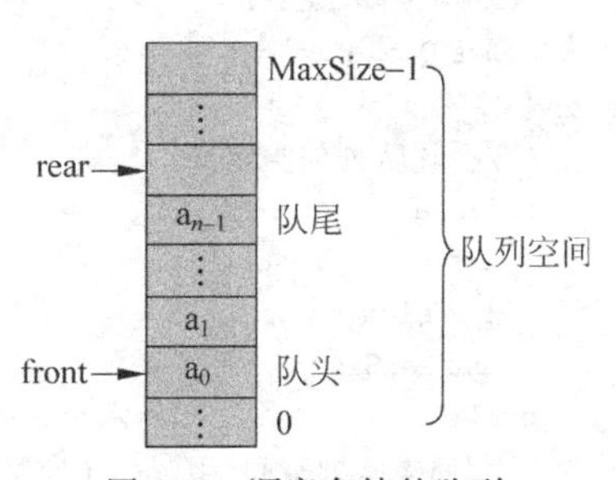

图 2.8　顺序存储的队列

对于简单的插入删除方式，每次在队尾插入一个元素，rear 增 1；在队头删除一个元素，front 增 1，随着插入和删除操作的进行，队列元素的个数不断变化，队列所占的存储空间也在为队列结构所分配的连续空间中移动。当 front＝rear 时，队列中没有任何元素，成为空队列。当 rear 增加到指向所分配的连续空间之外时，队列无法再插入新元素，但这时往往还有大量可用空间未被占用，这些空间是已经出队的队列元素曾经占用过的存储单元。队列的操作如图2.9所示。

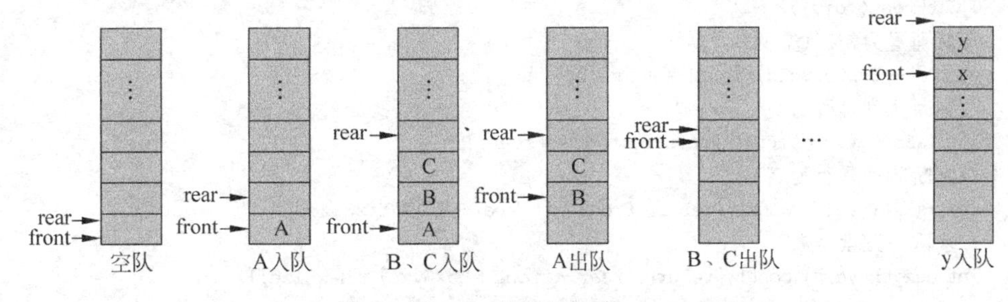

图 2.9　队列的操作

在实际使用队列时，为了使队列空间能重复使用，往往要对队列的使用方法稍加改进：不论插入或删除，一旦指针 rear 增 1 或 front 指针增 1 越出了所分配的队列空间，就让它指向这片连续空间的起始位置。指针从 MaxSize－1 增 1 变到 0 可用取余运算 rear%MaxSize 和 front%MaxSize 来实现。这实际上是把队列空间想象成一个环形空间,环形空间中的存储单元循环使用,用这种方法管理的队列也就称为循环队列。除一些简单应用之外,计算机应用中真正实用的队列是循环队列。

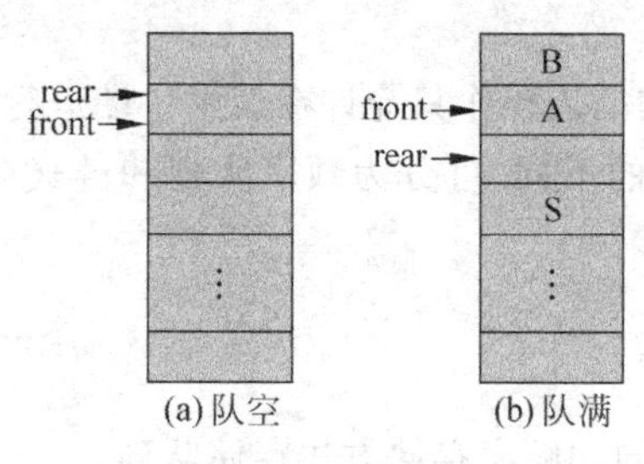

图 2.10　循环队列的队空和队满

在循环队列中,当队列为空时,有 front＝rear,而当所有的队列空间全占满时,也有 front＝rear。为了区别这两种情况,规定循环队列最多只能有 MaxSize－1 个队列元素,当循环队列中只剩下一个空存储单元时,队列就已经满了。因此,队列判断空的条件是 front＝rear,而队列判断满的条件是 front＝(rear＋1)%MaxSize,队空和队满的情况如图 2.10 所示。

通过上述分析,不难给出队列的抽象数据类型的 C++类表示。

```
template<class T>
class Queue
{
 //循环队列的类定义
private:
   int rear,front;                              //队尾、队头指针
   T *elements;                                 //存放队列元素的数组
   int MaxSize;                                 //队列空间的最大尺寸
public:
   //创建队列空间,生成一个空队
   Queue(int MaxSize = defaultsize);
   //释放队列空间
   ~Queue(void){delete [ ] elements;}
   //入队: 若队列未满,则 item 插入队尾,返回 0; 否则,不做入队操作,返回 -1
   int EnQueue(const T& item );
   //出队: 若队列非空,则出队,返回队头元素的值;
   //否则,不做出队操作,返回 NULL
   T DeQueue(void);
   //读队头: 若队列非空,则返回队头元素的值; 否则返回 NULL
   T GetFront(void);
   //队列置为初态(空队)
   void MakeEmpty(void){front = rear = 0;}
   //判断队列是否为空
   int IsEmpty(void)const {return front == rear;}
   //判断队列是否为满
   int IsFull(void) const {return front == (rear + 1 ) % MaxSize;}
   //求队列元素个数
   int Length(void) const {return (rear - front + MaxSize) % MaxSize;}
};
```

算法 2.26　构造函数 Queue(int s)。

```
//类操作的实现
template<class T>
```

```
Queue <T>::Queue(int s)
{
 //构造函数: 创建队列空间,生成一个空队列
 MaxSize = s;
 elements = new T[MaxSize];                  //创建队列空间
 front = rear = 0;                           //生成一个空队列
}
```

算法 2.27 队列插入。

```
template < class T >
int Queue < T >::EnQueue(const T& item)
{
 //入队: 若队列不满,则 item 插入队尾,返回 0; 否则返回 -1
 if (!IsFull( ))
 {
  elements[rear] = item;                     //入队
  rear = (rear + 1) % MaxSize;               //队尾指针增 1
  return 0;                                  //返回 0
 }
 else return -1;
}
```

算法 2.28 队列删除。

```
template < class T >
T Queue < T >::DeQueue(void)
{
 //出队: 若队列不空,则删除队头元素,返回该元素的值; 否则返回 NULL
 if (!IsEmpty( ))
 {
  T item = elements[front];
  front = (front + 1) % MaxSize;             //队头指针增 1
  return item;                               //队列非空,返回队头元素的值
 }
 else return NULL;                           //空队,返回 NULL
}
```

算法 2.29 读队列头部元素。

```
template < class T >
T Queue < T >::GetFront(void)
{
 //读队头: 若队列非空,则返回队头元素的值; 否则返回 NULL
 if (!IsEmpty( ))
 {
  //队列非空,返回队头元素的值
  return elements[front];
 }
 //空队,返回 NULL
 else return NULL;
}
```

2.4.2 优先级队列

前面讨论的队列的操作特点是“先进先出”,但许多应用需要另一种队列:每次入队的元素仍然顺序从队尾插入,但每次从队列中取出的都是具有最高优先级的元素,这种队列称为优先级队列。在优先级队列中,插入(PQInsert)操作和一般队列相同,只是简单地把一个新的数据元素加入队列中,而删除(PQRemove)操作则与一般队列不同,要删除的是队列中优先级最高的元素。类似地,插入操作可以按优先级执行,删除操作按一般队列的模式执行。

优先级队列的类说明如下:

```
const int MaxPQSize = 50;
class PQueue
{
 private:
  DataType pqlist[MaxPQSize];              //优先级队列数组,数组元素为自定义 DataType 类型
  int count;                               //当前元素个数
 public:
  PQueue (void);                           //构造函数
  ~PQueue (void){delete [ ] pqlist;}       //析构函数
  void PQInsert (const DataType& item ); //插入操作,item 中的某个字段作为插入或删除运算的优先级
  T PQRemove(void);                        //删除操作
  void makeEmpty(void);                    //置队列为空
  int IsEmpty(void);                       //判队列空否
  int IsFull(void);                        //判队列满否
  int Length(void);                        //求队列长度
};
```

算法 2.30 构造函数。

```
PQueue::PQueue (void) : count(0)
{}
```

算法 2.31 优先级队列中的插入运算。

```
void PQueue::PQInsert (const DataType& item)
{
   //优先级存储空间是否满
   if (count == MaxPQSize)
   {
        cerr << "Priority queue overflow!" << endl;
        return;
   }
   //place item at the rear of the list and increment count
   pqlist[count] = item;
   count++;
}
```

算法 2.32 优先级队列中的删除运算。

```
DataType PQueue::PQDelete(void)
{
```

```
    DataType min;
    int i, minindex = 0;
    if (count > 0)
    {
        //找最小优先级
        min = pqlist[0]; //假设 pqlist[0] 为最小值
        for (i = 1; i < count; i++)
            if (pqlist[i] < min)
            {
                min = pqlist[i];
                minindex = i;
            }
        //替换最小元素
        pqlist[minindex] = pqlist[count - 1];
        count -- ;
    }
    //若优先级队列为空,算法结束
    else
    {
        cerr << "Deleting from an empty priority queue!" << endl;
        return NULL;
    }
    //返回最小优先级元素
    return min;
}
```

算法 2.33 求优先级队列的元素个数。

```
int PQueue::PQLength(void) const
{
    return count;
}
```

算法 2.34 判断优先级队列是否为空。

```
int PQueue::PQEmpty(void) const
{
    return count == 0;
}
```

算法 2.35 判断优先级队列是否为满。

```
int PQueue::PQFull(void) const
{
    return count == MaxPQSize;
}
```

算法 2.36 优先级队列清空。

```
void PQueue::ClearPQ(void)
{
    count = 0;
}
```

2.4.3 队列的应用——离散事件驱动模拟

队列在计算机中应用得十分广泛,例如操作系统中的作业管理、进程调度、I/O请求处理等都要用到队列,程序设计中的基数排序、图的宽度优先遍历、缓冲区的循环使用等也都要用到队列,实时程序要处理一些随机到达的离散事件同样都要用到队列。

下面介绍的事件驱动模拟是队列应用的典型例子之一。

例 2.3 假设在一个不少于两个($n \geqslant 2$)出纳窗口的银行中,每个出纳窗口在某一时刻只能接待一位客户,在客户较多时需在每个窗口顺序排队。对于刚进入银行的客户,如果某个窗口正空闲,客户可立即上前办理业务;否则,客户会根据队伍人数的多少和队伍前进的快慢来决定选择窗口。程序模拟的结果要得出每位客户的平均等待时间和每位出纳员的繁忙度,以此来衡量服务的效率。

利用程序来模拟研究银行中客户到达(Arrival)和离开(Departure)的情况。可以把客户到达和离开银行这两个时刻发生的事情称为事件(Event),则整个模拟程序将按事件发生的先后顺序进行处理,这种模拟称为事件驱动模拟。

1. 模拟数据分析

模拟程序要处理的数据有两类:一类是客户数据;另一类是出纳员数据。有关客户的情况体现在事件中。事件应包括的数据如下:

- time 事件发生的时间(客户到达/离开的时刻,以分钟为单位,从模拟开始运行起计算)。
- eType 事件类型(到达/离开)。
- customerID 客户编号。
- tellerID 客户选择服务的窗口编号。
- waitTime 客户必须等待的时间。
- serviceTime 客户需要的服务时间。

对于一个到达事件来说,必须有 time,eType 和 customerID 三项数据,后三项数据在到达事件中不需要。对于离开事件来说,这六项数据都是必须的。

服务效率与每个窗口的出纳员有关,出纳员数据如下:

- finishService 窗口空闲时刻预告(即窗口当前的客户队伍什么时候可服务完毕)。
- totalCustomerCount 该出纳员服务过的客户总数。
- totalCustomerWait 该窗口客户总的等待时间。
- totalService 该出纳员总的服务时间。

窗口前排队的客户队伍的长短和前进的快慢体现在数据 finishService 中。以上四项数据都是根据客户的到达和离开不断变化的。

```
//EventType 为枚举类型标识符
enum EventType {Arrival,Departure}
//事件数据可用类加以描述
class Event                                    //事件类定义
{
 private:
  int time;                                    //客户到达或离开时刻
```

```
    EventType eType;                          //事件类型
    int customerID;                           //客户编号
    int tellerID;                             //出纳窗口编号
    int waitTime;                             //客户等待时间
    int serviceTime;                          //客户服务时间
  public:
    Event (void);                             //构造函数
    Event (int t,EventType et,int cn,int tn,int wt,int st);  //构造函数
    int GetTime (void) const;                 //取事件时间
    EventType GetEventType (void)const;       //取事件类型
    int GetCustomerID (void)const;            //取客户编号
    int GetTellerID(void)const;               //取窗口编号
    int GetWaitTime(void)const;               //取等待时间
    int GetServiceTime(void)const;            //取服务时间
};
```

以上成员函数都十分简单,读者可自行完成函数的实现。

所有这些事件数据都进入一个队列。出纳员数据可用一个结构来描述。

```
struct TellerStatus                           //出纳窗口信息
{
  int finishService;                          //空闲时刻预告
  int totalCustomerCount;                     //服务过的客户总数
  int totalCustomerWait;                      //客户总的等待时间
  int totalService;                           //总的服务时间
};
```

多个出纳员的数据组成一个结构数组。

2. 模拟过程设计

首先介绍事件是如何驱动模拟的。模拟从银行上班时开始,设置一些系统初始条件之后,就给出第一个事件 firstEvent,这是一个 Event 类的对象,是事件队列初态中的唯一队列元素。其数据成员是

0, Arrival, 1, 0, 0, 0

它表示客户 1 在 0 时刻到达。对于到达事件后面三个数据可以没有值,这里暂且置为 0,事件驱动过程如图 2.11 所示。

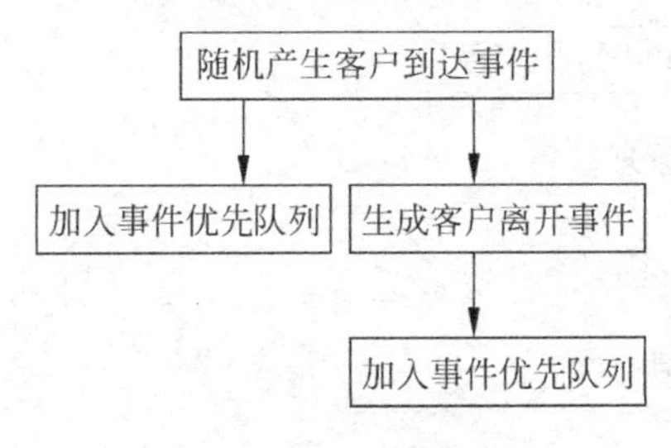

图 2.11 事件驱动过程

对于每个客户到达事件,模拟程序将自动生成该客户的离开事件和下一个客户的到达事件。访问出纳员数据 finishService,就可知当前排在哪个窗口(tellerID)可以最先获得服务;用窗口空闲时刻预告 finishService 减去客户到达时刻 time,就可得到客户的等待时间 waitTime;用随机数发生器可产生该客户需要服务的时间 serviceTime;finishService 加上 serviceTime 就是客户的离开时刻。如此就可生成该客户的离开事件。

在生成离开事件之前,还要对选中窗口的出纳员数据作相应的更新。窗口空闲时刻预告应如下修改:如果窗口空闲时刻预告 finishService 为 0,表示现在无客户,当前到达的事

件立即获得服务,应把该窗口空闲时刻预告置为该客户的到达时刻 time,这时,离开事件中的客户等待时间 waitTime 为 0；否则,窗口空闲时刻预告应为 finishService 与客户需要的服务时间 serviceTime 之和。该窗口接待客户的总数、客户总等待时间和总的服务时间都要相应增加。

用随机数发生器产生一个时间作为下一个客户的到达时间,则可生成下一个客户的到达事件。如果产生的时间超过了银行的下班时间,则不生成下一个客户到达事件。

所有的客户到达事件和客户离开事件按事件生成的先后顺序进入队列。这个队列的队列元素是事件类的对象,称为事件队列。

这个队列的入队操作与一般队列一样在队尾插入,但出队操作却不是从队头删除,而是从队列中选取事件发生时间最早(即 time 值最小)的队列元素删除,这种队列是优先级队列,在这里 time 就是优先级。如果两个队列元素的优先级相同,则删除时按它们在队列中的先后顺序进行。

模拟程序从事件队列中用删除操作取一个客户事件。如果是到达事件,则生成一个该客户离开事件和一个下一个客户到达事件(如果下一个客户到达时间超过银行下班时间,则不生成下一个客户到达事件),并将这两个事件入队。如果是离开事件,则根据离开事件的数据对该窗口空闲时刻预告作如下修改：如果该窗口再没有其他等待服务的客户,则 finishService 置为 0,一旦事件队列为空,则模拟结束。尽管客户到达时间不能超过银行的下班时间,但客户的离开时间可能在银行下班时间之后,所以模拟结束时可能超出原定的模拟时间长度。模拟结束时将输出模拟的结果数据。

3. 模拟的实现描述

事件优先队列的管理如图 2.12 所示。

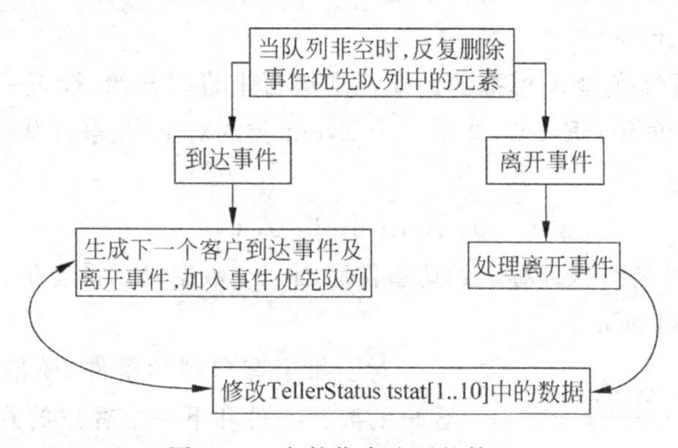

图 2.12　事件优先队列的管理

模拟所需数据和实现模拟的操作可用一个模拟类来描述。

```
class Simulation                              //模拟类说明
{
 private:
  int simulationLength;                       //模拟时间长度
  int numTellers;                             //出纳窗口个数
  int nextCustomer;                           //下一位客户的编号
  int arrivalLow,arrivalHigh;                 //到达时间范围限制
```

```
  int serviceLow,serviceHigh;               //服务时间范围限制
  TellerStatus tstat[11];                   //最多10个出纳窗口
  PQueue pq;                                //事件队列(优先级队列)
  RandomNumber rnd;                         //随机数用于产生到达和服务时间
  int NextArrivalTime (void);               //私有函数:产生下一个客户的到达时刻
  int GetServiceTime(void);                 //私有函数:产生客户需要的服务时间
  int NextAvailableTeller(void);            //私有函数:选择一个窗口
  public:
  Simulation (void);                        //构造函数
  void RunSimulation (void);                //执行模拟
  void PrintSimulationResults (void);       //输出模拟结果
};
```

算法 2.37 构造函数 Simulation(void)。

```
//构造函数:初始化数据并提示用户输入参数
Simulation::Simulation(void)
{
 Event firstEvent(0,Arrival,1,0,0,0);       //第一个到达事件
 for (int i = 1;i <= 10;i++)                //初始化出纳窗口信息
 {
  tstat[i].firstService = 0;
  tstat[i].totalService = 0;
  tstat[i].totalCustomerWait = 0;
  tstat[i].totalCustomerCount = 0;
 }
 nextCustomer = 1;                          //客户编号从1开始
 cout <<"Enter the simulation time in minutes:";
 cin >> simulationLength;                   //输入模拟时间长度
 cout <<"Enter the number of bank tellers:";
 cin >> numTellers;                         //输入出纳窗口个数
 cout <<"Enter the range of arrival time in minutes:";
 cin >> arrivalLow >> arrivalHigh;          //输入到达时间范围
 cout <<"Enter the range of service time in minutes:";
 cin >> serviceLow >> serviceHigh;          //输入服务时间范围
 pq.PQInsert(firstEvent);                   //第一个到达事件入队
}
```

算法 2.38 成员函数 NextArrivalTime(void)。

```
//成员函数:确定下一个客户到达的随机时刻
int Simulation :: NextArrivalTime (void)
{
 return arrivalLow + rnd.Random (arrivalHigh - arrivalLow + 1 );
}
```

算法 2.39 成员函数 GetServiceTime(void)。

```
//成员函数:确定客户服务的随机时间
int Simulation :: GetServiceTime (void)
{
```

```
    return serviceLow + rnd.Random (serviceHigh - serviceLow + 1);
}
```


算法 2.40 成员函数 NextAvailableTeller (void)。

```
//成员函数:选择下一个可用窗口
int Simulation :: NextAvailableTeller(void)
{
 //初始假定所有窗口在下班时关闭
 int minfinish = simulationLength;
 //给下班前到达但在下班后得到服务的客户提供一个随机的窗口编号
 int minfinishindex = rnd.Random (numTellers) + 1;
 //找一个可用的窗口
 //寻找窗口空闲时刻最小者
 for (int i = 1; i <= numTellers; i++)
  if (tstat[i].finishService < minfinish)
  {
   minfinish = tstat[i].finishService;
   minfinishindex = i;
  }
 //返回窗口空闲时刻最小者的窗口号码
 return minfinishindex;
}
```

算法 2.41 模拟主函数 RunSimulation(void)。

```
//模拟主函数
void Simulation::RunSimulation(void)
{
 Event e, newevent;
 int nextTime;
 int tellerID;
 int serviceTime;
 int waitTime;
 //模拟一直进行到队列为空时停止
 while (!pq.IsEmpty( ))
 {
  //取一个事件
  e = pq.PQDelete( );
  //到达事件的处理
  if(e.GetEventType( ) == Arrival)
  {
  nextTime = e.GetTime( ) + NextArrivalTime( );
  //下一个客户到达时已下班
  if(nextTime > simulationLength) continue;
  else
  {
   //下一个客户编号
   nextCustomer++;
   //产生下一个客户到达事件
   newevent = Event (nextTime, Arrival, nextCustomer, 0, 0, 0);
```

```
    //下一个客户到达事件入队
    pq.PQInsert(newevent);
   }
   serviceTime = GetServiceTime( );
   tellerID = NextAvailableTeller( );
   if(tstat[tellerID].finishService == 0)
    tstat[tellerID].finishService = e.GetTime( );
   waitTime = tstat[tellerID].finishService - e.GetTime( );
   tstat[tellerID].finishService += serviceTime;
   tstat[tellerID].totalCustomerCount++;
   tstat[tellerID].totalCustomerWait += waitTime;
   tstat[tellerID].totalService += serviceTime;
   //产生下一个客户离开事件
   newevent = Event (tstat[tellerID].finishService,Departure,
            e.GetCustomerID (),tellerID,waitTime,serviceTime);
   //下一个客户离开事件入队
   pq.PQInsert(newevent );
  }
  else
  {
   tellerID = e.GetTellerID( );
   if(e.GetTime( ) == tstat[tellerID].finishService)
     tstat[tellerID].finishService = 0;
   }
  }
  //最后一个离开事件若发生在下班之后,则调整模拟时间长度
  simulationLength = (e.GetTime( )< = simulationLength)?
  simulationLength:e.GetTime( );
}
```

算法 2.42 模拟结果输出 PrintSimulationResults ( )。

```
//模拟结果输出
void Simulation::PrintSimulationResults ( )
{
 int cumCustomers = 0, cumWait = 0;
 float tellerWork;
 for (int i = 1; i < = numTellers; i++)
 {
  cumCustomers += tstat[i].totalCustomerCount;
  cumWait += tstat[i].totalCustomerWait;
 }
 //打印模拟时间长度
 cout <<"Simulation of "<< SimulationLength <<"minutes"<< endl;
 //打印客户总数
 cout <<"No of Customers:"<< cumCustomers << endl;
 cout <<"Average Customer Wait:";
 //计算平均等待时间(舍入后)
 int avgCustWait = float(cumWait)/cumCustomers + 0.5;
 //打印平均等待时间
```

```
    cout << avgCustWait <<"minutes"<< endl;
    for (int i = 1; i < = numTellers; i++)
    {
     cout <<"Teller # "<< i <<" % Working:";
     //计算窗口平均服务时间
     tellerWork = float (tstat[i].totalService)/simulationLength;
     //服务时间百分比(舍入后)
     tellerWorkPercent = tellerWork * 100.0 + 0.5
     cout <<< tellerWorkPercent << endl;
    }
   }
```

4. 模拟执行

算法 2.43 模拟执行主程序。

```
# include "sim.h"          //存放模拟类说明和相关函数
void main(void)
{
 Simulation S;
 S.RunSimulation( );
 S.PrintSimulationResults( );
}
```

执行以上程序,在给出不同的模拟参数后,可得到不同的模拟结果。通过对模拟结果的分析,可以对银行的工作方式进行调整,以提高服务效率。下面是执行算法 2.43 后的一次运行结果。

```
输入:
Enter the simulation time in minutes: 30
Enter the number of bank tellers: 2
Enter the range of arrival times in minutes: 6 10
Enter the range of service times in minutes: 18 20
输出:
Time: 0 arrival of customer 1
Time: 7 arrival of customer 2
Time: 16 arrival of customer 3
Time: 19 departure of customer 1
      Teller 1 Wait 0 Service 19
Time: 25 departure of customer 2
      Teller 2 Wait 0 Service 18
Time: 37 departure of customer 3
      Teller 1 Wait 3 Service 18
 ******** Simulation Summary ********
Simulation of 37 minutes
    No. of Customers: 3
    Average Customer Wait: 1 minutes
    Teller #1 % Working: 100
    Teller #2 % Working: 49
```

习　题

2.1　正整数 1、2、3、4 依次进栈，列出所有可能的出栈次序。

2.2　编程模拟实现中国式击鼓传花游戏。

2.3　循环队列的优点是什么？如何判断它的空和满？如何计算队列的长度？

2.4　试分析向量“交”运算的时间复杂度。

2.5　设有一个线性表(a_0，a_1，…，a_{n-1})存放在一维数组 A[maxsize]的前 n 个数组元素位置，试编写将这个线性表原地置逆的算法，即将数组的前 n 个地址的内容置换成(a_{n-1}，a_{n-2}，…，a_0)。

2.6　假设优先级队列 PQueue 中包含整数值，用小于运算符“<”定义优先级次序，同一优先级的队列元素仍采用随机出队列的方式。试编写实现优先级队列的插入和删除操作的算法。

2.7　已知中缀表达式 a+b*(c+d/f-e)，画出使用栈将中缀表达式转换为后缀表达式的过程。

2.8　已知后缀表达式 3 4 +5-2*3 3++，画出使用栈计算后缀表达式的过程。

2.9　试编写将中缀表达式转换成等价的后缀表达式的算法。

2.10　试编写判断一个中缀表达式的圆括号是否正确匹配的算法。

2.11　一个双向栈 S 是在同一向量空间实现的两个栈，它们的栈底分别设在数组空间的两端。

① 试给出双向栈 S 的类表示。

② 编写初始化 InitStack(S)、入栈 Push(S,i,x)和出栈 Pop(S,i)的函数，其中 i 为 0 或 1，用于指示栈号。

③ 编写一个主程序，读取 n 个整数，将所有的偶数压入一个栈，将奇数压入另一个栈。打印每一个栈的内容。

2.12　回文是指正读和反读均相同的字符序列。试编写算法，判断一个字符数组是否为回文。

2.13　用计算机模拟“迷宫问题”，求出其中的一条通路。用数组 MAZE(1..M,1..N)表示迷宫，数组元素为 1 意味死路，为 0 表示通路，MAZE(1, 1)为迷宫入口，MAZE(M,N)为迷宫出口。试设计一个算法判别迷宫问题是否有解，有解则打印出一条路径。

第3章 链 表

第2章介绍了采用连续分配内存空间存储顺序表的方式。基于顺序存储结构，内存的存储密度高，当结点等长时，可以随机存储表中的结点。但是，在顺序表中插入和删除结点时，需要对表中结点进行移动，以保持结点的连续存储，效率低下。特别地，当插入结点不断增加，所需要的存储空间大于顺序表的存储空间时，尽管系统还有足够的空闲内存，也将导致插入操作的失败。一般地，当需要动态地改变存储空间的大小以满足实际应用需求时，顺序存储是不合适的。

为了克服顺序存储方式的固有缺陷，可以采用链接存储的方式。链接存储适合需要频繁地插入和删除的结点，以及事先无法确定表的大小的情形。

链接存储作为一种重要的存储方法之一，不仅可以用来存储线性表，也可以用来存储非线性的数据结构，在后续章节将要讨论的稀疏矩阵、树形结构以及图结构等复杂的数据结构，都可以采用链接表进行存储。

本章将首先讨论动态数据结构以及相关的两个操作符 new 和 delete，然后讨论单链表，并给出完整的结点类和链表类以及基于单链表的栈和队列的表示方法，最后讨论循环链表和双链表。

3.1 动态数据结构

在讨论链表结构之前，首先引入动态数据结构的概念，并给出 C++中申请动态内存和释放动态内存的方法。

所谓动态数据结构，是指在运行时刻才能确定所需内存空间大小的数据结构，动态数据结构所使用的内存称为动态内存。动态内存的使用有一定的危险，必须遵循一定的规则。动态申请的内存在不需要时必须及时释放，如果不断地申请动态内存而不加以释放，将导致内存资源的枯竭。

C++为处理动态内存提供了一对操作符 new 和 delete。new 操作符用于动态申请内存，而 delete 操作符则用来释放动态申请的内存。如果对象中为指针型属性申请了动态内存，则必须在析构函数中加以释放。

在 C++中，动态内存和指针变量是密切相关的，将指针变量和 C++中的 new 和 delete 操作符结合起来，用来申请和释放动态内存。

在程序运行过程中，当确定了数据所需内存空间的大小后，可以用 new 操作符请求系统分配足够的内存以存放该数据，并返回指向新申请到的内存区域的指针，如果申请不成功(这通常是因为内存空间不够)，则返回空指针值 NULL。

例如，下面的程序段中，new 以数据类型 T 为参数，为类型为 T 的变量申请内存，返回得到内存地址。

```
T * p;                    //定义 p 为指向 T 的指针
p = new T;                //p 为类型 T 数据的内存地址
```

又如，当 p1 和 p2 分别为指向 int 和 long 类型数据的指针时，操作符 new 可以为它们分别申请相应的内存空间并将其地址分别赋给 p1 和 p2。

```
int * p1;                 //定义 p1 为指向 int(2 字节大小)的指针
long * p2;                //定义 p2 为指向 long(4 字节大小)的指针
p1 = new int;             //p1 指向内存中的一个整数
p2 = new long;            //p2 指向内存中的一个长整数
```

默认情况下，new 申请的内存中的内容没有初值，如果需要初值，必须使用操作符 new 的参数形式：

```
p = new T(value);
```

如下述操作：

```
p1 = new int(100);
```

为整数申请内存并对其赋初值 100，p1 指向一个初值为 100 的整数。在 C++中，不仅可以动态申请简单数据类型的内存空间，也可以完成复杂的数据类型，如动态数组的申请。程序中需要申请动态数组时，可用带方括号"[ ]"的 new 操作符为数组申请内存。例如：

```
T * p;                    //定义 p 为指向 T 的指针
p = new T[n];             //为类型为 T 的 n 元数组申请内存
```

将 p 指向数组的第一个元素。和简单数据类型不同，用这种方法申请数组时不能指定初始值。当申请的动态内存不再需要时，使用 delete 操作符加以释放。需要注意的是，delete 的使用形式必须和 new 相匹配。例如：

```
T * p1, * p2;             //p1 和 p2 均为指向类型 T 的指针
p1 = new T;               //p1 指向一个类型为 T 的数据
p2 = new T[n];            //p2 指向一个类型为 T 的 n 元数组
```

操作符 delete 使用这些指针来释放为它们申请的内存，但在释放数组时，必须与"[ ]"运算符结合使用：

```
delete p1;                //释放 p1 指向的简单变量空间
delete [ ] p2;            //释放 p2 指向的数组变量空间
```

3.2 单 链 表

单链表是最简单的链表结构，但也是最基本的链表结构。理解了单链表及其相关概念，其他链表结构也就很容易理解了。

3.2.1 基本概念

一个链表由若干个链表结点连接而成。在单链表中,每个链表结点包括两个域:用来存储数据的数据域和用来连接下一个链表结点的指针域。为了访问到链表中的结点,每个链表有一个相关联的指针,该指针指向链表中的第一个结点,这个指针称为头指针。

例 3.1 给定线性表 A={31, 27, 59,40, 58},采用链接存储,则对应的链表如图 3.1 所示。

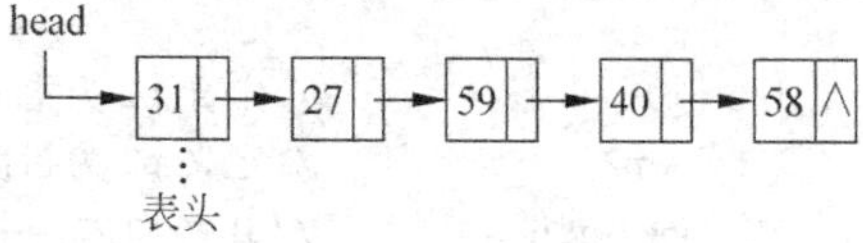

图 3.1 单链表

上例中,head 为头指针,用来存储数据 31 的结点是链表的第一个结点称为表头;用来存储数据 58 的结点是链表的最后一个结点称为表尾。头指针 head 指向链表中的第一个结点即表头。前一个结点的指针指向后一个结点。表尾是最后一个结点,其指针域为空(NULL)。

通过头指针 head 可以访问到表头结点,通过前一个结点的指针可以访问到后一个结点,当前结点指针为空时,说明已经到达表尾结点。

和顺序存储相比,无论是从链表中删除一个元素还是往链表中插入一个元素都要方便得多,不涉及任何结点的移动,只需要修改结点的链指针。图 3.2 和图 3.3 分别给出了从链表中删除一个元素以及往链表中插入一个元素的处理过程。

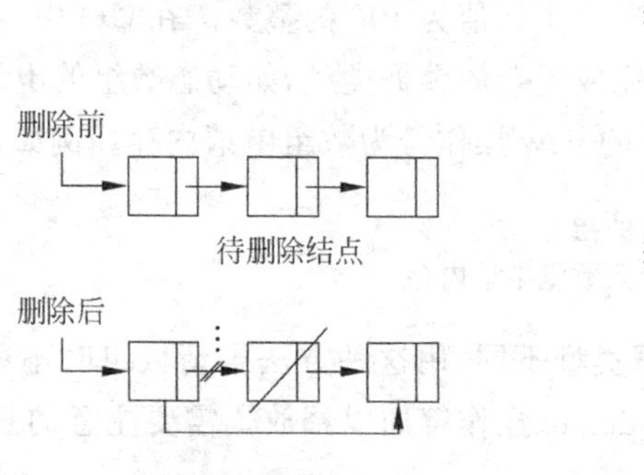

图 3.2 从链表中删除一个结点

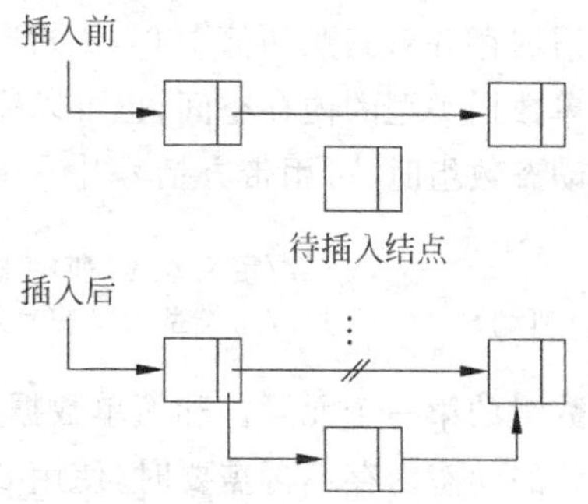

图 3.3 往链表中插入一个结点

不含结点的链表称为空链表,此时,head 为空(NULL)。通过判断 head 是否等于 NULL,可以确定一个链表是否为空链表。当在链表中插入一个结点时,首先要判断链表是否为空链表,如果是空链表,则修改 head 使之直接指向要插入的结点即可;否则,由 head 指向的表头开始寻找到插入位置,找到后,将要插入的结点插入链表中。

为了插入方便,实际应用中可以采用附加头结点的方式来组织链表,此时,头指针所指向的结点不是表头,而是一个特殊的结点,这个结点不用来存储任何数据。因此,当链表为空链表时,头指针不是空指针,于是,在对链表进行操作时,无须判断头指针是否为空。这个附加的结点称为附加头结点,附加头结点的指针所指向的结点才是表头结点。请注意附加头结点与表头结点两者之间的差别。

例 3.2 对于例 3.1 中给出的一组数据,采用附加头结点的链表进行存储时,对应的链表如图 3.4 所示。

在本章后续部分的讨论中,将根据实际需要不加说明地选择使用上述两种单链表,请读

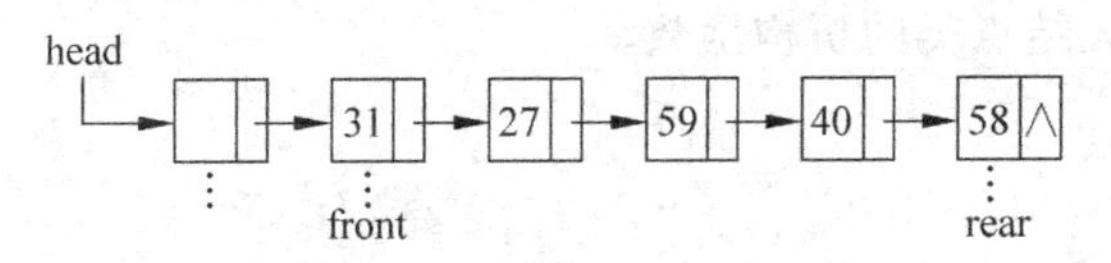

图 3.4　附加头结点的单链表

者注意两种链表的优缺点。

3.2.2　单链表结点类

单链表结点类除封装数据和指针这两个基本要素外，还包括一个对结点进行初始化处理的方法、一个获取指向后继结点指针的方法、一个在结点后插入元素的方法以及一个删除当前结点的后继结点的方法。对于每个结点，主要的操作都是与它的后继结点直接相关。

下面给出单链表结点类的申明(头文件 node.h)。

```
template <class T>
class Node
{
 private:
 //next 为指向下一个结点的指针
 Node<T> *next;
 public:
 //定义数据域 data
 T data;
 //构造函数和析构函数
 Node(const T& item, Node<T> *ptr = NULL);
 ~Node(void);
 //获取下一个结点指针的方法
 Node<T> *NextNode(void) const;
 //插入和删除结点(用于修改链表)的方法
 void InsertAfter(Node<T> *p);
 Node<T> *DeleteAfter(void);
};
```

在单链表结点类的申明中，将 data 域定义为类的公有成员，这为访问结点中的数据提供了很大的方便。当然也可把 data 域定义为私有成员，此时，为了访问结点中的数据，结点类中还必须提供两个对数据域进行操作的成员函数。next 域的值是指向一个 Node 对象的指针，换句话说，next 域的值等于存放下一个结点的内存空间的地址。默认情况下，next 域的值为 NULL。

显然，Node 类是一个自引用的结构，其指针指向要引用的具有自身数据类型的对象。算法 3.1～算法 3.5 给出了单链表结点类中各方法的实现细节。

算法 3.1　单链表结点类的构造函数。

```
template <class T>
Node<T>::Node(const T& item, Node<T> *ptr):data(item),next(ptr){ }
```

算法 3.2 单链表结点类的析构函数。

```
template <class T>
Node<T>::~Node(void)
{ }
```

算法 3.3 单链表结点类中返回私有成员 next 值(获取下一个结点指针)的函数。

```
template <class T>
Node<T> * Node<T>::NextNode(void) const
{
return next;
}
```

算法 3.4 单链表结点类中在当前结点后插入一个结点的函数。

```
template <class T>
void Node<T>::InsertAfter(Node<T> *p)
{
//将当前结点的后继结点链接到结点 p 之后
 p->next = next;
//将结点 p 作为当前结点的后继结点
 next = p;
}
```

算法 3.5 单链表结点类中删除当前结点后继的函数。

```
template <class T>
Node<T> * Node<T>::DeleteAfter(void)
{
 //保存当前结点的后继结点
 Node<T> *ptr = next;
 //若没有后继结点,则返回空指针
 if (ptr == NULL) return NULL;
 //当前结点指向其原来的后继的后继,即 ptr 的后继
 next = ptr->next;
 //返回指向被删除结点的指针
 return ptr;
}
```

请读者注意,在插入结点和删除结点这两个方法的实现过程中,都多次涉及修改指针的操作,这些操作是不能够随意调换顺序的。

3.2.3 单链表类

利用单链表结点类可以构建单链表类。显然,单链表类中必须包含基本的数据成员表头指针 front 和表尾指针 rear。此外,为了处理方便,单链表类中还应包含如下数据成员:单链表长度(结点个数)size、当前结点位置 position、当前结点指针 currPtr、指向当前结点前驱的指针 prevPtr。单链表是动态存储的数据结构,因此,单链表类中应该包含申请和释放单链表结点所需空间的方法,以及有关插入、删除、访问、修改、移动当前结点指针、获取单链表信息等方法。

例 3.3 对于例 3.1 中给出的一组数据，采用链表类进行存储，其对应的链表对象结构如图 3.5 所示。

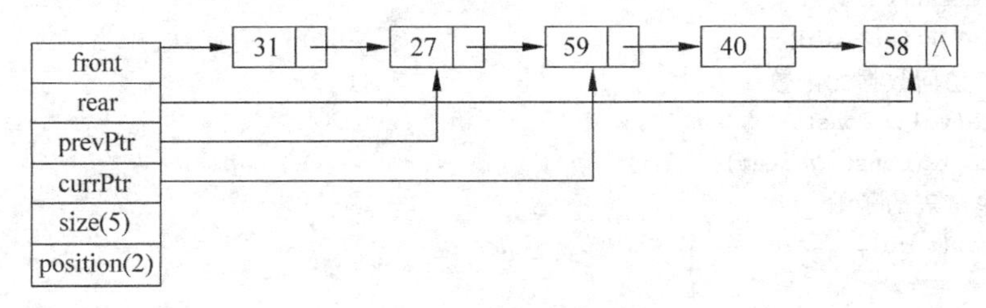

图 3.5　一个实际的单链表结构

下面给出单链表类 LinkedList 的完整申明 linkedlist.h，假设单链表结点类的申明在头文件 node.h 中。

```
#include<iostream.h>
#include<stdlib.h>
#include"node.h"
template<class T>
enum boolean{FALSE,TRUE}
class LinkedList
{
private:
//指向表头和表尾的指针
Node<T> *front, *rear;
//用于访问数据、插入和删除结点的指针
Node<T> *prevPtr, *currPtr;
//单链表中的结点数
int size;
//单链表中当前结点位置计数
int position;
//申请及释放单链表结点空间的函数
Node<T> *GetNode(const T& item, Node<T> *ptr=NULL);
void FreeNode(Node<T> *p);
public:
//构造函数和析构函数
LinkedList(void);
~LinkedList(void);
//重载的赋值运算符
LinkedList<T> & operator = (const LinkedList<T> & orgList)
//获取单链表的结点个数
int Size(void) const;
//判断单链表是否为空
boolean IsEmpty(void) const;
//重定位当前单链表结点
int NextNode(void);
int SetPosition(int pos);
int GetPosition(void) const;
//插入单链表结点的函数
void InsertAt(const T& item);
```

```
void InsertAfter(const T& item);
//删除单链表结点的函数
void DeleteAt(void);
void DeleteAfter(void);
//修改和访问数据的函数
T GetData(void) const;
void SetData(const T& item);
//清空单链表的函数
void Clear(void);
};
```

从单链表类的申明中可以看到,将单链表类的所有属性(数据成员)都申明为私有成员,申请和释放单链表结点所占内存空间的方法也申明为私有成员,因此,在单链表类的外部无法直接对单链表内部的数据和结点进行操作,从而有利于单链表类的安全保护。

请注意,单链表类中究竟包括哪些具体成员(包括数据成员和函数成员)并不是确定不变的,读者可以根据实际需要定义自己的单链表类,例如可以定义一个合并两个单链表的方法,也可以定义一个具有附加表头结点的单链表类。

算法3.6~算法3.22给出了单链表类LinkedList的方法的具体实现。

算法3.6 单链表类中申请结点空间的函数。

```
template <class T>
Node<T> *LinkedList<T>::GetNode(const T& item, Node<T> *ptr = NULL)
{
Node<T> *newNode = new Node<T>(item, ptr);
//若动态内存申请失败,则给出相应提示并返回空指针
if (!newNode)
{
   cerr << "GetNode: Memory allocation failed!"<< endl;
   return NULL;
}
//返回指向新生成结点的指针
return newNode;
}
```

算法3.7 单链表类中释放结点空间的函数。

```
template <class T>
void LinkedList<T>::FreeNode(Node<T> *ptr)
{
//若ptr为空,则给出相应提示并返回
if (!ptr)
{
 cerr << "FreeNode: invalid node pointer!"<< endl;
 return;
}
//释放结点占用的内存空间
delete ptr;
}
```

算法 3.8 单链表类的构造函数(建立一个空链表)。

```
template <class T>
LinkedList<T>::LinkedList(void): front(NULL), rear(NULL), prevPtr(NULL),
currPtr(NULL), size(0), position(-1){}
```

算法 3.9 单链表类的析构函数。

```
template <class T>
LinkedList<T>::~LinkedList(void)
{
//清空单链表,释放所有结点空间
Clear();
}
```

算法 3.10 单链表类中重载赋值运算符的函数。

```
template <class T>
LinkedList<T>& LinkedList<T>::operator = (const LinkedList<T>& orgList)
{
Node<T> *p = orgList.front;
//清空本单链表
Clear();
//将单链表 orgList 中的元素复制到本单链表
while(p)
{
 InsertAfter(p->data);
 p = p->NextNode();
}
//设置当前结点
SetPosition(orgList.position);
return *this;
}
```

算法 3.11 单链表类中取表大小的函数。

```
template <class T>
int LinkedList<T>::Size(void) const
{
 return size;
}
```

算法 3.12 单链表类中判断表是否为空的函数。

```
template <class T>
boolean LinkedList<T>::IsEmpty(void) const
{
 return size? FALSE:TRUE;
}
```

算法 3.13 单链表类中将后继结点设置为当前结点的函数。

```
template <class T>
```

```
int LinkedList<T>::NextNode(void)
{
//若当前结点存在,则将其后继结点设置为当前结点
if (position>=0 && position<size)
{
 position++;
 prevPtr = currPtr;
 currPtr = currPtr->NextNode();
}
else
{
//否则将当前位置设为表尾后
 position = size;
}
//返回新位置
return position;
}
```

算法 3.14 单链表类中重置当前结点位置的函数。

```
template <class T>
int LinkedList<T>::SetPosition(int pos)
{
//若单链表为空,则返回
if (!size) return -1;
//若位置越界,则返回
if(pos<0 || pos>size-1)
{
 cerr<<"position error"<<endl;
 return -1;
}
//寻找对应结点
prevPtr = NULL;
currPtr = front;
position = 0;
for (int k=0; k<pos; k++)
{
 position++;
 prevPtr = currPtr;
 currPtr = currPtr->next;
}
//返回当前结点位置
return position;
}
```

算法 3.15 单链表类中取当前结点位置的函数。

```
template <class T>
int LinkedList<T>::GetPosition(void) const
{
 return position;
}
```

算法 3.16 单链表类中在当前结点处插入新结点的函数。

```
template <class T>
void LinkedList<T>::InsertAt(const T& item)
{
 Node<T> *newNode;
 if(!size)
 {
//在空表中插入
  newNode = GetNode(item, front);
  front = rear = newNode;
  position = 0;
 }
 else if(!prevPtr)
 {
//在表头结点处插入
  newNode = GetNode(item, front);
  front = newNode;
 }
 else
 {
//在单链表的中间位置插入
  newNode = GetNode(item, currPtr);
  prevPtr->InsertAfter(newNode);
 }
//增加单链表的大小
 size++;
//新插入的结点为当前结点
 currPtr = newNode;
}
```

算法 3.17 单链表类中在当前结点后插入新结点的函数。

```
template <class T>
void LinkedList<T>::InsertAfter(const T& item)
{
 Node<T> *newNode;
 if (!size)
 {
//在空表中插入
  newNode = GetNode(item);
  front = rear = newNode;
  position = 0;
 }
 else if(currPtr == rear || !currPtr)
 {
//在表尾结点后插入
  newNode = GetNode(item);
  rear->InsertAfter(newNode);
  prevPtr = rear;
  rear = newNode;
```

```
  position = size;
 }
 else
 {
//在链表的中间位置插入
  newNode = GetNode(item, currPtr -> NextNode();
  currPtr -> InsertAfter(newNode);
  prevPtr = currPtr;
  position++;
 }
//增加链表的大小
 size++;
//新插入的结点为当前结点
 currPtr = newNode;
}
```

算法 3.18　单链表类中删除当前结点的函数。

```
template <class T>
void LinkedList<T>::DeleteAt(void)
{
 Node<T> *oldNode;
//若表为空或已到表尾之后,则给出错误提示并返回
 if (!currPtr)
 {
  cerr << "DeleteAt: current position is invalid!" << endl;
  return;
 }
 if(!prevPtr)
 {
//删除的是表头结点
  oldNode = front;
  front = currPtr -> NextNode();
 }
 else
 {
//删除的是表中结点
  oldNode = prevPtr -> DeleteAfter();
 }
 if(oldNode == rear)
 {
//删除的是表尾结点,则修改表尾指针
  rear = prevPtr;
 }
//后继结点作为新的当前结点
currPtr = oldNode -> NextNode();
//释放原当前结点
FreeNode(oldNode);
//链表大小减 1
size--;
}
```

算法 3.19 单链表类中删除当前结点后继的函数。

```
template <class T>
void LinkedList<T>::DeleteAfter(void)
{
Node<T> *oldNode;
//若无当前结点或已到单链表尾,则给出错误提示并返回
if (!currPtr || currPtr == rear)
{
 cerr <<"DeleteAfter: current position is invalid!"<< endl;
 return;
}
//保存被删除结点的指针并从链表中删除该结点
oldNode = currPtr -> DeleteAfter();
if(oldNode == rear)
{
//删除的是表尾结点
 rear = currPtr;
}
//释放被删除结点
FreeNode(oldNode);
//链表大小减 1
size--;
}
```

算法 3.20 单链表类中获取当前结点数据的函数。

```
template <class T>
T LinkedList<T>::GetData(void) const
//若表为空或已经到达表尾之后,则出错
if (!currPtr)
{
//给出出错信息并退出
 cerr << "Data: current node not exist!" << endl;
 return NULL;
}
return currPtr -> data;
}
```

算法 3.21 单链表类中修改当前结点数据的函数。

```
template <class T>
void LinkedList<T>::SetData(const T& item)
{
//若表为空或已经到达表尾之后,则出错
if (!currPtr)
{
 cerr << "Data: current node does not existed!"<< endl;
 return;
}
//修改当前结点的值
currPtr -> data = item;
}
```

算法 3.22 单链表类中清空链表的函数。

```
template <class T>
void LinkedList<T>::Clear(void)
{
 Node<T> *currNode=front, *nextNode;
 while (currNode)
 { //保存后继结点指针
  nextNode = currNode->NextNode();
 //释放当前结点
 FreeNode(currNode);
 //原后继结点成为当前结点
 currNode = nextNode;
}
 //修改空链表数据
 front = rear = prevPtr = currPtr = NULL;
 size = 0; position = -1;
}
```

下面的例子是关于单链表的简单应用,内容涉及单链表的建立、单链表的查询与单链表元素的输出。

例 3.4 利用 Node 类创建一个长度为 10 的单链表,该单链表的表目为随机产生的整型数,试编写算法实现由键盘输入的整数值,由此生成长度为 10 的单链表并检索该单链表中有相同整数值的表目个数。

解决这个问题的关键是建立单链表和在单链表中移动以达到检索单链表的目的。下面用两种方法建立算法。方法一是通过 Node 类建立 Nodelib 库,调用 Nodelib 库中的函数实现单链表的建立和查找。方法二是通过已建好的 LinkedList 类中的方法实现单链表的建立和查找。

方法 1 利用 Node 类实现。

Node 类中可调用的成员函数为:

```
Node<T> *NextNode(void) const;
void InsertAfter(Node<T> *p);
Node<T> *DeleteAfter(void);
```

显然利用这些函数可以实现由一个单链表结点产生另一个单链表结点,但不能直接管理整个单链表。新建的 Nodelib 库文件包含下列函数(代码见书后附录):

```
Node<T> *GetNode(const T& item, Node<T> *nextPtr = NULL)
void InsertFront(Node<T>* &head, T item)
void PrintList(Node<T> *head, AppendNewline addnl = noNewline)
```

用这些函数就可以直接管理整个单链表。算法 3.23 解决了例 3.4 的算法。

算法 3.23 用 Nodelib 中的函数实现单链表的建立和查找。

```
#include <iostream.h>
#include "node.h"
#include "nodelib.h"
#include "random.h"
```

```
void main(void)
{
 //初始时链表头指针 head 为 NULL
 Node< int >  * head  =  NULL,  * currPtr;
 int i, key, count  =  0;
 RandomNumber rnd;
 //依次从链表头部随机插入 10 个整数表目
 for (i = 0;i < 10;i++)
   InsertFront(head,int(1 + rnd.Random(10)));
 //显示链表
 cout << "List: ";
 PrintList(head,noNewline);
 cout << endl;
 //由键盘输入一个整数
 cout << "Enter a key: ";
 cin >> key;
 //遍历整个链表
 currPtr = head;
 while (currPtr! = NULL)
 {
  //统计链表中表目值等于 key 的结点个数
  if (currPtr -> data == key)
   count++;
   currPtr  =  currPtr -> NextNode();
 }
 cout << "The data value "<< key << "occurs "<< count
   << "times in the list"<< endl;
}
```

算法 3.23 的运行结果：

```
List: 3 6 5 7 5 2 4 5 9 10
Enter a key: 5
The data value 5 occurs 3 times in the list
```

方法 2 用 LinkedList 类中的方法实现。

与前面用 Node 类解决的方法不同，由于 LinkedList 类中封装了整个单链表的操作方法，利用 LinkedList 类的成员函数可方便地实现单链表的建立、单链表中的基于表目元素值的查找、打印等，这正好体现了面向对象的优点。算法 3.24 是用单链表类中提供的方法解决例 3.4 的算法。

算法 3.24 用 LinkedList 实现单链表的建立和查找。

```
#include< iostream.h >
#include "linkedlist.h"
#include "random.h"
void main(void)
{
 //声明一单链表对象
 LinkedList< int > L;
 int i, key, count  =  0;
```

```
RandomNumber rnd;
//依次在单链表的头部随机插入 10 个表目为整数的单链表结点
for (i = 0;i < 10;i++)
 {L.SetPosition(i); L.InsertAfter(int(1 + rnd.Random(10))); }
//输出单链表
cout << "List: ";
int k = 0;
while(k < L.Size())
{
 L.SetPosition(k++);
 cout << L.GetData()<< " ";
}
cout << endl;
//由键盘输入一个整数
cout << "Enter a key: ";
cin >> key;
//遍历整个链表
k = 0;
while(k < L.Size())
{
 //统计链表中表目值等于 key 的结点个数
 L.SetPosition(k++);
 if(L.GetData() == key)
 count++;
}
cout << "The data value "<< key << "occurs "
<< count<< "times in the list"<< endl;
}
```

3.2.4 栈的单链表实现

栈作为一种主要的动态数据结构,可以在单链表类 LinkedList 的基础上加以实现。实现的方式有两种:一种是在栈类 LinkedStack 中定义一个 LinkedList 对象作为存储栈数据的私有成员;另一种是以 LinkedList 类为基类,通过类的继承而实现 LinkedStack 类。采用第一种实现方式可以方便地建立栈数据结构。此时,栈类中包括一个单链表对象私有成员,此外,还包括对栈进行操作以及查询栈状态的公有成员函数。

下面是链栈 LinkedStack 类的完整申明(头文件 linkedstack.h)。

```
#include "linkedlist.h"
template <class T>
class LinkedStack
{
 private:
//存放栈元素的链表对象
 LinkedList<T>* stack;
 public:
//构造函数
 LinkedStack(void);
//操作栈的方法
```

```
 void Push(const T& item);
 T Pop(void);
 T Top(void);
 void Clear(void);
//查询栈状态的方法
 int Size(void) const;
 boolean IsEmpty(void) const;
};
```

链栈类中没有显示地定义析构函数，当删除对象时，系统会自动调用单链表类LinkedList的析构函数。链栈类的方法的实现很简单，因为单链表类数据成员stack中封装了各种基本的操作，并且规定stack类中的position始终为0(栈非空时)或－1(空栈时)。下面给出链栈类方法的实现。

算法3.25 链栈类的构造函数。

```
template <class T>
LinkedStack<T>::LinkedStack(void){}
```

算法3.26 链栈类的入栈函数。

```
template <class T>
void LinkedStack<T>::Push(const T& item)
{
 stack->InsertAt(item);
}
```

算法3.27 栈表类的出栈函数。

```
template <class T>
T LinkedStack<T>::Pop(void)
{
 T tmpData;
 if (!stack->Size())
{
//栈空，给出出错信息并退出
 cerr << "Pop: underflowed!" << endl;
 return NULL;
}
//保存栈顶数据
tmpData = stack->GetData();
//删除栈顶元素
 stack->DeleteAt();
//返回栈顶数据
 return tmpData;
}
```

算法3.28 栈表类的读栈顶函数。

```
template <class T>
T LinkedStack<T>::Top(void) const
{
```

```
    if (!stack->Size())
    {
//栈空,给出出错信息并退出
    cerr << "Top: underflowed!" << endl;
    return NULL;
    }
//返回栈顶数据
    return stack->GetData();
}
```

算法 3.29 栈表类中清空栈的函数。

```
template <class T>
void LinkedStack<T>::Clear(void)
{
    stack->Clear();
}
```

算法 3.30 栈表类中获取栈大小的函数。

```
template <class T>
int LinkedStack<T>::Size(void) const
{
    return stack->Size();
}
```

算法 3.31 栈表类中判断是否为空栈的函数。

```
template <class T>
boolean LinkedStack<T>::IsEmpty(void) const
{
    return stack->IsEmpty();
}
```

虽然对单链表类可以随机访问指定结点,但由于链栈类中用于存储数据的单链表对象被申明为私有成员,且链栈类中没有提供返回链栈中任何结点的引用方法,因此,对链栈类无法实现随机访问。链栈类仅提供了标准的入栈、出栈、读栈顶元素的方法,所有操作限制在栈类的私有成员链表对象的表头(也就是栈顶)位置,严格遵循栈的访问规则(后入先出)。当然,链栈也可以直接基于单链表结点类来实现。实际上,只要对单链表类作适当的修改,限制其插入、删除、修改和访问结点的行为,以符合对栈中元素进行操作的规则即可。

3.2.5 链式队列

基于 LinkedList 类,也可以非常方便地实现队列。和基于链表类实现栈类一样,链式队列类也可以有不同的实现方法。因为 LinkedList 类中的插入、删除运算是局部操作,涉及在队列中调用重定位操作 Setposition,因此,不能保证这样的链式队列的插入、删除运算时间为 $O(1)$。为了方便实现链式队列,在下面的基于 node 类的链式队列类 LinkedQueue 中,只需定义几个基本的队列操作方法即可,这些方法主要包括在队列中插入元素(入队列)的方法、从队列中删除元素(出队列)的方法、读取队列头结点的数据的方法以及查询队列状态的方法。

```
#include"node.h"
template <class T>
class LinkedQueue
{
 private:
//存放队列元素的链表对象
 Node<T>  *front, *rear;
 int Size;
 public:
//构造函数
 LinkedQueue(size)
 {
  Size=0;
  front=rear=NULL;
 }
//操作队列的方法
 void In(const T& item)
 {
   if(rear==NULL)
   {
     front=rear=new Node<T>(item, NULL);
   }
   else
   {
    rear->next=new Node<T>(item, NULL);
    rear=rear->NextNode();
   }
   Size++;
 }
 T Out(void)
 {
  Node<T>  *tmp;
  if(Size==0)
  {
    cout<<"队列空,删除失败"<<endl;
    return NULL;
  }
    tmp=front;
    front=front->NextNode();
    delete tmp;
    if(front==NULL) rear=NULL:
    Size--;
    return front->data;
}
 T Front(void)
 {
  if(Size==0)
  {
   cerr<<"队列为空"<<endl;
```

```
        return NULL;
      }
      return front->data;
    }
    boolean IsEmpty(void) const;
    {
      if(Size == 0) return TRUE;
      return FALSE;
    }
};
```

3.2.6 链表的应用举例

作为链表应用实例之一,下面讨论打印缓冲池的实现。打印缓冲池的工作原理如下:有一个待打印队列用来存储用户的打印作业,每个打印作业包括文件名、总打印页数、已打印页数三项信息;打印缓冲池接受用户的打印请求并将待打印的文件插入队列中,当打印机可用时,打印缓冲池从队列中读取打印作业并提交给打印机进行打印,一个请求中的全部打印页打印完毕,则将这个打印作业从队列中删除。为了简化实例程序,已打印页数的修改是这样进行的:已知打印机每分钟可打印的页数,系统每隔一个固定的时间段计算一次此时间段内已打印的页数,以此更新当前打印作业已经打印的页数。

打印请求信息可以定义成一个结构 PrintJob,代码如下:

```
struct PrintJob
{
  char filename[31];          //待打印的文件名,最长不超过 30 个字符
  int totalpages;             //打印页数
  int printedpages;           //已打印页数
};
```

打印机以高达每分钟 50 页的速度连续打印。在打印机进行打印的同时,用户可以和系统进行交互,列出打印队列中的每个作业、加入新的打印作业、查看打印队列大小等。

打印缓冲池每隔 10s 以上计算一次打印的页数,为了计算时间段的时长,需要记录上次计算打印页数时的时刻。当计算出本次时间段内打印的页数后,对打印队列进行一次更新,删除已打印完的作业,更新当前打印作业的已打印页数。

通过以上分析,可以确定打印缓冲池应包含的数据成员和函数成员。有关打印缓冲池类的头文件 spooler.h 如下:

```
#include <time.h>
#include "linkedlist.h"
//设打印机每分钟打印 50 页
#define PRINTSPEED 50
//更新打印队列的最小时间间隔为 10s
#define DELTATIME 10
struct PrintJob
 {
//待打印的文件名,最长不超过 30 个字符
 char filename[31];
//打印页数
```

```
 int totalpages;
//已打印页数
 int printedpages;
 };
 //打印缓冲池类
 class Spooler
 {
  private:
 //存放打印作业的队列
  LinkedList<PrintJob> jobList;
 //本时间段开始时刻
  time_t lasttime;
 //更新打印队列和修改作业信息的方法
  void UpdateSpooler(int timedelay);
  public:
 //构造函数和析构函数
  Spooler(void);
  ~Spooler(void);
 //加入打印作业
  void AddJob(PrintJob job);
 //列表打印队列
  void ListJob(void);
 //查询打印队列大小
  int NumberOfJobs(void);
};
```

下面的算法给出了打印缓冲池类的具体实现(spooler.cpp)。

算法 3.32 打印缓冲池类的实现算法。

```
#include <iostream.h>
#include "spooler.h"
//构造函数
Spoole::Spooler(void)
{
 time(&lasttime);
}

//析构函数
Spoole::~Spooler(void)
{}
void Spoole::UpdateSpooler(int timedelay)
{
 PrintJob job;
 int printedpages, remainpages;
//给定时间段内打印的页数
 printedpages = timedelay*PRINTSPEED/60;
//定位到队列头
 jobList.SetPosition(0);
//更新打印队列
 while (!jobList.IsEmpty() && printedpages>0)
 {
```

```
//取打印队列中的当前被打印作业
  job = jobList.GetData();
//修改已打印页数
  remainpages = min(job.totalpages - job.printedpages, printedpages);
  printedpages -= remainpages;
  if ((job.printedpages += remainpages)> = job.totalpages
  )//当前作业打印完毕,删除
 jobList.DeleteAt();
 else
//当前作业未打印完毕,更新
 jobList.SetData(job);
 }
}

//加入打印作业
void Spooler::AddJob(PrintJob job)
{
//若打印队列为空,则重置时间段开始时刻
 if(jobList.IsEmpty())
 time(& lasttime);
//置已打印页数为0
 job.printedpages = 0;
//定位到打印队列尾
 jobList.SetPosition(jobList.Size() - 1);
//将当前作业插入队尾
 jobList.InsertAfter(job);
}

//列表打印队列
void Spooler::ListJob(void)
{
 PrintJob job;
 time_t currtime;
//判断更新打印队列的时间段是否已到
 if (difftime(time(&currtime),lasttime)> = DELTATIME)
 {
//更新打印队列
  UpdateSpooler(difftime(currtime,lasttime));
//重置时间段开始时刻
 lasttime = currtime;
 }
if (jobList.IsEmpty())
 {
//打印队列空
 cout << "Print queue is empty!" << endl;
 }
else
 {
//输出每个作业的相关信息
 for(jobList.SetPosition(0);jobList.GetPosition()< = jobList.Size() - 1; jobList.NextNode())
 job = jobList.GetData();
```

```
        cout << "Job = "<< job.filename;
        cout << "TotalPages = "<< job.totalpages;
        cout << "PrintedPages = "<< job.printedpages << endl;
        }
    }
}

//查询打印队列大小
int Spooler::NumberOfJobs(void)
{
    cout << "Current spooler size = "<< jobList.Size();
    return jobList.Size();
}
```

在实现打印缓冲池的程序的主函数 main 中,定义了一个 Spooler 对象。程序的主体部分在一个循环内反复执行,每次循环都等待用户的一次选择,以便确定下一步的动作。可选择的菜单项包括增加一个作业的选项“A”,列出打印队列中全部作业的选项“L”,查询打印队列大小的选项“N”,以及退出程序的选项“Q”。当超过 1min 后用户还未输入,程序将自动选择选项“L”以便及时更新队列信息。当用户选择退出程序选项后,控制程序退出循环,从而结束程序的运行。

算法 3.33 打印缓冲池。

```
#include <iostream.h>
#include <conio.h>
#include <ctype.h>
#include <time.h>
#include "spooler.h"
#define WAITTIME 60            //等待用户输入的时限为60s
void main(void)
{
//打印缓冲池对象
    Spooler spool;
    PrintJob job;
    char response = 'L';
    for( ; response! = 'Q'; )
    {
        time_t btime, ctime;
//提示用户选择
        cout << "Add(A) List(L) Number(N) Quit(Q) ==>";
//保存开始等待时间
        time(&btime);
//定时等待用户选择
    do
    {
        time(&ctime);
//若等待时间超长,则结束等待
        if (difftime(ctime,btime)> = WAITTIME) break;
    } while(!kbhit());
//若用户有输入则取得用户的选择,否则自动选择'L'
```

```
    response = kbhit() ? toupper(getch()) : 'L';
    switch (response)
    {
   //加入作业
     case 'A':
   //提示用户输入文件名
     cout << "File name:";
     cin >> job.filename;
   //提示用户输入打印页数
     cout << "Number of pages to be printed:";
     cin >> job.totalpages;
   //将文件加入打印队列
     spool.AddJob(job);
    break;
   //列出打印作业
    case 'L':spool.ListJob();
    break;
   //查询队列大小
    case 'N':
    spool.NumberOfJobs();
    break;
   //退出
    case'Q':
    break;
   //选择错误
    default:
    cout << "Invalid input!"<< endl;
    break;
    }
   }
   }
```

3.3 循环链表

在前面介绍的单链表中,表尾结点的指针域值为空,判断是否已经到达表尾,只需判断当前结点的指针是否为空。从已经讨论过的链表类的实现可以看到,在对这种形式的单链表进行操作时,需要增加大量复杂的判断程序代码,以确定表是否为空或已经到达表尾,而在表尾进行操作时,为了维护表尾指针 rear 的正确性,也需要增加不少的代码。

为了克服上述单链表的固有缺陷,引入一种新的单链表,称为循环链表。循环链表是一种附加头结点的单链表,由于附加头结点 header 的存在,无论表是否为空,表中总有结点存在。在循环链表中,表尾的指针域指向表的附加头结点,整个表构成一个环,故称为循环链表,简称循环表。

当循环表为空时,实际上表中还有一个结点,即附加头结点,如图 3.6 所示。此时,附加头结点的指针指向其自身,因此,判断循环表是否为空,只要判断附加头结点 header 的指针是否指向附加头结点自身即可。显然,在循环链表中,空指针 NULL 永远也

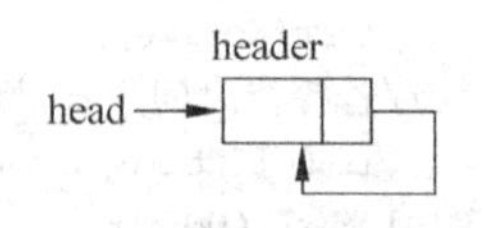

图 3.6 空的循环链表

不会用到。对上节已经讨论过的结点类的实现方法进行适当的修改，即可用于构建循环链表。此时，用于申明循环链表的头文件和单链表中的情形是一致的，不同的是方法的实现。例如，对于循环链表而言，其构造函数应该产生一个空结点作为附加头结点。

为了更方便地处理循环链表，可以定义循环链表结点类，其申明头文件 cnode. h 如下：

```
template <class T>
class CNode
{
 private:
//指向结点后继的循环指针
 CNode<T> *next;
 public:
//循环结点的数据域
 T data;
//构造函数和析构函数
 CNode(void);
 CNode(const T& item);
 ~CNode(void);
//插入和删除结点的函数
 void InsertAfter(CNode<T> *ptr);
 CNode<T> *DeleteAfter(void);
//获取指向后继结点指针的函数
 CNode<T> *NextNode(void);
};
```

下面给出循环结点类的实现，请读者将其与前面介绍过的结点类的实现加以比较。

算法 3.34　循环链表结点类的构造函数。

```
template <T>
CNode<T>::CNode(void)
{
//后继指针指向其自身
 next = this;
}
```

算法 3.35　循环链表结点类的构造函数(带初始化数据)。

```
template <T>
CNode<T>::CNode(const T& item)
{
 next=this;
 data=item;
}
```

算法 3.36　循环链表结点类的析构函数。

```
template <T>
CNode<T>::~CNode(void)
{}
```

算法 3.37 循环链表结点类中在当前结点后插入新结点的函数。

```
template <T>
void CNode<T>::InsertAfter(CNode<T> *ptr)
{
//本结点的后继作为新插入结点的后继
 ptr->next = next;
//插入结点作为本结点的后继
 next = ptr;
}
```

算法 3.38 循环链表结点类中删除本结点后继的函数。

```
template <T>
CNode<T>* CNode<T>::DeleteAfter(void)
{
 CNode<T>* tmpPtr;
//若无后继结点,则返回空指针
 if (next == this) return NULL;
//保存指向本结点后继的指针
 tmpPtr = next;
//将本结点后继从链表中断开
 next = next->next;
//返回指向被删除结点的指针
 return tmpPtr;
}
```

算法 3.39 循环链表结点类中获取指向后继结点指针的函数。

```
template <T>
CNode<T>* CNode<T>::NextNode(void)
{
 return next;
}
```

基于循环链表结点类,可以很容易地构建循环链表,请读者自行完成。需要指出的是,在循环链表中,由于从表尾可以回到表头,因此表头指针 head 和表尾指针 rear 只需一个即可,而且通常使用表尾指针,因为从表尾出发只需经过一个结点就可以方便地访问到表头。

3.4 双 链 表

对于单链表或循环链表,从表头结点开始扫描,可以遍历到链表中的每个结点,而循环链表可以从任何结点出发对各个结点进行遍历。但它们都有一个共同的缺陷,就是无法快速地访问结点的前驱。例如,为了删除结点 p,必须首先找到 p 的前驱结点,这需要从表头开始查找链表,直到某个结点 q 的后继等于 p,q 即 p 的前驱。显然,这是极不方便的。

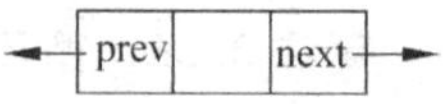

prev | | next

图 3.7 双链结点

为了支持双向快速访问结点,引入了双向链表的概念。在双向链表中,每个结点含有两个指针域和一个数据域,如图 3.7 所示。

通过两个指针域，多个双链结点可构成两个循环链，建立了一种灵活、有效的动态表结构，称为双向循环链表，简称双链表，如图 3.8 所示。

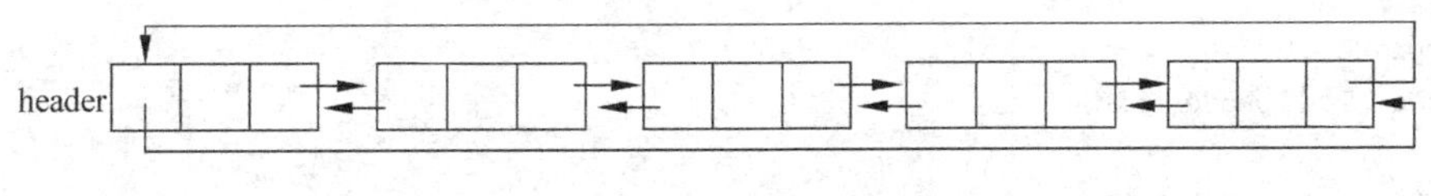

图 3.8 双链表

在双链表中插入一个结点时，涉及插入点前一结点的 next 指针、插入点后一结点的 prev 指针以及被插入结点的两个指针的修改。在结点后插入的处理过程如图 3.9 所示。需要注意的是，如果不引用临时指针变量，则必须按合理的顺序进行操作，例如按(1)、(2)、(3)、(4)的顺序或者按(1)、(3)、(2)、(4)的顺序，如图 3.9 所示。

从双链表中删除一个结点的过程，只需修改前一结点的 next 指针和后一结点的 prev 指针即可，如图 3.10 所示。

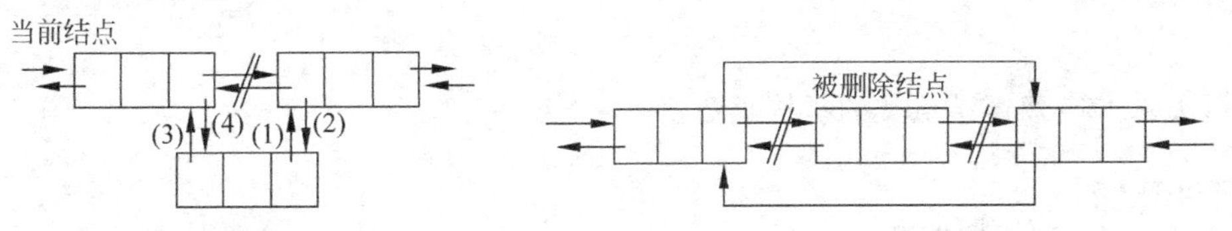

图 3.9 往双链表中插入一个结点

图 3.10 从双链表中删除一个结点

下面给出双链结点类 DNode 的申明头文件 dnode. h。

```
template <T>
class DNode
{
 private:
//指向前驱的指针
 DNode<T> * prev;
//指向后继的指针
 DNode<T> * next;
 public:
//数据
 T data;
//构造函数
 DNode(void);
 DNode(const T& item);
//析构函数
 ~DNode(void);
//插入结点
 void InsertBefore(DNode<T> * ptr);
 void InsertAfter(DNode<T> * ptr);
//删除结点
 DNode<T>* DeleteAt(void);
//获取指向前驱的指针
 DNode<T>* PrevNode(void);
//获取指向后继的指针
 DNode<T>* NextNode(void);
};
```

算法3.40～算法3.47为双链结点类DNode的实现方法。

算法3.40 双链结点类的构造函数。

```
template <T>
DNode<T>::DNode(void)
{
//前驱和后继均指向其自身
 prev = next = this;
}
```

算法3.41 双链结点类的构造函数(带初始化数据)。

```
template <T>
DNode<T>::DNode(const T& item)
{
 prev = next = this;
 data = item;
}
```

算法3.42 双链结点类的析构函数。

```
template <T>
DNode<T>::~DNode(void)
{}
```

算法3.43 双链结点类中在当前结点前插入结点的函数。

```
template <T>
void DNode<T>::InsertBefore(DNode<T> * ptr)
{
//将插入结点链到双链表中
 ptr->next = this;
 ptr->prev = prev;
//插入点前一结点的后继指针指向插入结点
 prev->next = ptr;
//插入点后一结点的前驱指针指向插入结点
 prev = ptr;
}
```

算法3.44 双链结点类中在当前结点后插入新结点的函数。

```
template <T>
void DNode<T>::InsertAfter(DNode<T> * ptr)
{
//将插入结点链到双链表中
 ptr->next = next;
 ptr->prev = this;
//插入点后一结点的前驱指针指向插入结点
 next->prev = ptr;
//插入点前一结点的后继指针指向插入结点
 next = ptr;
}
```

算法 3.45 双链结点类中删除当前结点的函数。

```
template <T>
DNode<T>* DNode<T>::DeleteAt(void)
{
//若只有一个结点(附加头结点)则返回空指针
 if(next == this) return NULL;
//从双链中将当前结点断开
 next->prev = prev;
 prev->next = next;
//返回指向当前结点的指针
return this;
}
```

算法 3.46 双链结点类中获取指向前驱结点指针的函数。

```
template <T>
DNode<T>* DNode<T>::PrevNode(void)
{
 return prev;
}
```

算法 3.47 双链表中获取指向后继结点指针的函数。

```
template <T>
DNode<T> * DNode<T>::NextNode(void)
{
 return next;
}
```

习 题

3.1 执行下面的程序段:

```
Node<int> *p1, *p2, *p3;
p1 = new Node<int>(20);
p2 = new Node<int>(31);
p2->InsertAfter(p1);
p3 = new Node<int>(17);
p2->InsertAfter(p3);
cout << p2->data << " "<< p2->NextNode()->data << " ";
cout << p2->NextNode()->NextNode()->data << endl;
```

其输出结果是什么?

3.2 给出 Node 对象的下述链表以及指针 p1、p2、p3 和 p4,如图 3.11 所示。对于每个代码段,画出下述表示链表和四个指针的状态变化图。

(a) p2 = p1->NextNode();

(b) head = p1->NextNode();

(c) p3->data = (*p1).NextNode()->data;

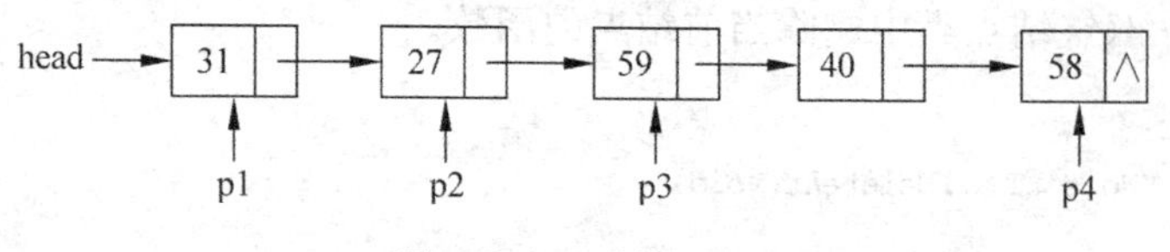

图 3.11　习题 3.2 图

(d)
```
p4 = p3 -> DeleteAfter();
delete p4;
```

(e)
```
Node<int> *p = new Node<int>(20);
p2 -> NextNode() -> InsertAfter(p);
```

(f)
```
Node<int> *p = p2;
while (p! = NULL)
{
 p -> data++;
 p = p -> NextNode();
}
```

(g)
```
Node<int> *p = p1;
while (p -> NextNode()! = NULL)
{
 p -> data++;
 p = p -> NextNode();
}
```

3.3　假设函数

```
template <class T>
void Node<T>::Append(Node<T> *p);
```

是结点类 Node 的成员函数,它将从结点 p 开始的链表复制到当前链表的尾部。请写出该函数。

3.4　写出采用循环链表解 Josephus 问题的算法。

3.5　假设函数

```
template <class T>
void Node<T>::Reverse(Node<T> *&p);
```

是结点类 Node 的成员函数,执行该函数后,p 指向的链表中的结点变为:第一个结点是原来的倒数第一个结点,第二个结点是原来的倒数第二个结点……,最后一个结点是原来的第一个结点。写出该函数,要求不改变链表占用的内存空间,且使用最少的临时变量。

3.6　给出代码段如下:

```
LinkedStack<int> *stack = new LinkedStack<int>;
stack -> Push(1);
stack -> Push(2);
stack -> Pop();
stack -> Push(5);
int tmp = stack -> Pop();
```

```
stack -> Push(7);
stack -> Push(tmp);
stack -> Top();
```

画出执行该代码段后栈的状态。

3.7　一个多项式形如

$$f(x) = a_n x^n + a_{n-1} x^{n-1} + \cdots + a_1 x + a_0$$

其中 a_i 为系数。定义数据结构 Term 为：

```
struct Term
{
 double coeff;          //系数
 int power;             //幂次
}
```

试编写一个程序，该程序接收用户输入的系数和幂次对后，将其保存到链表中。输入系数和幂次对时，不要求一定按幂次由高到低的顺序输入，但最后输入的系数和幂次对中的幂次必定为 0；然后，按幂次由高到低打印出用户输入的多项式，其中每个项形如 $a_i x^i$；最后，程序反复提示用户输入 x 的值，并计算出该多项式的值，直到输入 x 的值为 0 时程序执行结束。

3.8　通过继承 LinkedList 类，可以构造集合类 LinkedSet。试写出 LinkedSet 类中求交集和并集的函数。假定 T 重载了比较运算符==(等于)和!=(不等于)，且这两个函数被声明为：

```
//计算交集的函数
template <class T>
LinkedSet<T>* Union(LinkedSet<T> & x, LinkedSet<T> & y);
//计算并集的函数
template <class T>
LinkedSet<T>* Intersection(LinkedSet<T> & x, LinkedSet<T> & y);
```

3.9　试编写一个程序，对于任意给定的整数链表，将其转换成双循环整数链表，并要求转换后的双循环链表中的负数连续存放在前面，正数连续存放在后面，如果存在整数 0，则 0 恰好将负数和正数分隔开来。

第4章 排　序

排序是数据结构的一种重要运算。本章 4.1 节～4.6 节介绍内部排序的各种方法，4.7 节介绍外部排序方法。此外，堆排序也是一种典型的选择排序，有关堆排序算法，将在第 7 章介绍。

4.1 基本概念

在讨论排序的概念之前，首先引入排序码的概念。所谓排序码是结点中的一个或多个字段，其值作为排序运算中的依据。排序码可以是关键字，这时排序即按关键字对文件进行排序；排序码也可以不是关键字，这时可能有多个结点的排序码具有相同的值，因而排序结果就可能不唯一。排序码的数据类型可以是整数，也可以是实数、字符串，乃至复杂的组合数据类型。

习惯上，在排序中将结点称为记录，将一系列结点构成的线性表称为文件。在本书中后续涉及排序时，都要使用记录和文件这两个概念，请读者将它们和外存中的记录、文件等概念加以区别。

排序(sorting)又称分类。假定具有 n 个记录$\{A_1, A_2, \cdots, A_n\}$的文件，每个记录有一个排序码 K_i，$\{K_1, K_2, \cdots, K_n\}$是相应的排序码的集合。排序运算就是将上述文件中的记录按排序码非递减(或非递增)的次序排列成有序序列。

由于各种待排序的文件中，记录的大小和数量不等，有的文件的记录本身较大、数量很多，有的文件的记录本身较小、数量较少。对于较小的文件，可以一次将文件全部调入内存进行排序处理；而对于很大的文件，无法一次全部调入内存进行排序处理，因而在排序过程中需要涉及内外存之间的数据交换。在排序过程中，文件全部放在内存处理的排序算法称为“内部排序”；在排序过程中，不仅需要使用内存，而且还要使用外存的排序算法称为“外部排序”。

按照所采用的策略的不同，本章介绍的排序方法可以分为六种类型，即插入排序、选择排序、交换排序、分配排序、归并排序和外部排序。当然，由于关注的重点不同，一个具体的排序算法采用的策略既可以看成是这种，也可以看成是那种，也就是说，一个具体的排序算法究竟应该属于上述六种类型中的哪一种并不是唯一的。

在待排序的文件中，可能存在着多个具有相同排序码的记录。如果一个排序算法对于任意具有相同排序码的多个记录在排序之后，这些具有相同排序码的记录的相对次序仍然保持不变，则称该排序算法为“稳定的”；否则称该排序算法是“不稳定的”。

排序的方法很多，就其性能而言，很难说哪一种算法是最好的。每一种算法都有各自的优缺点，适合不同的应用领域。有两个评价排序算法性能的重要指标，一个是算法执行时所需时间，另一个是算法执行时所需内存空间。其中，时间开销是衡量一个排序算法好坏最重要的性能指标。为便于分析，排序算法的时间开销通常用算法执行中的比较次数和记录移动次数来表示。许多排序算法执行排序时所耗费的时间不仅与算法本身有关，而且与待排序文件的记录顺序有关，衡量这些排序算法的性能可以采用最大执行时间和平均执行时间。

为讨论方便起见，假定排序要求都是非递减的。

本章后续各节将分别讨论插入排序、选择排序、交换排序、分配排序、归并排序和外部排序，给出典型排序算法的面向对象的具体实现描述。同时，对主要排序算法的性能进行必要的分析和讨论。执行排序算法所需要的空间量一般都不大，对算法性能好坏的影响并不大，所以只给出结果，而不加以讨论。

4.2 插入排序

插入排序的基本思想是：每次选择待排序的记录序列的第一个记录，按照排序码的大小将其插入已排序的记录序列中的适当位置，直到所有记录全部排序完毕。

4.2.1 直接插入排序

直接插入排序是一种最简单的排序方法，整个排序过程为：先将第一个记录看作是一个有序的记录序列，然后从第二个记录开始，依次将未排序的记录插入这个有序的记录序列中，直到整个文件中的全部记录排序完毕。在排序过程中，前面的记录序列是已经排好序的，而后面的记录序列有待排序处理。

例 4.1 假设有五个元素构成的数组，其排序码依次为 50、20、40、75、35。整个数组完成直接插入排序的过程如图 4.1 所示。

初　　始：50 20 40 75 35
从 50 开始
第一趟扫描后：20 50 40 75 35
将 20 插入位置 0；50 后移到位置 1
第二趟扫描后：20 40 50 75 35
将 40 插入位置 1；50 后移到位置 2
第三趟扫描后：20 40 50 75 35
记录 75 位置不变
第四趟扫描后：20 35 40 50 75
将 35 插入位置 1；后面各记录右移

图 4.1 直接插入排序过程

下面给出直接插入排序的函数 DirectInsertionSort，该函数的参数是存放被排序文件的数组 A 和文件中所包含的记录个数(即数组 A 的大小)n。考察第 $i(1\leqslant i\leqslant n-1)$遍的情况，子文件 A[0]～A[$i-1$]已按非递减序排列，这一遍将记录 A[$i$]插入子文件 A[0]～A[$i-1$]中。将 A[$i$]往子文件 A[0]～A[$i-1$]的前部移动，移动 A[$i$]前，将 A[$i$]的排序码与记录 A[$i-1$]、A[$i-2$]等进行比较。在小于或等于 A[$i$]的排序码的第一个记录 A[$j$]或到达第一个记录 A[0]处停止扫描。当 A[$i$]往前移动时，要将子文件中每个遇到的记录 A[$j$]后移一个位置。当找到 A[$i$]的正确位置 j 后，将其插入位置 j。

算法 4.1 直接插入排序。

```
//用直接插入排序法对文件 A[0], …, A[n-1]排序
template <class T>
void DirectInsertionSort(T A[], int n)
```

```
{
  int i, j;
  T temp;
  for (i = 1; i < n; i++)
  {
//记录 A[0]到 A[i-1]已排序,当前要插入的记录是 A[i]
  j = i-1;
  temp = A[i];
//若 temp 的排序码小于 A[j]的排序码且还未到记录 A[0],则继续扫描
  while (j >= 0 && temp.key < A[j].key)
  {
  //右移当前记录
   A[j+1] = A[j];
   j--;
  }
  //找到位置,将 temp 插入
  A[j+1] = temp;
  }
}
```

将记录 A[0],…,A[$n-1$]采用直接插入法排序,需要进行 $n-1$ 趟扫描。显然,插入排序不需要交换。按比较次数衡量,算法的时间复杂度为 $O(n^2)$。最好的情况是待排序文件的记录已经是排好序的,在第 i 趟,插入发生在 A[i]处,每趟只需一次比较,总的比较次数为 $n-1$ 次,算法的时间复杂度为 $O(n)$。最坏的情况是待排序文件的记录已按非递增序排序,每次插入发生在 A[0]处,第 i 趟需要进行 i 次比较,总的比较次数为$n(n-1)/2$,算法的时间复杂度为 $O(n^2)$。

直接插入排序是稳定的。

4.2.2 折半插入排序

将直接插入排序中寻找 A[i]的插入位置的方法改为采用折半比较,便得到折半插入排序算法。在处理 A[i]时,A[0],…,A[$i-1$]已经按排序码排好序。所谓折半比较,就是在插入 A[i]时,取 A $\left[\left\lfloor\frac{i-1}{2}\right\rfloor\right]$的排序码与 A[$i$]的排序码进行比较,如果 A[$i$]的排序码小于 A $\left[\left\lfloor\frac{i-1}{2}\right\rfloor\right]$的排序码,说明 A[$i$]只能插入到 A[0]～A $\left[\left\lfloor\frac{i-1}{2}\right\rfloor\right]$之间,故可以在 A[0]～A $\left[\left\lfloor\frac{i-1}{2}\right\rfloor-1\right]$之间继续使用折半比较;否则 A[$i$]只能插入 A $\left[\left\lfloor\frac{i-1}{2}\right\rfloor\right]$～A[$i-1$]之间,故可以在 A $\left[\left\lfloor\frac{i-1}{2}\right\rfloor+1\right]$～A[$i-1$]之间继续使用折半比较。如此反复,直到最后能够确定插入的位置为止。一般地,在 A[k]和 A[r]之间采用折半,其中间结点为 A $\left[\left\lfloor\frac{k+r}{2}\right\rfloor\right]$,经过一次比较,可以排除一半的记录,把可能插入的区间减少了一半,故称折半。执行折半插入排序的前提是文件记录必须按顺序存储。

例 4.2 将例 4.1 中的五个记录采用折半插入排序,在前四个记录已经排序的基础上,插入最后一个记录的比较过程如图 4.2 所示。

(a) [20]　[40]　[50]　[75]　[35]

$k=0$　　$m=1$　　$r=3$

35＜40，故 $r=m-1=0$

(b) [20]　[40]　[50]　[75]　35

$k=m=r=0$

35≥20，故 $k=m+1=1$

此时 $k>r$，折半结束，找到插入位置为1，将35插入位置1，原来从位置1开始到位置3为止的各个记录右移一个位置。

(c) [20]　[35]　[40]　[50]　[75]

图4.2　折半查找过程

下面给出折半插入排序的函数 BinaryInsertionSort，该函数的参数是存放被排序文件的数组A和文件中所包含的记录个数（即数组A的大小）n。

算法4.2　折半插入排序。

```
//用折半插入排序法对文件 A[0],…,A[n-1]排序
template <class T>
void BinaryInsertionSort(T A[], int n)
{
 int i, k, r;
 T temp;
 for (i=1; i<n; i++)
 {
  temp = A[i];
//采用折半法在已排序的子文件 A[0]～A[i-1]之间找 A[i]的插入位置
  k = 0; r = i-1;
  while (k<=r)
 {
  int m;
  m = (k+r)/2;
  if (temp.key < A[m].key)
  {
//在前半部分继续找插入位置
  r = m-1;
  }
 else
 {
//在后半部分继续找插入位置
  k =m+1;
 }
}

//找到插入位置为k,先将 A[k]～A[i-1]右移一个位置
for (r=i; r>k; r--)
{
```

```
    A[r] = A[r-1];
  }
  //将 temp 插入
    A[k] = temp;
   }
  }
```

使用折半插入排序时,需进行的比较次数与记录的初始状态无关,仅依赖于记录的个数。在插入第 i 个记录时,如果 $i=2^j(0\leqslant j\leqslant\lfloor\log_2 i\rfloor)$,则无论排序码取什么值,都需要恰好经过 $j=\log_2 i$ 次比较才能确定应该插入的位置;如果 $2^j<i\leqslant 2^{j+1}$,则需要的比较次数大约为 $j+1$。因此,将 n 个记录用折半插入排序所要进行的总的比较次数约为(为推导简便起见,假设 $n=2^k$):

$$\begin{aligned}\sum_{i=1}^{n}\lceil\log_2 i\rceil &= 0+1+\underbrace{2+2}_{2^1}+\underbrace{3+\cdots 3}_{2^2}+\cdots+\underbrace{k+\cdots+k}_{2^{k-1}}\\ &= 2^0+2^1+2^2+\cdots+2^{k-1}+2^1+\cdots+2^{k-1}\\ &\quad +2^2+\cdots+2^{k-1}+\cdots+2^{k-2}+2^{k-1}+2^{k-1}\\ &= \sum_{i=1}^{k}\sum_{j=i}^{k}2^{j-1}\\ &= \sum_{i=1}^{k}(2^k-2^{i-1})\\ &= k\cdot 2^k-2^k+1\\ &= n\cdot\log_2 n-n+1\\ &\approx n\log_2 n\end{aligned}$$

即折半插入排序的时间复杂度为 $O(n\log_2 n)$。当 n 较大时,显然要比直接插入排序的最大比较次数少得多,但是大于直接插入排序的最小比较次数。算法 BinaryInsertionSort 的记录移动次数与算法 DirectInsertionSort 相同。最坏情况是待排序文件中的记录已按非递增序排好序,此时总的移动次数为 $n^2/2$;最好的情况是待排序文件中的记录已按非递减序排好序,此时总的移动次数为 $2n$。

4.2.3 Shell 排序

Shell 排序法又称希尔排序法、缩小增量排序法。Shell 排序的基本思想是:先选定一个整数 $s_1<n$,把待排序文件中的所有记录分成 s_1 个组,所有距离为 s_1 的倍数的记录分在同一组内,并对每一组内的记录进行排序。然后,取 $s_2<s_1$,重复上述分组和排序的工作。当到达 $s_i=1$ 时,所有记录在同一个组内排好序。

各组内的排序通常采用直接插入法。由于开始时 s 的取值较大,每组内记录数较少,所以排序比较快。随着 s_i 的不断增大,每组内的记录数逐步增多,但由于已经按 s_{i-1} 排好序,因此排序速度也比较快。

例 4.3 设某文件中待排序的记录的排序码分别为 28, 13, 72, 85, 39, 41, 6, 20。用 Shell 排序法对该文件进行排序,取 $s_1=n/2=4$,$s_{i+1}=\left\lfloor\frac{s_i}{2}\right\rfloor$,排序过程如图 4.3 所示。

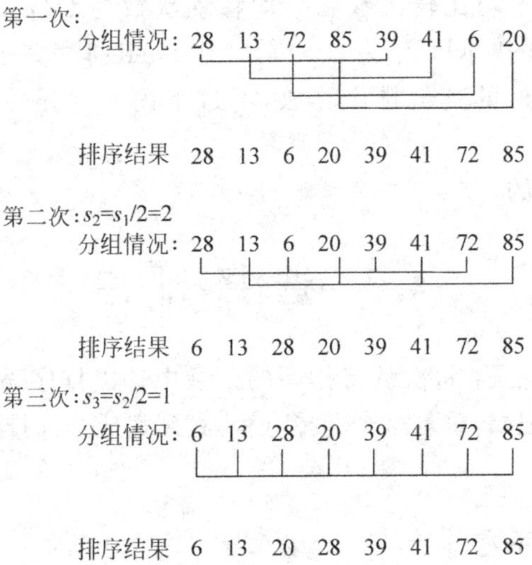

第一次:

分组情况: 28 13 72 85 39 41 6 20

排序结果 28 13 6 20 39 41 72 85

第二次: $s_2=s_1/2=2$

分组情况: 28 13 6 20 39 41 72 85

排序结果 6 13 28 20 39 41 72 85

第三次: $s_3=s_2/2=1$

分组情况: 6 13 28 20 39 41 72 85

排序结果 6 13 20 28 39 41 72 85

图 4.3 Shell 排序过程

下面给出 Shell 排序的函数 ShellSort,该函数的参数是存放被排序文件的数组 A、文件中所包含的记录个数(即数组 A 的大小)n、首次分组间隔(增量)s。

算法 4.3 Shell 排序。

```
//用 Shell 排序法对文件 A[0],…,A[n-1]排序
template <class T>
void ShellSort(T A[], int n, int s)
{
 int i, j, k;
 T temp;
 //分组排序,初始增量为 s,每循环一次增量减半,直到增量为 0 时结束
 for (k = s; k > 0; k >>= 1)
{
 //分组排序
 for (i = k; i < n; i++)
 {
 temp = A[i];
 j = i-k;
 //组内排序,将 temp 直接插入组内合适的记录位置
 while (j >= 0 && temp.key < A[j].key)
 {
  A[j + k] = A[j];
  j -= k;
  }
  A[j + k] = temp;
  }
 }
}
```

一般而言,Shell 排序算法的速度要快于直接插入排序。具体分析比较复杂,请参见 Knuth 所著的《计算机程序设计技巧》第三卷和 Mark Allen Weiss[15]。适当选取增量序

列,可证明 Shell 排序的平均比较次数和平均移动次数为 $O(n^{1.3})$,使用 Hibbard 增量的 Shell 排序的最坏情况下的时间开销为 $O(n^{3/2})$。在 Shell 排序算法中,对各组内的排序也可以采用除直接插入算法外的其他排序算法,不过组内排序显然不能采用折半插入排序方法。

Shell 排序是不稳定的。

4.3 选择排序

选择排序的基本思想是:每次从待排序的记录中选出排序码最小的记录,然后在剩下的记录中选出次最小的记录,重复这个选择过程,直到完成全部排序。本节介绍直接选择排序和树形选择排序。

4.3.1 直接选择排序

基本思想:每次从待排序的记录中选出排序码最小的记录,顺序放在已排序的记录序列的最后,直到完成全部排序。

例 4.4 设某文件中待排序的记录的排序码分别为 42,32,31,12,25,11,43,10,8。用直接选择排序的排序过程如图 4.4 所示。

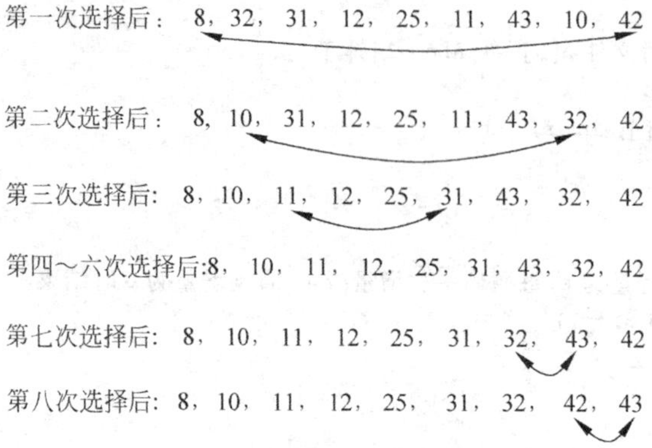

第一次选择后: 8, 32, 31, 12, 25, 11, 43, 10, 42

第二次选择后: 8, 10, 31, 12, 25, 11, 43, 32, 42

第三次选择后: 8, 10, 11, 12, 25, 31, 43, 32, 42

第四~六次选择后:8, 10, 11, 12, 25, 31, 43, 32, 42

第七次选择后: 8, 10, 11, 12, 25, 31, 32, 43, 42

第八次选择后: 8, 10, 11, 12, 25, 31, 32, 42, 43

图 4.4 直接选择排序

算法 4.4 直接选择排序。

```
template <class T>
void DirectSelectSort(T A[ ], int n)
{
 int i, j,k;
 T temp;
 for (i = 0; i < n - 1; i++)
  {
   k = i;
  for(j = i + 1;j < n;j++)
   {
     if(A[j].key < A[k].key)
     k = j;
```

```
    }
   if(i! = k)
    { temp = A[k]; A[k] = A[i]; A[i] = temp;}
    }
   }
}
```

直接选择排序的比较次数与排序码的初始顺序无关，总的比较次数为

$$\sum_{i=1}^{n-1}(n-i)=\sum_{i=2}^{n}(i-1)=\frac{n(n-1)}{2}$$

当初始文件已排序时，移动次数最少为 0 次，最多为 $3(n-1)$次，即对应每趟选择后都要执行交换的情况。

选择排序是不稳定的。

4.3.2 树形选择排序

树形选择排序又称为竞赛树排序或胜者树。基本思想是：把 n 个排序码两两进行比较，取出$\left\lceil \frac{n}{2} \right\rceil$个较小的排序码作为第一步比较的结果保存下来，再把$\left\lceil \frac{n}{2} \right\rceil$个排序码两两进行比较，重复上述过程，一直比较出最小的排序码为止。

例 4.5 设某文件中待排序的记录的排序码分别为 40，35，30，13，24，15，42，14，17。用树形选择排序的排序过程如图 4.5 所示。

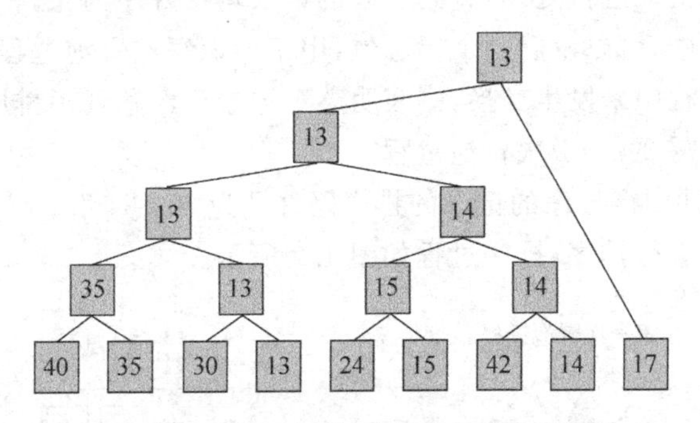

图 4.5 第一次树形选择排序选出最小排序码 13

重复上述选择过程，一共进行八次选择后完成整个文件的排序码排序。图 4.6 中的∞代表比 n 个记录的排序码都大的整数。

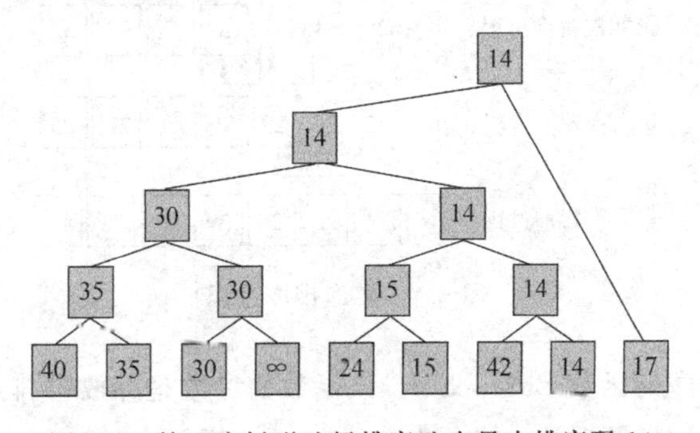

图 4.6 第二次树形选择排序选出最小排序码 14

n个记录的排序码用树形选择排序，总的比较次数为

$$(n-1)+(n-1)\times \log_2 n \approx n \times \log_2 n$$

移动次数不超过比较次数，总的时间开销为$O(n\times\log_2 n)$。此外，存储开销方面需要增加相当多的存储空间保留中间结果。

4.4 交换排序

交换排序的基本思想是：每次将待排序文件中的两个记录的排序码进行比较，如果不满足排序要求，则交换这两个记录在文件中的顺序，直到文件中任意两个记录之间都满足排序要求为止。常用的交换排序包括冒泡排序和快速排序。

4.4.1 冒泡排序

冒泡排序是最简单的交换排序。冒泡排序的排序过程如下：首先比较第一个记录和第二个记录的排序码，如果不满足排序要求，则交换第一个记录和第二个记录的位置；然后对第二个记录(可能是新交换过来的最初的第一个记录)和第三个记录进行同样的处理；重复此过程，直到处理完第$n-1$个记录和第n个记录为止。上述过程称为一次冒泡过程，这个过程的处理结果就是将排序码最大(非递减序)或最小(非递增序)的那个记录交换到最后一个记录位置，到达这个记录在最后排序后的正确位置。然后，重复上述冒泡过程，但每次只对前面的未排好序的记录进行处理，直到所有的记录均排好序为止。

在每次冒泡过程中，可以设立一个标志位，用于标识每次冒泡过程中是否进行过记录交换。如果某次冒泡过程中未发生交换，则表明整个记录已经达到了排序要求。显然，对n个记录的排序处理最多需要$n-1$次冒泡过程。

例4.6 设某文件中待排序的记录的排序码分别为28，6，72，85，39，41，13，20。用冒泡排序法对该文件进行排序，排序过程如图4.7所示。

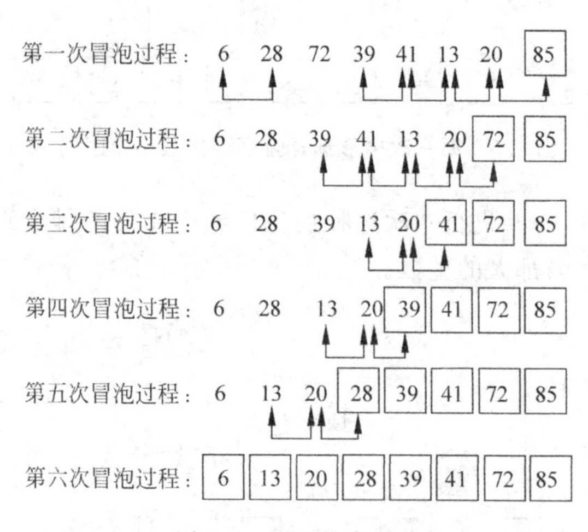

图4.7 冒泡排序过程

下面给出冒泡排序的函数BubbleSort，该函数的参数是存放被排序文件的数组A和文件中所包含的记录个数(即数组A的大小)n。

算法 4.5 冒泡排序。

```
//用冒泡排序法对文件 A[0], … ,A[n-1]排序
template <class T>
void BubbleSort(T A[], int n)
{
  int i, j;
  boolean flag;
  T temp;
  for (i=n-1,flag=(boolean)1; i>0 && flag; i--)
  {
    //设置未交换标志
    flag = FALSE;
    for (j=0; j<i; j++)
    {
     if (A[j+1].key<A[j].key)
      {
      //有交换发生,置标志
       flag = TRUE;
      //交换
       temp = A[j+1];
       A[j+1] = A[j];
       A[j] = temp;
      }
    }
  }
}
```

在执行冒泡排序前,如果待排序文件中的记录顺序已经满足排序要求,则只需一次冒泡过程即可,此时比较次数和移动次数均为最少,比较次数为 $n-1$ 次,移动次数为 0 次；如果待排序文件中的记录顺序是与排序要求逆序的,则需要进行 $n-1$ 次排序,此时比较次数和移动次数均达到最大,比较次数为

$$\sum_{i=1}^{n-1} i = \frac{n(n-1)}{2}$$

每次比较后要进行交换,每次交换需要 3 次移动,移动次数为

$$3\sum_{i=1}^{n-1} i = \frac{3n(n-1)}{2}$$

显然,冒泡排序是稳定的。

4.4.2 快速排序

快速排序算法又称分区交换排序算法,该排序算法使用分割法对待排序文件中的记录进行排序。快速排序算法的排序处理过程如下：从待排序记录中任选一个记录,以这个记录的排序码作为中心值,将其他所有记录划分成两个部分,第一部分包括所有排序码小于等于中心值的记录,第二部分包括所有排序码大于中心值的记录,而其排序码作为中心值的这个记录,在排序后必然处在这两个部分的中间位置；对上述两个部分继续采用同样的方式进行排序处理,直到每个部分为空或者只含有一个记录为止，至此,待排序文件中的每个记录都被放置到正确的排序位置。

例 4.7 设某文件中待排序的记录的排序码分别为 28，13，72，85，39，41，6，20。用快速排序法对该文件进行排序，第一趟排序过程如下：

取第一个记录的排序码 28 为中心值，排序过程采用从两边向中间夹入的方法进行分组处理。首先，取出第一个记录，将第一个记录的位置空出，将中心值 28 与最后一个(第八个)记录的排序码 20 进行比较，因为 28 大于 20，故将第八个记录交换到空出的第一个记录位置。这样，当前空出的记录位置为第八个记录位置，比较改为在前端进行，即将中心值 28 与第二个记录的排序码 13 进行比较，因 28 大于 13，故第二个记录保持不变；继续比较中心值 28 和第三个记录的排序码 72，因 28 小于 72，故将第三个记录交换到当前空出的第八个记录位置。此时，空出的记录位置是第三个记录位置，比较改为在后端进行，即将中心值 28 与第七个记录的排序码 6 进行比较，因 28 大于 6，故将第七个记录交换到当前空出的第三个记录位置。此时，空出的记录位置是第七个记录位置，比较又改为在前端进行，即将中心值 28 与第四个记录的排序码 85 进行比较，因 28 小于 85，故将第四个记录交换到当前空出的第七个记录位置。此时，空出的记录位置是第四个记录位置，比较改为在后端进行，即将中心值 28 与第六个记录的排序码 41 进行比较，因 28 小于 41，故第六个记录保持不变；继续比较中心值 28 和第五个记录的排序码 39，因 28 小于 39，故第五个记录也保持不变。此时，所有记录均比较完毕，将中心值 28 所对应的记录排序到正确的位置，即当前空出的第四个记录位置。

第一趟排序的处理过程如图 4.8 所示。

初始状态： 28 13 72 85 39 41 6 20

取出第一个记录：□ 13 72 85 39 41 6 20

第一次比较，在后端进行，28>20，交换

第一次交换： 20 13 72 85 39 41 6 □

第二次比较，在前端进行，13<28，不交换

第三次比较，继续在前端进行，72>28，交换

第二次交换： 20 13 □ 85 39 41 6 72

第四次比较，在后端进行，28>6，交换

第三次交换： 20 13 6 85 39 41 □ 72

第五次比较，在前端进行，85>28，交换

第四次交换： 20 13 6 □ 39 41 85 72

第六次比较，在后端进行，28<41，不交换

第七次比较，继续在后端进行，28<39，不交换

图 4.8 第一趟快速排序的比较过程

所有记录比较完毕，当前空出的记录位置是第四个记录，故将取出的中心值记录放在第四个记录位置，该记录已正确排好序。第一趟排序处理后的结果为：

第一趟处理结果：20 13 6 [28] 39 41 85 72

中心值将其他所有记录划分成两个部分，第一部分是中心值记录前端的部分，包含三个记录，其排序码均小于等于中心值；第二部分是中心值记录后端的部分，包含四个记录，其排序码均大于中心值。

对上述两个部分采用同样的方法进行处理，直到所有记录排好序。可以看出，快速排序可以用一个递归的方式实现。

下面给出快速排序的函数 QuickSort，该函数的参数是存放被排序文件的数组 A、待排序的一组记录在数组 A 中的起始位置 low 和结束位置 high。

算法 4.6 快速排序。

```
//用快速排序法对文件中的一组记录 A[low], …, A[high]排序
template <class T>
void QuickSort(T A[], int low, int high)
{
 int i, j;
 T temp;
 if (low>= high) return;
 i = low; j = high; temp = A[i];
 while (i<j)
 {
 //从后往前进行比较,直到当前记录的排序码小于等于中心值
  while (i<j && temp.key<A[j].key) j--;
  if (i<j)
  {
 //将排序码小于等于中心值的记录,交换到前面当前空出的记录位置
   A[i++] = A[j];
 }
 //从前往后进行比较,直到当前记录的排序码大于中心值
 while (i<j && A[i].key<= temp.key) i++;
 if (i<j)
 {
 //将排序码大于中心值的记录交换到后面当前空出的记录位置
  A[j--] = A[i];
 }
 }
 //找到中心值对应的记录所在的位置,写入中心值对应的记录
  A[i] = temp;
 //递归处理排序码小于等于中心值的那组记录
  QuickSort(A, low, --j);
 //递归处理排序码大于中心值的那组记录
  QuickSort(A, ++i, high);
}
```

快速排序的时间复杂度分析比较困难。最好的情况是，每次选取的中心值记录恰好将其他记录分成大小相等（最多相差一个记录）的两个部分。第一遍扫描时，经过大约 n 次（实际为 $n-1$ 次）比较，产生 2 个大小约为 $n/2$ 的子文件。第二遍扫描时，对每个子文件经过大

约 $n/2$ 次比较,产生4个大小约为 $n/4$ 的子文件,这一阶段总的比较次数约为 $2\times(n/2)$ 次。第三遍扫描时,处理4个大小约为 $n/4$ 的子文件,需要大约 $4\times(n/4)$ 次比较。以此类推,在经过 $k=\log_2 n$ 遍扫描后,所得到的子文件大小为1,算法终止,排序结束。因此,总的比较次数约为:

$$
\begin{aligned}
&1\times(n/1)+2\times(n/2)+4\times(n/4)+\cdots+n\times(n/n)\\
&=n+n+\cdots+n=n\times k=n\times\log_2 n
\end{aligned}
$$

最坏的情况下,所选取的中心值总是最大或最小的排序码,当待排序文件中的记录已经符合排序要求的记录顺序时(其他情况请读者思考举例)就是如此。第一遍扫描时,经过 $n-1$ 次比较,得到一个大小为 $n-1$ 的子文件。第二遍扫描时,经过 $n-2$ 次比较,得到一个大小为 $n-2$ 的子文件。以此类推,第 $n-1$ 遍扫描时,得到一个大小为1的子文件,算法终止。因此,总的比较次数为:

$$(n-1)+(n-2)+\cdots+1=n(n-1)/2$$

设 $T(n)$ 代表对长度为 n 的文件进行快速排序的平均时间开销,显然进行一趟快速排序的时间与文件的长度 n 成正比,设为 cn,不难得到

$$T(n)=T(i)+T(n-1-i)+cn \tag{4.1}$$

设快速排序将待排序文件分成长度为 $(0,n-1),(1,n-2),\cdots,(n-1,0)$ 的两个子文件的概率相同,设为 $1/n$,则

$$\frac{T(i)+T(n-1-i)}{2}=\frac{1}{n}\sum_{k=0}^{n-1}\frac{(T(k)+T(n-1-k))}{2}=\frac{1}{n}\sum_{k=0}^{n-1}T(k) \tag{4.2}$$

将式(4.2)代入式(4.1)得

$$T(n)=cn+\frac{2}{n}\sum_{k=0}^{n-1}T(k) \tag{4.3}$$

故

$$nT(n)=cn^2+2\sum_{k=0}^{n-1}T(k) \tag{4.4}$$

以 $n-1$ 代替 n,式(4.4)改写为

$$(n-1)T(n-1)=c(n-1)^2+2\sum_{k=0}^{n-2}T(k) \tag{4.5}$$

式(4.4)−式(4.5)得

$$nT(n)-(n-1)T(n-1)=c(2n-1)+2T(n-1) \tag{4.6}$$

即

$$nT(n)=(n+1)T(n-1)+2cn-c \tag{4.7}$$

忽略式(4.7)中常数 c 得

$$nT(n)=(n+1)T(n-1)+2cn \tag{4.8}$$

式(4.8)改写为

$$\frac{T(n)}{n+1}=\frac{T(n-1)}{n}+\frac{2c}{n+1} \tag{4.9}$$

由式(4.9)递推得

$$\frac{T(n)}{n+1}=\frac{T(1)}{2}+2c\sum_{i=1}^{n+1}\frac{1}{i}=\log_e(n+1)+\gamma-\frac{3}{2}=O(\log_2 n) \tag{4.10}$$

这里 $\gamma \approx 0.577$ 为Euler(欧拉)常数。因此,快速排序算法的平均时间复杂度为 $O(n \times \log_2 n)$,平均需要 $O(\log_2 n)$ 趟快速排序过程,平均空间开销为 $O(\log_2 n)$。如果需要在任何情况下都能达到这个性能,则可以选择堆排序算法,这是一个更加健壮的时间复杂度为 $O(n \times \log_2 n)$ 的排序算法,其时间复杂度仅取决于待排序文件的大小。

快速排序算法是不稳定的。

4.5 分配排序

4.5.1 基本思想

为了帮助理解分配排序的基本思想,先看一个具体问题。有一堆卡片,记载了从1981年1月1日至2000年12月30日之间每天的工作摘要;每张卡片上标明了日期(年、月、日),并记载了当日的工作内容摘要。现在的问题是,为了查找卡片方便,需要对这一堆卡片进行排序,按年月日的先后顺序将这些卡片有序地存放起来,这样,当需要了解某一天的工作概况时,可以非常方便地查找到所需要的卡片。

解决这个问题有两种具体方法。

(1) 先将所有卡片按年份分成大组,第一大组中是1981年的卡片,第二大组中是1982年的卡片,最后一个大组中是2000年的卡片;然后对分在同一大组中的所有卡片按月份分成小组,每一大组中的第一小组是1月份的卡片,第二小组是2月份的卡片,第十二小组是12月份的卡片;再对每一小组中的卡片按日期由小到大的顺序进行排序;最后,将所有排序后的各组卡片依次收集起来,最上面的是第一大组中第一小组的卡片,紧接着是第一大组中第二小组的卡片,以此类推,最下面的卡片是最后一个大组中的第十二组卡片。

(2) 先将所有卡片按日期分成31个组,第一组中是日期为1号的卡片,第二组中是日期为2号的卡片,第三十一组是日期为31号的卡片,然后将所有卡片依次收集起来,第一组在最上面,第三十一组在最下面;对收集起来的全部卡片,再按月份依次分到12个组内,每组内的卡片保持在本次收集起来后未分组前的相对先后关系,第一组是1月份的卡片,第二组是2月份的卡片,最后一组是12月份的卡片,然后又将所有卡片依次收集起来,第一组在最上面,第十二组在最下面;最后,将所有卡片按年份分到20个组,同样地,每组内的卡片保持在本次收集起来后未分组前的相对先后关系,第一组是1981年的卡片,第二组是1982年的卡片,第二十组是2000年的卡片,然后将所有卡片收集起来,第一组在最上面,紧接着是第二小组的卡片,最下面是第二十组卡片。

显然,这两种方法都涉及一个先分配后收集的过程。所不同的是,第一种方法是从处在最高位的年份开始进行分配,称为最高位优先(Most Significant Digit First)分配法;第二种方法是从处在最低位的日期开始进行分配,称为最低位优先(Least Significant Digit First)分配法。采用最高位优先分配法时,先分成大组,然后对每一大组进行再分组,以此类推,最后经过一次收集即可。显然,不断分组的过程是一个递归的过程。因此,通常采用最低位优先分配法。

从上述对卡片排序的过程可以看出,当排序码是多个字段的组合时,采用分配排序是一种非常自然的排序方法。但是,分配排序也可以用于解决由单个字段构成的简单的排序码情况,这就是下面要讨论的基数排序。

4.5.2 基数排序

基数排序的基本思想是:把每个排序码看成是一个 d 元组:

$$K_i = (K_i^0, K_i^1, \cdots, K_i^{d-1})$$

其中每个 K_i 有 r 种可能的取值:$c_0, c_1, \cdots, c_{r-1}$。基数 r 的选择和排序码的类型有关,当排序码是十进制数时,最自然的取值是 $r=10, c_0=0, c_1=1, \cdots, c_{r-1}=9$,$d$ 为排序码的最大位数。当排序码是大写英文字符串时,$r=26, c_0='A', c_1='B', \cdots, c_{r-1}='Z'$,$d$ 为排序码字符串的最大长度。排序时,先按最低位 K_i^{d-1} 的值从小到大将待排序的记录分配到 r 个盒子中,然后依次收集这些记录,再按 K_i^{d-2} 的值从小到大将全部记录重新分配到 r 个盒子中,并注意保持每个盒子中记录之间在分配前的相对先后关系,再重新收集起来……如此反复,直到对最高位 K_i^0 分配后,收集起来的序列就是排序后的有序序列,至此,基数排序完成。

例 4.8 设某文件中待排序的记录的排序码由三位十进制数组成,分别为 114, 179, 572, 835, 309, 141, 646, 520,用基数排序法对该文件进行排序,如图 4.9 所示。

初始状态:头→114→179→572→835→309→141→646→520
第一次分配后:
第一组:头→520←尾
第二组:头→141←尾
第三组:头→572←尾
第四组:
第五组:头→114←尾
第六组:头→835←尾
第七组:头→646←尾
第八组:
第九组:
第十组:头→179→309←尾
第一次收集后:头→520→141→572→114→835→646→179→309
第二次分配后:
第一组:头→309←尾
第二组:头→114←尾
第三组:头→520←尾
第四组:头→835←尾
第五组:头→141→646←尾
第六组:
第七组:
第八组:头→572→179←尾
第九组:
第十组:
第二次收集后:头→309→114→520→835→141→646→572→179

图 4.9 基数排序的分配和收集过程

第三次分配：
第一组：
第二组：头→114→141→179←尾
第三组：
第四组：头→309←尾
第五组：
第六组：头→520→572←尾
第七组：头→646←尾
第八组：
第九组：头→835←尾
第十组：
第三次收集后，得到排序结果：头→114→141→179→309→520→572→646→835

图 4.9 （续）

执行基数排序算法时，可采用顺序存储结构，用一个数组存放待排序的 n 个记录，用 r 个数组存放分配时所需要的 r 个队列，每个队列最大需要 n 个记录的空间。每分配一次，需要移动 n 个记录，收集一次也需要移动 n 个记录，这样，d 趟分配和收集共需移动 $2 \cdot d \cdot n$ 个记录，且需要 $r \cdot n$ 个附加空间，显然代价很高。如果采用链式存储结构，将移动记录改为修改指针，则可克服顺序存储所存在的空间和时间耗费问题，图 4.9 中给出的排序过程便是采用链式存储结构的结果。

下面给出基数排序的函数 RadixSort，该函数的参数是指向被排序文件的单链表的指针 pData（包含附加头结点）、组成排序码的基数的下界 Clow 和上界 Chigh、排序码的最大长度 d，待排序文件中各记录的排序码在模板类 T 申明的一维数组 key[d]中。

算法 4.7 基数排序。

```
//用基数排序法对以单链表形式存储的文件中的一组记录进行排序
template <class T>
void RadixSort(T * pData, int Clow, int Chigh, int d)
{
typedef struct
{
 T * pHead;
 T * pTail;
} TempLink;
int r = Chigh - Clow + 1;
//分配队列
TempLink * tlink;
T * p;
//为分配队列分配内存
tlink = new TempLink[r];
for (int i = d - 1; i >= 0; i -- )
{
//初始化分配队列指针
for (int j = 0; j < r; j++)
{
 Tlink[j].pHead = tlink[j].pTail = NULL;
}
```

```
    //将记录分配到r个队列中
    for (p = pData->next; p! = NULL; p = p->next)
    {
     j = p->key[i] - Clow;
     if (tlink[j].pHead == NULL)
     {
      Tlink[j].pHead = tlink[j].pTail = p;
     }
     else
     {
      Tlink[j].pTail->next = p;
      Tlink[j].pTail = p;
     }
    }
    //收集分配到r个队列中的记录
    for (j = 0,p = pData; j<r; j++)
    {
    if (tlink[j].pHead! = NULL)
    {
     p->next = tlink[j].pHead;
     p = tlink[j].pTail;
    }
    }
     //将单链表尾部结点的指针置为空
    p->next = NULL;
    }
     //释放分配队列占用的内存
    delete[]tlink;
    }
```

基数排序算法的时间复杂度取决于基数和排序码的长度。每执行一次分配和收集，队列初始化需要$O(r)$的时间，分配工作需要$O(n)$的时间，收集工作需要$O(r)$的时间，即每一趟需要$O(n+2r)$的时间，总共执行d趟，共需要$O[d(n+2r)]$的时间，排序过程中不涉及记录的移动。需要的附加存储空间包括每个记录增加一个指针共需要$O(n)$的空间，以及需要一个分配队列占用$O(r)$的空间，总的附加空间为$O(n+r)$。

基数排序是一种不直接比较排序码大小的排序方法，排序过程通过多次分配和收集完成。适合记录较多、排序码分布比较均匀(d较小)的情况，特别是排序过程中不需要移动记录，因而当记录的数据信息较大时执行效率很高。

基数排序算法是稳定的。

4.6 归并排序

当待排序的文件已经是部分排序时，可以采用将已排序的部分进行合并的方法，将部分排序的记录归并成一个完全有序的文件，这就是将要讨论的归并排序。所谓部分排序，是指一个文件划分成若干个子文件，整个文件是未排序的，但每个子文件内是已经排序的。

归并排序的基本思想：将已经排序的子文件进行合并，得到完全排序的文件。合并时只要比较各子文件的第一个记录的排序码，排序码最小的那个记录就是排序后的第一个记录，取出这个记录，然后继续比较各子文件的第一个记录，便可找出排序后的第二个记录。如此反复，对每个子文件经过一趟扫描，便可得到最终的排序结果。

对于任意的待排序文件，可以把每个记录看作是一个子文件，显然这样的子文件是已经部分排序的，因而可以采用归并排序进行排序。但是，要想经过一趟扫描将 n 个子文件全部归并显然是困难的。通常，可以采用两两归并的方法，即每次将两个子文件归并成一个大的子文件。第一趟归并后，得到 $n/2$ 个长度为 2 的子文件；第二趟归并后，得到 $n/4$ 个长度为 4 的子文件。如此反复，直到最后将两个长度为 $n/2$ 的记录经过一趟归并，即可完成对文件的排序。

上述归并过程中，每次都是将两个子文件归并成一个较大的子文件，这种归并方法称为“二路归并排序”，此外，也可以采用“三路归并排序”或“多路归并排序”。通常采用“二路归并排序”方法。

例 4.9 设某文件中待排序的记录的排序码分别为 28，13，72，85，39，41，6，20。用二路归并排序法对该文件进行排序，其处理过程如图 4.10 所示。

初始状态：[28] [13] [72] [85] [39] [41] [6] [20]
第一趟归并后：[13 28] [72 85] [39 41] [6 20]
第二趟归并后：[13 28 72 85] [6 20 39 41]
第三趟归并后：[6 13 20 28 39 41 72 85]

图 4.10 二路归并过程

下面给出二路归并排序的函数 MergeSort，该函数的参数是存放被排序文件的数组 A 和待排序文件中记录个数 n。

算法 4.8 归并排序。

```
//用二路归并排序对 A[0], …, A[n-1]排序
template <class T>
void MergeSort(T A[], int n)
{
int k;
T *B = new T[n];
//初始子文件长度为 1
k = 1;
while (k<n)
{
//将 A 中的子文件经过一趟归并存储到数组 B 中
OnePassMerge(B, A, k, n);
//归并后子文件长度增加一倍
k <<= 1;
if (k>=n)
{
//已归并排序完毕,但结果在临时数组 B 中
//调用标准函数 memcpy()将其复制到 A 中
//memcpy()包含在头文件<memory.h>或<string.h>
 memcpy(A, B, n*sizeof(T));
}
else
```

```
{
//将B中的子文件经过一趟归并存储到数组A中
 OnePassMerge(A, B, k, n);
//归并后子文件长度增加一倍
 k <<= 1;
}
}
//释放临时数组占用的内存空间
delete [ ] B;
}
```

算法 4.9 一趟两组归并。

```
//一趟归并函数,将Src中部分排序的多个子文件归并到Dst中
//子文件的长度为Len
void OnePassMerge(T Dst[], T Src[], int Len, int n)
{
 for (int i = 0; i < n - 2 * Len; i += 2 * Len)
 {
//执行两两归并,将Src中长度为Len的子文件
//归并成长度为2 * Len的子文件,结果存放在Dst中
  TwoWayMerge(Dst, Src, i, i + Len - 1, i + 2 * Len - 1);
 }
 if (i < n - Len)
 {
//尾部至多还有两个子文件
  TwoWayMerge(Dst, Src, i, i + Len - 1, n - 1);
 }
 else
 {
//尾部至多还有一个子文件,直接复制到Dst中
  memcpy(&Dst[i], &Src[i], (n - i) * sizeof(T));
 }
}
```

算法 4.10 两组归并。

```
//两两归并函数,将Src中从s到e1的子文件和从e1 + 1到e2的子文件进行归并,
//结果存放到Dst中从s开始的位置
void TwoWayMerge(T Dst[], T Src[], int s, int e1, int e2)
{
 for (int s1 = s, s2 = e1 + 1; s1 <= e1 && s2 <= e2; )
 {
 if (Src[s1].key <= Src[s2].key)
  {
//第一个子文件的最前面的记录其排序码小,将其归并到Dst中
   Dst[s++] = Src[s1++];
  }
 else
  {
//第二个子文件的最前面的记录其排序码小,将其归并到Dst中
```

```
      Dst[s++] = Src[s2++];
    }
  }
  if (s1 <= e1)
  {
  //第一个子文件未归并完,将其直接复制到 Dst 中
   memcpy(&Dst[s], &Src[s1], (e1 - s1 + 1) * sizeof(T));
  }
  else
  {
  //第二个子文件未归并完,将其直接复制到 Dst 中
   memcpy(&Dst[s], &Src[s2], (e2 - s2 + 1) * sizeof(T));
  }
  }
```

归并排序算法对 n 个记录排序,需要调用函数 OnePassMerge 约 $\log_2 n$ 次,而每次调用函数 OnePassMerge 的时间复杂度为 $O(n)$,此外,归并排序算法在最后可能执行 n 次移动,所以,总的时间复杂度为 $O(n*\log_2 n)$。归并排序算法需要 n 个附加存储空间。

*4.7 外部排序

前面已经研究了内部排序的方法。若待排序的文件很大,就无法将整个文件的所有记录同时调入内存进行排序,只能将文件存放在外存上,这种排序称为外部排序。外部排序的过程主要是依靠数据的内外存交换和"内部归并"两者的结合来实现的。首先,按可用内存大小,将外存上含有 n 个记录的文件分成若干长度为 t 的子文件(或段);其次,利用内部排序的方法,对每个子文件的 t 个记录进行内部排序。这些经过排序的子文件(段)通常称为顺串,当顺串生成后再将其写入外存。这样,在外存上就得到了 $m(m=\lceil n/t \rceil)$ 个顺串。最后,对这些顺串进行归并,使顺串的长度逐渐增大,直至所有待排序的记录成为一个顺串为止。本节主要研究对顺串进行归并的方法。

4.7.1 二路合并排序

二路合并是最简单的合并方法,合并的实现与内排序中的二路归并无本质区别。下面通过具体例子,分析二路合并外部排序的过程。

例 4.10 有一个含有 9000 个记录的文件需要排序(基于关键字)。假定系统仅能提供容纳 1800 个记录的内存空间。文件在外存(如磁盘)上分块存储,每块有 600 个记录。外部排序的过程分为生成初始顺串和对顺串进行归并两个阶段。生成初始顺串阶段,每次读入 1800 个记录(三块)到内存,采用内排序依次生成顺串 $R_1, R_2, \cdots, R_5$,每个顺串长度为 1800 个记录。这些顺串依次写入外存储器中。

顺串生成后,就可开始对顺串进行归并。首先将内存等分成三个缓冲区 B_1, B_2, B_3,每个缓冲区可容纳 600 个记录,其中 B_1、B_2 为输入缓冲区,B_3 为输出缓冲区,每次从外存读入待归并的块到 B_1、B_2 中,进行内部归并,归并后的结果送入 B_3 中,B_3 中的记录写满时,再将 B_3 中的记录写回外存。若 B_1(或 B_2)中的记录为空,则将待归并顺串中的后续块读入 B_1(或 B_2)中进行归并,直到待归并的两个顺串都已归并为止。重复上述归并方法,由含有三块共

1800 个记录的顺串经二路归并的一趟归并后生成含有六块共 3600 个记录的顺串，再经第二趟……第 s 趟($s=\lceil\log_2 m\rceil$，m 为初始顺串的个数)，生成含所有记录的顺串，从而完成了二路归并外部排序。图 4.11 给出了由初始五个顺串经二路归并的过程。

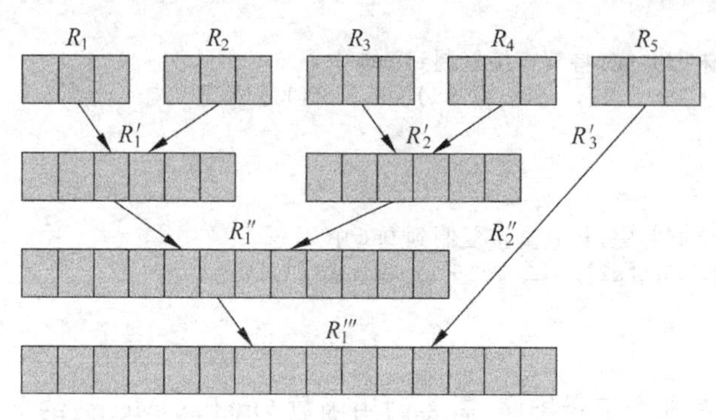

图 4.11　二路归并排序示意

在对文件进行外部排序的过程中，因为对外存的读写操作所用的时间远远超过在内存中产生顺串、合并顺串所需时间，所以，常用对外存的读写操作所用的时间作为外部排序的主要时间开销。下面分析一下二路归并排序的对外存的读写时间。初始时生成五个顺串的读写次数为 30 次(每块的读写次数为 2 次)，完成第一、二、三趟归并时的读写次数分别为 24 次、24 次和 30 次，因此总的读写次数为 108 次。

类似地，可得到三路、四路……多路合并方法。

4.7.2　多路替代选择合并排序

4.7.1 节的二路合并排序的方法不难推广到多路合并。显然，采用多路合并技术可以减少合并次数，从而减少块读写次数，加快排序速度。但路数的多少受限于内存容量。此外，多路合并排序的快慢还依赖于内部归并算法的快慢。

设文件有 n 个记录，m 个初始顺串，采用 k 路合并方法，那么合并阶段将进行 $\log_k m$ 次合并。k 路合并的基本操作是从 k 个顺串的第一个记录中选出最小记录(即关键字最小的记录)，把它从输入缓冲区移入输出缓冲区。若采用直接的选择方式选择最小元，需 $k-1$ 次比较，$\log_k m$ 遍合并共需 $n(k-1)\log_k m=\dfrac{k-1}{\log_2 k}\cdot n\log_2 m$ 次比较。由于$\dfrac{k-1}{\log_2 k}$随 k 的增长而增大，故内部归并时间亦随 k 的增大而增长，这将抵消由于增大 k 而减少外存信息读写时间所得的效果。若在 k 个记录中采用树形选择方式选择最小元，则选择输出一个最小元之后，只需从某叶到根的路径上重新调整选择树，就可以选出下一个最小元。重新构造选择树仅用 $O(\log_2 k)$次比较，于是内部合并时间为 $O(n\log_2 k\cdot\log_k m)=O(n\log_2 m)$，它与 k 无关，它不再随 k 的增大而增大。

下面介绍基于“败者树”的多路替代选择合并排序方法。

在图 4.12 所示的比赛树中，内部结点不是记载一次比赛的胜者(称 4.3.2 节树形选择排序中的树为胜者树)，而是记载着败者(即记录两个所比较关键字大者的缓冲区号)，而让胜者参加上一级比赛，称这样的比赛树为败者树。

败者树是一棵特殊的完全二叉树，其内结点指向某片叶，叶结点指向对应缓冲区中的一个记录。由于全胜者(最小元)所在的叶到根的路径上的内结点都记载着全胜者所击败的对手,所以输出最小元并由其后继代替它后,重新构造选择树时,就很容易找到比较的对手(对手在当前结点的父母结点对应的缓冲区中),实现替代选择合并的算法也就简单了。图 4.13 是图 4.12 替代选择一次后的败者树。败者树的初始化也容易实现,只要先令所有的叶结点指向一个含最小关键字的叶结点,然后从各个叶结点出发调整内结点为新的败者即可。

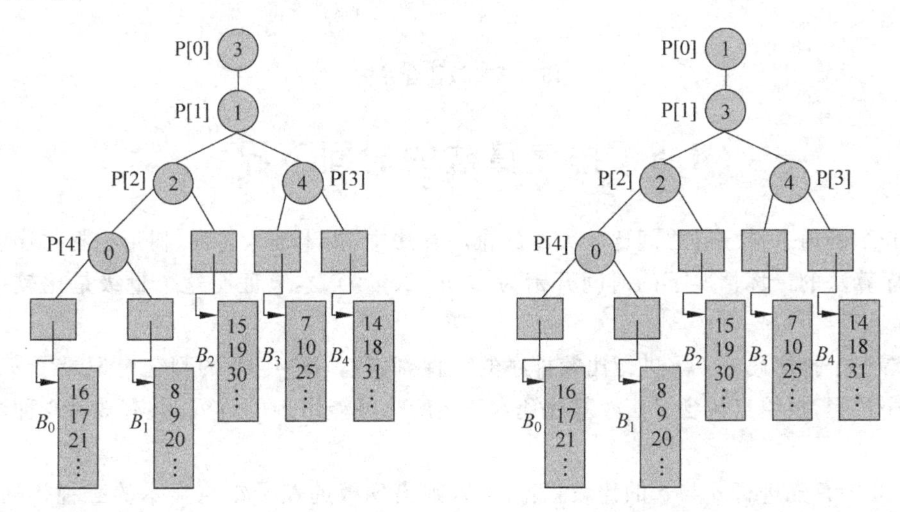

图 4.12 实现五路合并败者树　　图 4.13 实现五路合并一次替代选择后的败者树

败者树还可用来构造初始顺串,有兴趣的读者可参考文献[6,7]。

4.7.3 最佳合并排序

若初始顺串等长,采用多路顺序合并方法可完成外部排序,而且合并方法简单、算法效率高。但当初始顺串不等长,若仍采用顺序合并的方法,则未必能得到高效的合并排序算法,如图 4.14 所示。

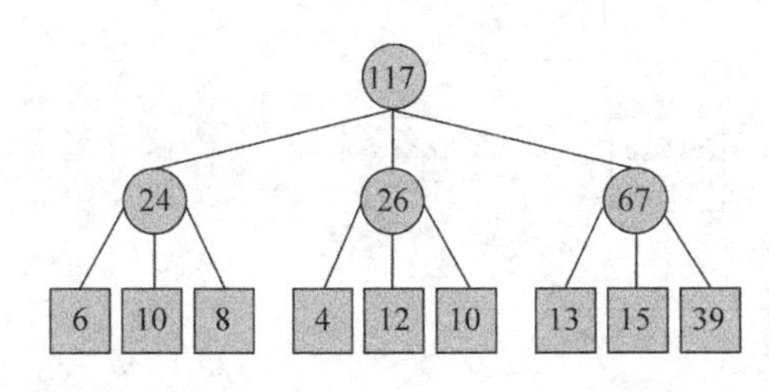

图 4.14 顺序合并的三路合并树

例如,有九个初始顺串待合并,其长度(记录数)依次为 6, 10, 8, 4, 12, 10, 13, 15, 39,假定做三路合并。按顺序合并可得图 4.14 的合并树。图中每个方框表示一个初始归并段,方框中数字表示归并段的长度。假设每个记录占一个物理块,则两趟归并所需对外存块读/写次数为

$$2\times2\times(6+10+8+4+12+10+13+15+39)=468$$

若将初始归并段的长度看成是归并树中叶结点的权,则此三叉树的带权外部路径长度的 2 倍恰为 468,因此,找最佳合并排序算法等价于找带权外部路径最小的三叉树,对一般的 k 路合并算法,则需要找带权最小外部路径长度的 k 叉树,这种 k 叉树正是 Huffman 树。后面将介绍的二叉 Huffman 树的构造可推广到 k 叉 Huffman 树。图 4.15 是一棵三路最佳合并树,其归并过程中读/写外存块的次数为 426 次。

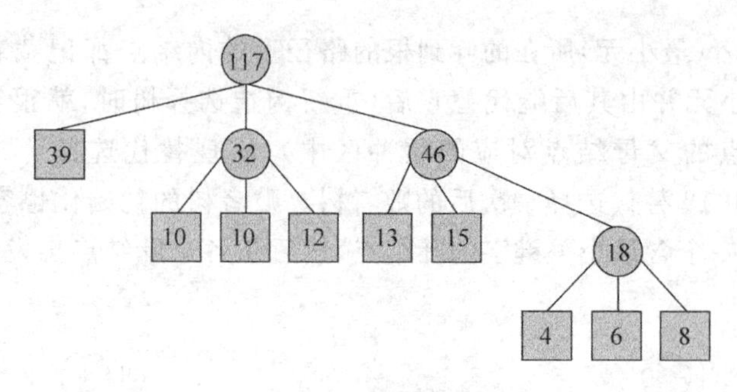

图 4.15　三路最佳合并树

*4.8　排序算法的时间下界

前面介绍的通过排序码之间比较大小的排序算法中，折半插入排序、树形选择排序和二路归并排序算法的最坏情况下的时间开销为 $O(n \cdot \log_2 n)$，本节证明这个量级是比较排序算法的时间下界。

先来看三个排序码 a、b、c 进行比较排序的一棵判定树，图 4.16 的判定树记录了 a、b、c 之间的排序过程，根结点包含了三个排序码 a、b、c 所有可能出现的排列，共有 $3!=6$ 种可能的排列。

图 4.16 中首先进行 a 与 b 的比较，若 $a<b$，则出现根的左子结点显示的三种排列，若 $b<a$，则出现根的右子结点显示的三种排列。类似地，继续分别比较 a 和 c，b 和 c，三个排序码可能的两两比较结束后，得到图 4.16 中叶结点六种可能的排序结果。

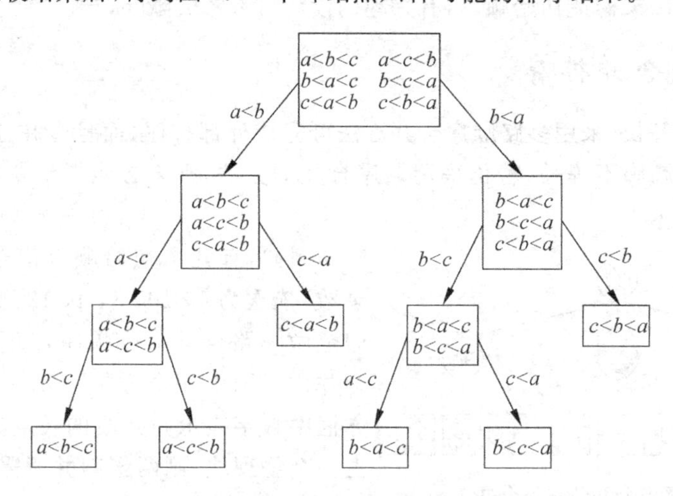

图 4.16　三个排序码排序过程对应的判定树

由二叉树的性质，高度为 h(根结点为 1 层)的二叉树最多有 2^{h-1} 个叶结点，因为 n 个排序码对应的判定树有 $n!$ 个叶结点，因此对应的这棵判定树的最大高度为 $\log_2 n!+1$，对应的排序过程的比较次数最大为 $\log_2 n!$。下面证明 $\log_2 n!=O(n \cdot \log_2 n)$。

$$
\begin{aligned}
\log_2(n!) &= \log_2(n \times (n-1) \times \cdots \times 2 \times 1) \\
&= \log_2 n + \log_2(n-1) + \cdots + \log_2 2 + \log_2 1 \\
&\geqslant \log_2 n + \log_2(n-1) + \cdots + \log_2(n/2)
\end{aligned}
$$

$$\geqslant \log_2(n/2)+\log_2(n/2)+\cdots+\log_2(n/2)$$

$$\geqslant \frac{n}{2}\log_2(n/2)$$

因此,若对 n 个元素的排序码通过排序码之间比较大小进行排序的时间开销存在下界 $O(n\cdot\log_2 n)$,本章介绍的折半插入排序、树形选择排序和二路归并排序等都达到了此下界。这个结论告诉我们没有可能设计出最坏情况下时间开销好于 $O(n\cdot\log_2 n)$ 的比较排序算法。显然,这一章的基数排序不属于此范畴,它是一种不直接比较排序码的大小进行排序的排序方法。

习 题

4.1 用直接插入排序对以下关键字序列排序,要求说明每一趟结束以后的结果。

① 8, 4, 1, 9, 2, 1, 7, 4;

② V, B, L, A, Z, Y, C, H, S, B, H。

4.2 用折半插入排序对习题 4.1 中的序列进行排序,说明每一趟的处理过程。

4.3 用 Shell 排序对习题 4.1 中的序列进行排序,说明每一趟的处理过程。

4.4 用冒泡排序对数组 A 进行排序,列出每一趟结束以后的结果,并指明仍需排序的子文件。

A[12]={85, 40, 10, 95, 20, 15, 70, 45, 40, 90, 80, 10}

4.5 用快速排序对习题 4.4 中的数组进行排序,中心值选为待排序文件或子文件的中间点,在每一趟操作过程中,列出所有的记录交换,并列出每一趟结束后的结果。

4.6 如果将快速排序算法的中心值选为最后一个记录,则算法的时间复杂度仍为 $O(n\log_2 n)$,但最坏情况下的性能有所改变,举例说明如何改变。

4.7 在已经讨论的多种排序算法中,哪些排序算法能有效地处理已排序的文件?如果是逆排序的文件呢?

4.8 举例说明 Shell 和快速排序算法的稳定性。

4.9 在冒泡排序中,有些记录在中间阶段的排序过程中,可能会向与最终排序结果相反的方向移动,请举例说明。

4.10 在冒泡排序中,可以交替地从两个方向进行扫描,第一遍扫描从前往后,将最大排序码记录放到最后,第二遍扫描从后往前,将最小排序码记录放到最前。请修改冒泡排序算法。

4.11 证明:基数排序过程是可以正确地完成排序的(提示:对排序码长度采用数学归纳法)。

4.12 对排序码序列:107, 426, 677, 703, 503, 879, 145, 601, 512, 653, 014, 257,采用二路归并排序算法进行排序。要求列出每一趟归并的记录和归并后的结果。

4.13 采用基数排序法对习题 4.12 中的排序码序列进行排序,请给出中间结果并加以说明。

*4.14 请写出在单链表上实现二路归并排序的算法。

*4.15 设有一个文件含有 50 000 个记录,把每 200 个记录组成一个存储块。内存容量

为5×400(个记录)。试叙述如何对该文件作四路合并排序(假定产生的初始顺串是等长的),并画出对该文件排序时的合并树,计算排序期间共进行的块读写次数。

*4.16 画出图4.13连续输出四个记录的败者树变化图。

*4.17 设文件上的各初始顺串长度(块数)依次为2,3,6,8,10,12,21,30,试画出三路合并的最佳合并树,计算出合并阶段的最少块读写次数。

*4.18 编写算法实现基于"败者树"的k路替代选择合并排序方法。

第5章 查　找

查找是数据处理领域最常用的一种重要运算,也称为检索。查找的对象可以是线性表,也可以是复杂的树状结构和文件结构。本章主要讨论基于线性表的查找。

5.1 基本概念

所谓查找就是在给定的数据结构中搜索满足某种条件的结点。最常见的查找是给出一个值,在数据结构中找出关键字等于指定值的结点。例如,在学生成绩表中,查找指定学号的学生成绩,学号是学生成绩表的关键字,因为每个学生都有唯一的学号。查找的结果有两种情况,第一种情况是学生成绩表中有相应学号的学生的成绩,自然可以查找到该学生的成绩,称为“查找成功”;第二种情况是学生成绩表中没有相应学号的学生的成绩,也就不可能查找到对应的成绩,称为“查找失败”。

除了基于关键字的查找以外,还可能按其他属性值进行查找。例如,可能需要查找学生成绩表中英语成绩为95分的学生。显然,查找的结果有多种,可能没有任何一个学生的成绩为95分,可能有一个学生的成绩为95分,也可能有多个学生的成绩为95分。对于有多个满足条件的结点,有些查找只要求给出一个结点即可,例如为了确定所有学生中是否有英语成绩为95分的学生;有些查找要求给出所有满足条件的结点,例如要找出所有学生中有哪些学生的英语成绩为95分。一般说来,基于关键字的查找和基于属性值的查找没有太多的区别。对不同的存储结构,可以采用的查找方法也不尽相同。同时,为了提高查找的速度,也常常针对不同场合采用不同的存储结构。衡量一个查找算法的好坏的依据主要是查找过程中需要执行的平均比较次数,或者称为平均查找长度,通常用$E(n)$来表示,其中n为线性表中的结点个数。此外,还要考虑算法所需要的附加存储空间以及算法本身的复杂度等。

为方便起见,在本章以后的讨论中,均假设线性表中结点是等长的,查找都是基于关键字的查找,且关键字都是整数。这些假设是合理的,因为,如果结点是不等长,则可以讨论结点的目录表;如果关键字不是整数,则可以在关键字和整数之间建立一一对应的关系。

5.2 顺序查找

顺序查找是一种最简单也是效率比较低下的查找算法。顺序查找时,将每个结点的关键字和给定的待查的关键字值进行比较,直到找出相等的结点或者找遍了所有结点。执行顺序查找算法时,被查找的线性表可以是顺序存储的,也可以是链接存储的,对结点没有排序要求,因而顺序查找具有非常好的适应性。

下面给出顺序查找的函数 SeqSearch,该函数的参数是存放被查找结点集合的数组 A、结点数 n、要查找的关键字值 key。

算法 5.1 顺序查找。

```
//用顺序查找法找出 A[0],…,A[n-1]中关键字等于给定的关键字值 key 的结点
//如果查找成功,则返回查找到的结点在 A 中的位置(结点的下标);
//如果查找失败,则返回 -1
template <class T>
int SeqSearch(T A[], int n, int key)
{
for (int i = 0; i < n; i++)
if (A[i].key == key)
{
//查找成功,返回结点的下标
return i;
}
//查找失败,返回 -1
return -1;
}
```

顺序查找的时间复杂度在最好情况和最差情况下差别很大。最好情况是线性表中的第一个结点就是要查找的结点,其时间复杂度为 $O(1)$。最差情况是直到找到线性表中的最后一个结点,或者表中根本就没有符合条件的结点,其时间复杂度为 $O(n)$。一般地,线性表中的每个结点具有相同的查找概率,此时顺序查找的平均查找长度约为 $n/2$。因此,顺序查找的时间复杂度为 $O(n)$。

对于顺序查找,介绍两种提高查找效率的办法。

(1) 将查找概率大的数据元素放在线性表的前面,这时检索成功的平均查找长度不会超过$\frac{n+1}{2}$。

数学上,上述结论可表述为:设 $i<j, p_i \geqslant p_j, p_i$ 为检索第 i 个数据元素的概率,$\sum_{i=1}^{n} p_i = 1$,则

$$\sum_{i=1}^{n} p_i \cdot i \leqslant \frac{n+1}{2} \tag{5.1}$$

上述结论可由数学归纳法证明。

证明:当 $n=2$ 时,因 $p_1 \cdot 1 + p_2 \cdot 2 = p_1 + p_2 + p_2 = 1 + p_2 \leqslant 1 + \frac{1}{2} = \frac{2+1}{2}$

结论成立。

设式(5.1)对于 $n=k$ 成立,k 为大于 2 的自然数,当 $n=k+1$ 时,

$$\begin{aligned}\sum_{i=1}^{k+1} p_i \cdot i &= \sum_{i=1}^{k} p_i \cdot i + p_{k+1} \cdot (k+1) \\ &= \sum_{i=1}^{k}\left(p_i + \frac{p_{k+1}}{k}\right)\cdot i - \frac{1}{k}\sum_{i=1}^{k} p_{k+1} \cdot i + p_{k+1} \cdot (k+1) \\ &= \sum_{i=1}^{k}\left(p + \frac{p_{k+1}}{k}\right)\cdot i + \frac{p_{k+1}}{2}(k+1) \end{aligned} \tag{5.2}$$

因 $\sum_{i=1}^{k}\left(p_i+\frac{p_{k+1}}{k}\right)=1$，由归纳法假设得

$$\sum_{i=1}^{k}\left(p_i+\frac{p_{k+1}}{k}\right)\cdot i\leqslant\frac{k+1}{2}\text{ 及 }p_{k+1}\leqslant\frac{1}{k+1}$$

代入式(5.2)得

$$\sum_{i=1}^{k+1}p_i\cdot i\leqslant\frac{k+1}{2}+\frac{p_{k+1}}{2}\cdot(k+1)\leqslant\frac{k+1+1}{2}$$

证毕。

(2) 顺序查找前，将关键字先排序，再进行顺序查找，此时，查找失败不必比较到线性表的表尾，平均查找长度将会缩小。

5.3 折半查找

顺序查找适合任意的存储结构，且不要求被查找的结点一定是有序的。如果待查找的结点是顺序存储而且是有序的(已经按关键字排好序)，可以有更加高效的查找算法，这就是折半查找算法，也称为“二分法查找”算法。

折半查找算法也是一种常用的查找算法。日常生活中，存在着大量的采用折半查找的具体实例。例如，人们在字典中查找某个单词时，可以先翻到字典的中间，如果要查找的单词按字典顺序小于当前页中的第一个单词，则在前面部分进行折半查找；如果要查找的单词按字典顺序大于当前页中的最后一个单词，则在后面部分进行折半查找。重复上述查找过程，直到找到这个单词或者字典中根本没有这个单词为止。

采用折半查找算法在线性表中查找结点时，首先找到表的中间结点，将其关键字与给定的要找的值进行比较，若相等，则查找成功；若当前结点的关键字大于要找的值，则继续在表的前半部分进行折半查找，否则继续在表的后半部分进行折半查找。

例 5.1 设有 8 个结点组成的线性表，它们已经按关键字排好序，其关键字序列为 2，3，5，7，14，32，46，85。采用折半查找算法在线性表中查找关键字等于 46 的结点，查找过程如图 5.1 所示。

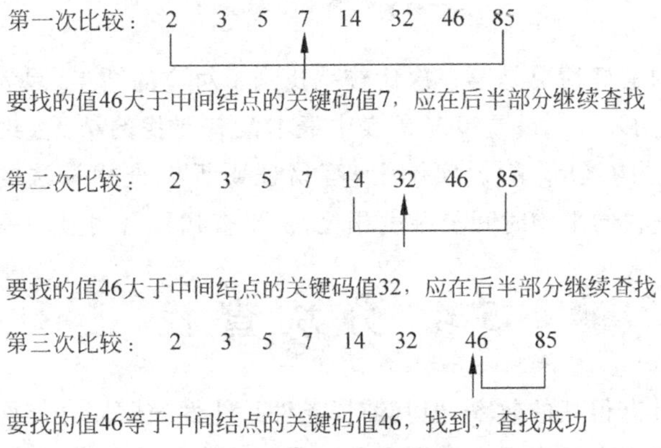

第一次比较：2 3 5 7 14 32 46 85

要找的值46大于中间结点的关键码值7，应在后半部分继续查找

第二次比较：2 3 5 7 14 32 46 85

要找的值46大于中间结点的关键码值32，应在后半部分继续查找

第三次比较：2 3 5 7 14 32 46 85

要找的值46等于中间结点的关键码值46，找到，查找成功

图 5.1 折半查找过程

下面给出实现折半查找的函数 BinarySearch,该函数的参数是线性表 A、结点个数 n、要查找的值 key。

算法 5.2 折半查找。

```
//用折半查找算法在线性表 A 中查找 key 值,若找到,返回其下标值,否则返回 -1
template <class T>
int BinarySearch(T A[], int n, int key)
{
 int low, high, mid;
//初始查找区间为整个表
low = 0;
high = n - 1;
while (low <= high)
{
//计算中间结点位置
  mid = (low + high)>> 1;
  if (key == A[mid].key)
  {
//找到 key 值,返回对应结点的下标
  return mid;
  }
  else if (key > A[mid].key)
  {
//继续查找后半部分
   low = mid + 1;
  }
 else
  {
//继续查找前半部分
  high = mid - 1;
 }
}
//未找到,返回 -1
return -1;
}
```

折半查找算法的最好情况是第一次比较就找到了对应的结点,因为只进行了一次比较,故此时时间复杂度为 $O(1)$。最差情况是表中根本没有要找的结点,此时需要进行约 $\log_2 n$ 次比较,时间复杂度为 $O(\log_2 n)$。实际上,容易证明折半查找算法的平均时间复杂度为 $O(\log_2 n)$。和顺序查找的平均时间复杂度相比,折半查找具有明显的高效率。

5.4 分块查找

折半查找虽然具有很高的效率,但其前提条件是线性表顺序存储而且按关键字排序,这一前提条件在结点数很大且表元素动态变化时是难以满足的。当然顺序查找可以解决表元素动态变化的问题,但查找效率很低。如果既要保持对线性表的查找具有较快的速度,又要能够满足表元素动态变化的要求,则可以采用分块查找的方法。分块查找要求把一个大的

线性表分解成若干块，在每一块中的结点可以任意存放，但块与块之间必须排序。假设排序是按关键字值非递减的，那么，这种块与块之间必须是已排序的要求，实际上就是对于任意的 i，第 i 块中所有结点的关键字值必须都小于第 $i+1$ 块中所有结点的关键字值。此外，还要建立一个索引表，把每块中的最大关键字值作为索引表的关键字值，按块的顺序存放到一个辅助数组中，显然，这个辅助数组是按关键字值非递减排序的。查找时，首先在索引表中进行查找，确定要找的结点所在的块，由于索引表是排序的，因此，对索引表的查找可以采用顺序查找或折半查找；然后，在相应的块中采用顺序查找，即可以查找到对应的结点。

分块查找在现实生活中也是很常用的。例如，一个学校有很多个班级，每个班级有几十名学生。给定一个学生的学号，要求查找这个学生的相关资料。显然，每个班级的学生档案是分开存放的，没有任何两个班级的学生的学号是交叉重叠的，那么，最好的查找方法是先确定这个学生所在的班级，然后在这个学生所在的班级的档案中查找这个学生的资料。上述查找学生资料的过程，实际上就是一个典型的分块查找过程。

例 5.2 设有一个线性表包括 17 个结点，现将其分为三块，前两块各有六个结点，最后一块有五个结点，各块采用顺序存储，分别存放在三个连续的内存空间中，辅助数组有三个元素，每个元素包括两个字段，一个是对应块中的最大关键字值，一个是存放在该块中的结点的连续内存空间的起始地址，如图 5.2 所示。

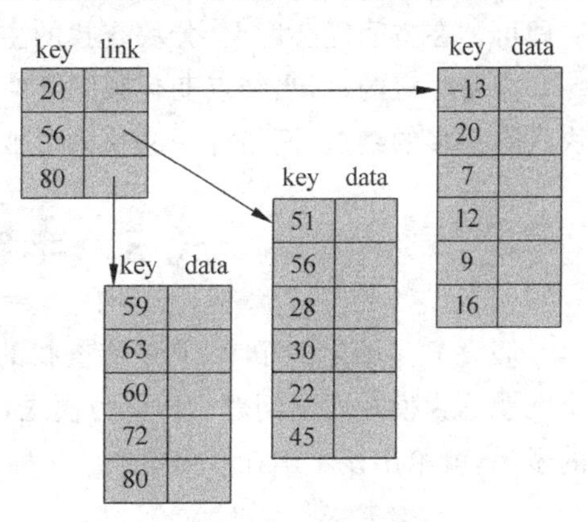

图 5.2 分块查找过程

现在给定值 80，要求查找到关键字值等于 80 的对应结点。采用分块查找方法，首先查找索引表，将给定值与索引表的第一项的 key 值进行比较，因 80＞20，说明要找的结点不可能在第一块中，继续比较索引表中的第二项的 key 值，因 80＞56，说明要找的结点也不可能在第二块中，继续比较索引表中的第三项的 key 值，因 80＝80，因此，要查找的结点如果存在，必在第三块中。由第三项的 link 域可以得到第三块的起始地址，在第三块中进行顺序查找，经过五次比较，可以找到第三块中的第五个结点满足要求。上述查找过程总共经过了八次比较，如果将所有结点顺序存放在一起，采用顺序查找方法，则找到对应的结点需要经过 17 次比较。

基于前面讨论的顺序查找算法和折半查找算法，不难写出实现分块查找的算法。在此只分析一下分块查找算法的时间复杂度，而不给出具体的算法描述，读者可自行完成分块查找算法。

分块查找的平均查找长度由两部分组成，一个是对索引表进行查找的平均查找长度 E_b，一个是对块内结点进行查找的平均查找长度 E_w，总的平均查找长度为 $E(n)=E_b+E_w$。线性表中共有 n 个结点，分成大小相等的 b 块，每块有 $s=n/b$ 个结点。假定对索引表也采用顺序查找，只考虑查找成功的情况，并假定对每个结点的查找概率是相等的，则对每块的查找概率为 $1/b$，对块内每个结点的查找概率为 $1/s$。因为

$$E_b=\sum_{i=1}^{b}\left(i*\frac{1}{b}\right)=\frac{b+1}{2}$$

$$E_s = \sum_{i=1}^{s}\left(i * \frac{1}{s}\right) = \frac{s+1}{2}$$

所以

$$E(n) = E_b + E_w = \frac{b+1}{2} + \frac{s+1}{2} = \frac{n+s^2}{2s} + 1$$

当 $s=\sqrt{n}$ 时,$E(n)$ 取最小值,此时:

$$E(n) = \sqrt{n} + 1 \approx \sqrt{n}$$

上式实际上也给出了采用分块查找算法时对全部结点如何进行分块的原则。

分块查找的速度虽然不如折半查找算法,但比顺序查找算法要快得多,同时又不需要对全部结点进行排序。当结点很多、块数很大时,对索引表可以采用折半查找,可以进一步提高查找的速度。

分块查找由于只要求索引表是有序的,对块内结点没有排序要求,因此,比较适合结点动态变化的情况。当增加或减少结点以及结点的关键字改变时,只需调整该结点到所在的块即可。在空间复杂度上,分块查找的主要代价是增加了一个辅助数组。

需要注意的是,当结点变化很频繁时,可能会导致块与块之间的结点数相差很大,某些块具有很多的结点,而另外一些块则可能只有很少的结点,这将会导致查找效率的下降。

5.5 字符串的模式匹配

假设 P 是给定的子串,T 是待查找的字符串,要求从 T 中找出与 P 相同的所有子串,这个问题称为模式匹配问题。P 称为模式,T 称为目标。如果 T 中存在一个或多个模式为 P 的子串,就给出该子串在 T 中的位置,称为匹配成功;否则称为匹配失败。

5.5.1 朴素的模式匹配算法

求解模式匹配问题的最简单和最直接的做法是,用 P 中的字符依次与 T 中的字符进行比较。设:

$$T = t_0 t_1 t_2 \cdots t_{n-1}$$
$$P = p_0 p_1 p_2 \cdots p_{m-1}, \quad m \leqslant n$$

首先从 T 的最左端开始比较,如图 5.3 所示。如果对于所有的 $k=0,1,2,\cdots,m-1$,均有 $t_k=p_k$,则匹配成功;否则,必有某个 $k(0\leqslant k<m)$,使得 $t_k \neq p_k$。此时,可将 P 右移一个字符,重新进行比较,如图 5.4 所示。

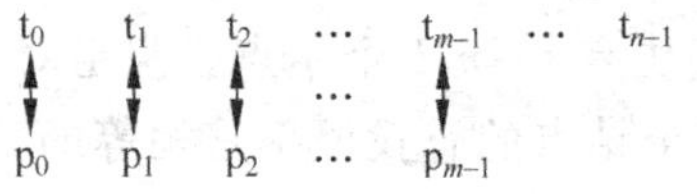

$$\begin{array}{ccccccc} t_0 & t_1 & t_2 & \cdots & t_{m-1} & \cdots & t_{n-1} \\ \updownarrow & \updownarrow & \updownarrow & \cdots & \updownarrow & & \\ p_0 & p_1 & p_2 & \cdots & p_{m-1} & & \end{array}$$

图 5.3 第一趟比较

$$\begin{array}{cccccccc} t_0 & t_1 & t_2 & \cdots & t_{m-1} & t_m & \cdots & t_{n-1} \\ & \updownarrow & \updownarrow & \cdots & \updownarrow & \updownarrow & & \\ & p_0 & p_1 & \cdots & p_{m-2} & p_{m-1} & & \end{array}$$

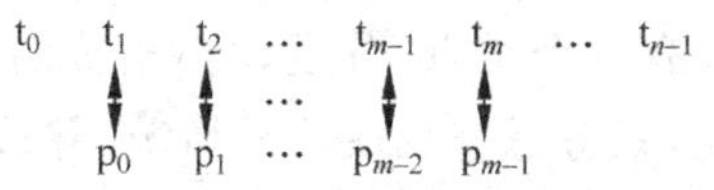

图 5.4 第二趟比较

如果对于所有的 $k=0,1,2,\cdots,m-1$,均有 $t_{k+1}=p_k$,则匹配成功;否则,反复执行上述过程,直到某次匹配成功或者到达 P 的最右字符移出 T 为止,此时,P 无法继续与 T 进行比较，因而匹配失败。

例如：若 P＝"aaaba"，T＝"aaabbaaaaaaaba"，则匹配过程如图 5.5 所示。

```
a a a b b a a a a a a   a a a b a
a a a b a                                 第一趟比较
  a a a b a                               第二趟比较
        …                                     ⋮
                              a a a b a   最后一趟比较
```

图 5.5　朴素的模式匹配算法执行过程

有关朴素的模式匹配算法的具体实现，请读者自行完成。不难分析，在最坏的情况下，每趟比较都在最后出现不等，即每趟最多比较 m 次，最多比较 $n-m+1$ 趟，总的比较次数最多为 $m\times(n-m+1)$，故朴素的模式匹配算法的时间复杂度为 $O(m\times n)$。朴素的模式匹配算法中存在着回溯，这影响到匹配算法的效率，因而朴素的模式匹配算法在实际应用中很少采用。实际应用中，主要采用无回溯的匹配算法，下面将要介绍的 KMP 算法为无回溯的匹配算法。

5.5.2　KMP 匹配算法

仔细分析朴素的模式匹配算法可以看出，每当本次匹配不成功时，P 右移一个字符，下一趟的比较又总是从 P 的第 0 个字符开始，而不管上一趟比较的中间结果是什么，因而回溯是不可避免的，而实际上这种回溯往往是不必要的。例如，在图 5.5 中，第一趟比较到 P 的第四个字符时失败，此时，P 右移一个字符，开始第二趟比较，按朴素的模式匹配算法，本趟比较仍然从 P 的第 0 个字符开始比较，而实际上，模式 P 中的前三个字符是相同的，这意味着：基于第一趟比较的结果，第二趟比较时 P 的前两个字符实际上无须再比较，只需要从模式 P 的第二个字符和目标 T 的第三个字符开始比较即可。

再仔细分析图 5.5 中模式 P 以及第一趟比较的结果，实际上可以将 P 右移不止一个字符。因为在第一趟比较过程中比较时失败的是 P 的第四个字符，这表明 P 的前四个字符在第一趟比较中是成功的，而模式 P 第三个字符在它之前的三个字符中并没有出现，因此，下一趟比较时，至少应该将 P 右移四个字符；同时，第一趟失败时 P 中参与比较的是第四个字符，和 P 中第 0 个字符是一样的，因此，将 P 右移四个字符后再从 P 的第 0 个字符开始比较也肯定不等。所以，第二趟比较前，应该将 P 右移五个字符，再从 P 的第 0 个字符和 T 的第五个字符开始比较。

KMP 匹配算法是由 Knuth、Morris 和 Pratt 提出的一种快速的模式匹配算法，该匹配算法考虑到前面这个例子中所提到的两方面问题，即：第一，当比较出现不等时，确定下一趟比较前应该将 P 右移多少个字符；第二，P 右移后，应该从 P 中的哪个字符开始和 T 中刚才比较时不等的那个字符继续开始比较。解决了这两个问题，也就消除了回溯。

KMP 算法借助于一个辅助数组 next，来确定当匹配过程中出现不等时，模式 P 右移的位数和开始比较的字符位置。在这个数组中，next[i]的取值只与模式 P 的前 $i+1$ 个字符本身相关，而与目标 T 无关。在匹配过程中，一旦遇到 p_i 和 t_j 比较时不相等，则：若 next[i]$\geqslant 0$，应将 P 右移 $i-$next[i]个字符，用 P 中第 next[i]个字符与 t_j 进行比较；若 next[i]$=-1$，P 中任何字符都不必再与 t_j 比较，而应将 P 右移 $i+1$ 个字符，从 p_0 和 t_{j+1} 开始重新进行下一趟比较。

现在的关键问题是如何计算 next 数组。这要从 next 数组的意义入手，分析 next 数组的特殊性质，从而导出 next 数组的计算方法。next 数组具有下列特性。

性质 1：

next[i]是一个整数，并且满足$-1 \leqslant$ next[i]$<i$。

性质 2：

一旦在匹配过程中出现 p_i 和 t_j 比较时不相等，此时已有：

$$p_0 = t_{j-i}, \quad p_1 = t_{j-i+1}, \cdots, p_{i-1} = t_{j-1} \tag{5.3}$$

按照 next[i]的含义，此时应将 P 右移 $i-$next[i]个字符，用 p_k($k=$next[i]$\geqslant 0$)与 t_j 继续比较。为了保证这样的比较是有效的，应有：

$$p_0 = t_{j-k}, \quad p_1 = t_{j-k+1}, \cdots, p_{k-1} = t_{j-1} \tag{5.4}$$

结合式(5.3)和式(5.4)，有：

$$p_0 = p_{i-k}, \quad p_1 = p_{i-k+1}, \cdots, p_{k-1} = p_{i-1} \tag{5.5}$$

亦即，next[i]的取值应使 $p_0 p_1 \cdots p_{i-1}$ 的最左端 k 个字符组成的子串和最右端 k 个字符组成的子串相同。

性质 3：

为了不丢失任何可能的成功匹配，当满足性质 2 的 k 存在多个可能的取值时，k 的取值应保证 P 右移的位数 $i-$next[i]$=i-k$ 最小，亦即应取满足性质 2 的最大的 k。

性质 4：

如果在 $p_0 p_1 \cdots p_{i-1}$ 的最左端和最右端不存在相同的子串(或者说仅存在相同的空子串)，则 $k=0$，亦即一旦在匹配过程中出现 p_i 和 t_j 比较时不相等，应将 P 右移 i 个字符，并从 p_0 和 t_j 开始继续比较。显然，当 $i=0$ 且 $p_0 \neq t_j$ 时，需将 P 右移 $i-$next[i]$=1$ 个字符，并从 p_0 和 t_j 开始继续比较，这表明 next[0]$=-1$。

性质 5：

由性质 2 可知，在匹配过程中出现 p_i 和 t_j 比较时不相等，模式 P 右移 $i-$next[i]$=i-k$ 个字符，从 p_k 和 t_j 开始继续比较，而 P 中前 k 个字符无须再进行比较。若此时已知 $p_k = p_i$，则继续比较时一开始就必有 $p_k \neq t_j$，而下一趟则是从 $p_{next[k]}$ 开始和 t_j 进行比较，这意味着可跳过 p_k 和 t_j 的比较，直接从 $p_{next[k]}$ 开始和 t_j 进行比较。注意到 $i>k$，在计算 next[i]时 next[k]的值已确定，因此，当 $p_i = p_k$ 时，可将 next[i]的值直接取为 next[k]。

基于 next 的上述性质，可以给出计算 next 数组的算法。为方便起见，将该算法作为下述定义字符串类的一个查找方法来实现。

串类的 CMyString 的申明如下：

```
#ifdef_CMyString_
#define_CmyString_
//定义串的最大长度
#define MAX_STRING_SIZE 1024
Class CmyString
{
 private:
 //串的实际长度
 int length;
 //字符串存储空间
```

```
 char str[MAX_STRING_SIZE + 1];
public:
//构造函数
Cmystring(const char * s);
//析构函数
 ~CmyString();
//在字符串中查找
 int Find(const CmyString * s);
}
```

上述串类中的构造函数、析构函数的实现细节不难得到，请读者自行完成，在类中还可根据用户需要增加新的成员函数，本节重点研究 int Find(const CmyString * s)的实现细节，为此，首先实现模式匹配过程需要的计算 next 数组的方法。

算法 5.3 计算 next 数组。

```
void GenKMPNext(int * next, CMyString * s)
{
    int i = 0, j = - 1;
    next[0] = - 1;
    while (i < s -> length - 1)
    {
        //找出 p0,p1,…,pi 中最大的相同的最左端子串和最右端子串
        while (j >= 0 && s -> str[i]! = s -> str[j])
            j = next[j];
        i++; j++;
        if (s -> str[i] == s -> str[j])
            next[i] = next[j];
        else next[i] = j;
    }
}
```

一旦计算出与模式 P 相关的 next 数组，则基于 next 数组的上述含义，可以很容易地给出串的匹配算法。

算法 5.4 KMP 匹配算法。

```
int Find(CmyString * CS, CmyString * s)
{
    int i, j, * next = (int * ) malloc(sizeof(int) * s -> length);

    //构造模式 s 的 next 数组，详见下面的求 next 数组的算法
    GenKMPNext(next, s);
    for (i = 0, j = 0; i < s -> length && j < CS -> length;)
    {
        if (s -> str[i] == CS -> str[j])
            { i++; j++; }
        else if (next[i] >= 0)
                i = next[i];
            else
                { i = 0; j++;}
    }
    if (i >= s -> length)
        return j - s -> length;            //匹配成功，返回子串的起始位置
```

```
    else
        return -1;                          //匹配失败,返回-1
}
```


为了加深读者对KMP算法的理解，下面举例说明采用KMP算法求解模式匹配问题的处理过程。

给定模式P="abcabcd"，目标T="aaabcaabcabcda"，则计算next数组的过程如图5.6所示。

a b c a b c a	置 next[0]=−1, i=0, j=−1
	因 j<0,故不执行内循环
	执行 i++; j++; 得到 i=1,j=0
a	因 p[i=1]≠p[j=0],故 next[i=1]=j=0
a	因 j≥0 且 s−>str[i=1]≠s−>str[j=0],故执行内循环, j=next[j=0]=−1
	执行 i++;j++;得到 i=2,j=0
a	因 p[i=2]≠p[j=0],故 next[i=2]=j=0
a	因 j≥0 且 s−>str[i=2]≠s−>str[j=0],故执行内循环, j=next[j=0]=−1
	执行 i++;j++;得到 i=3,j=0
a	因 p[i=3]=p[j=0],故 next[i=3]=next[j=0]=−1
a	因 j≥0 但 s−>str[i=3]=s−>str[j=0],故不执行内循环
	执行 i++;j++;得到 i=4,j=1
a b	因 p[i=4]=p[j=1],故 next[i=4]=next[j=1]=0
a b	因 j≥0 但 s−>str[i=4]=s−>str[j=1],故不执行内循环
	执行 i++;j++;得到 i=5,j=2
a b c	因 p[i=5]=p[j=2],故 next[i=5]=next[j=2]=0
a b c	因 j≥0 但 s−>str[i=5]=s−>str[j=2],故不执行内循环
	执行 i++;j++;得到 i=6,j=3
a b c d	因 p[i=6]=p[j=3],故 next[6]=next[3]=−1

图5.6 模式P="abcabcd"的next数组的计算过程

计算出next数组后，即可调用KMP匹配算法开始模式匹配，其过程如图5.7所示。

a a a b c a a b c a b c a a	
a b c a b c a	p[1]和t[1]不等,依据 next[1]=0,模式P右移1个字符,p[0]和t[1]继续比较
a b c a b c a	p[1]和t[2]不等,依据 next[1]=0,模式P右移1个字符,p[0]和t[2]继续比较
a b c a b c a	p[4]和t[6]不等,依据 next[4]=0,模式P右移4个字符,p[0]和t[6]继续比较
a b c a b c a	当比较到p[6]和t[12]也相等时,匹配成功,返回子串在目标T中的起始位置12−6=6

图5.7 基于KMP匹配算法的模式匹配过程

5.5.3 算法效率分析

记模式P的长度为m，目标T的长度为n，则KMP匹配算法的时间复杂度分析如下：

整个匹配算法由 Find( )和 GenKMPNext( )两个部分的算法组成。在 Find( )中包含一个循环，j 的初值为 0，每循环一次 j 的值严格增加 1，直到 j 等于 n 时循环结束，故循环执行了 n 次。在 GenKMPNext()中，表面上有两重循环，时间复杂度似乎为 $O(m^2)$，其实不然，GenKMPNext( )的外层循环恰好执行 $m-1$ 次；另外，j 的初值为 -1，外层循环中每循环一次，j 的值增加 1，同时，在内层循环中 j 被减小，但最小不会小于 -1，因此，内层循环中 $j=\text{next}[j]$语句的总的执行次数应小于或等于 j 的值在外层循环中被增加 1 的次数，亦即在算法 GenKMPNext( )结束时，$j=\text{next}[j]$被执行的总次数小于等于 $m-1$ 次。

综上所述，对于长度为 m 的模式 P 和长度为 n 的目标 T 的模式匹配，KMP 算法的时间复杂度为 $O(m+n)$。

5.6 散列查找

5.6.1 概述

前面讨论的多种查找算法，其平均查找长度与结点数密切相关，都不可能达到 $O(1)$的时间复杂度。那么，是否就没有这样的查找算法呢？答案是否定的。

假设有一组结点，它们的关键字是整数值，最小的关键字值是 0，最大的关键字值是 79 999，那么，通过建立一个大小为 80 000 的数组，将这些结点存放在这个数组中，每个结点的存放位置就是其关键字值所对应的那个位置。于是，当要查找具有给定的关键字值所对应的结点时，根本不需要查找，直接以给定的值为下标访问数组的对应元素即可。

上述快速查找的思想无疑是很好的，但问题是，可能所有的结点数只有几十个，这样，数组的绝大部分空间闲置。更为严重的是，可能最小的关键字值和最大的关键字值之差是一个巨大的数，按照这个数来创建一个数组，内存空间远远不够用，这将导致这个方法无法实际使用。

为了解决这个矛盾，提出了一种关键字值转换的函数，称为散列函数，也称哈希(Hash)函数。利用这个函数，将分散的关键字值映射到一个较小的区间，再利用映射后的值作为访问结点的下标。由于采用了一个转换函数，关键字不一定要求是整数，也可以是字符串，只要针对具体类型的关键字构造一个合适的散列函数，将关键字值转换成整数即可。

假设有一组关键字值为整数的同类型结点，散列函数将关键字值映射到 $0\sim n-1$ 范围内的整数值。与散列函数相关联的是一个表，其索引范围也是 $0\sim n-1$。这个表称为散列表或哈希表(Hash Table)，该表用来存放结点的数据或数据的引用。

例 5.3 设 key 是正整数，一个简单的散列函数 Hash()将 key 映射为 key 的个位值。索引范围为 0～9。例如，若 key＝49，则 Hash(49)＝9，这个散列函数用模 10 运算求值。该散列函数为：

```
/* 散列函数值取为关键字值的个位数的函数 */
int Hash(int key)
{
    return key % 10;
}
```

散列函数经常是“多对一”的，这就必然导致了冲突(Collisions)，也称为碰撞，具有相同散列值的关键字值称为“同义词”。对于例5.3中的散列函数，Hash(49)和Hash(29)的值都是9。更一般地，在此例中，所有个位为9的关键字值其返回值都是9。当冲突发生后，两个或多个结点被关联到散列表的同一个表项。但两个结点不可能占据同一个位置，所以，必须设计一种解决冲突的策略。

为了更好地讨论冲突及其解决办法以及评价散列法的检索效率，引入一个散列法的重要参数——“负载因子”，负载因子α定义为：

$$\alpha = \frac{\text{散列表中的结点数目}}{\text{散列表的长度}}$$

显然$\alpha>1$，碰撞不可避免，一般说来，要求$\alpha<1$，但不能太小，否则会造成存储空间的浪费。

5.6.2 散列函数

散列函数必须将关键字值映射到指定的$0\sim n-1$范围内的整数值。设计散列函数时，应该考虑两个主要方面：一是散列函数应该能够有效地减少冲突；二是散列函数必须具有很高的执行效率。有几种主要的散列函数构造方法可以满足这些要求。因为任何不是整数的关键字都可以转换成为正整数，所以，下面的讨论中，假定关键字都是整数。

1. 除留余数法

除留余数法是最常用的一种散列方法，它利用求余数运算将整数型的关键字值映射到$0\sim n-1$的范围内。选择一个适当的正整数p，用p去除关键字值，所得余数就是对应关键字值的散列值。这个方法的关键是选取适当的p，如果p为偶数，则它总是把奇数转换成奇数，把偶数转换成偶数，这无疑会增加冲突的发生。如果选择p为10的幂次也不好，因为这等于只取关键字值的最后几位，同样不利于减少冲突。一般地，选p为不大于散列表长度n的最大素数比较好。例如：

$$n = 8, 16, 32, 64, 128, 256, 512, 1024$$

$$p = 7, 13, 31, 61, 127, 251, 503, 1021$$

2. 数字分析法

当关键字的位数很多时，可以通过对关键字的各位进行分析，丢掉分布不均匀的位，留下分布均匀的位作为散列值。

例5.4 对下列关键字值集合采用数字分析法计算散列值，关键字是九位的，散列值是三位的，需要经过数字分析丢掉六位。

key	Hash(key)
100 3194 26	326
000 7183 09	709
000 6294 43	643
100 7586 15	715
000 9196 97	997
000 3103 29	329

数字分析法只适合于静态的关键字值集合，当关键字值集合发生变化后，必须重新进行数字分析，这无疑限制了数字分析法在实际中的应用。

3. 平方取中法

平方取中法的具体做法是，首先计算关键字值的平方值，然后从平方值的中间位置选取连续若干位，将这些位构成的数作为散列值。

例 5.5 对下列关键字值集合采用平方取中法计算散列值，取平方值中间的两位。

key	key^2	Hash(key)
319 426	102 032 969 476	29
718 309	515 967 819 481	78
629 443	396 198 480 249	84
758 615	575 496 718 225	67
919 697	845 842 571 809	25
310 329	096 304 088 241	40

4. 随机乘数法

随机乘数法使用一个随机实数 $f(0\leqslant f<1)$。乘积 $f\times$key 的分数部分在 0～1 范围内，用这个分数部分的值与 n(散列表的长度)相乘，乘积的整数部分就是对应的散列值，显然，这个散列值落在 0～$n-1$ 范围内。

例 5.6 对下列关键字值集合采用随机乘数法计算散列值，随机数 $f=0.103\,149\,002$，散列表长度为 $n=101$。

key	$f\times$key	$n\times$(($f\times$key)的小数部分)	Hash(key)
319 426	32 948.473 11	47.784 11	47
718 309	74 092.856 48	86.504 48	86
629 443	64 926.417 27	42.144 27	42
758 615	78 250.380 15	38.395 15	38
919 697	84 865.827 69	83.596 69	83
310 329	32 010.126 64	12.790 64	12

5. 折叠法

如果关键字值的位数比散列表长度值的位数多出很多，可以采用折叠法。折叠法是将关键字值分成若干段，其中至少有一段的长度等于散列表长度值的位数，把这些多段数相加，并舍弃可能产生的进位，所得的整数作为散列值。

例 5.7 对关键字值 key=852 422 241 采用折叠法计算其散列值，其散列值是一个四位整数。可以有多种不同的具体计算方法，下面给出了三种不同的折叠、移位、相加的方法。

```
85|2422|241          85|2422|241          852|4222|41

  5 8                  8 5                  8 5 2
    1 4 2                2 4 1                  4 1
  2 4 2 2              2 4 2 2              4 2 2 2
---------            ---------            ---------
  8 3 6 4            [1] 1 1 6 3            5 1 1 5

Hash(key)=8364       Hash(key)=1163       Hash(key)=5115
```

6. 基数转换法

将关键字值看成是在另一个基数数制上的数,然后把它转换成原来基数上的数,再选择其中的若干位作为散列值。一般取大于原来基数的数作转换的基数,并且两个基数应该是互素的。

例 5.8 采用基数转换法,计算十进制关键字值 key=852 422 241 的散列值,取转换基数为 13,则有:

$$(852\,422\,241)_{13}=8\times13^8+5\times13^7+2\times13^6+4\times13^5+2\times13^4+2\times13^3+2\times13^2+4\times13+1=(6\,850\,789\,050)_{10}$$

取转换后的数值的中间 4 位数字作为散列值;于是

$$\text{Hash(key)}=0789$$

5.6.3 冲突的处理

两个或多个数据项可能具有相同的散列值,但它们不能占用散列表的同一个位置。可能的选择只有两种,要么将引起冲突的新数据项存放在表中另外的位置,要么为每个散列值单独建立一个表以存放具有相同散列值的所有数据项。这两种不同的选择代表了解决冲突的两种经典策略,这就是"开放地址法"和"链表地址法"。

1. 开放地址法

开放地址法假定散列表的每个表项有一个是否被占用的标志。当试图加入新的数据项到散列表中时,首先判断散列值指定的表项是否已被占用。如果位置已被占用,则依据一定的规则在表中寻找其他空闲的表项。

最简单的探测空闲表项的方法是线性探测法,当冲突发生时,就顺序地探测下一个表项是否空闲。如果 Hash(key)=d,但第 d 项表项已经被占用,即发生了冲突,那么探测序列为:

$$d,\ d+1,\ d+2,\cdots,n-1,0,1,\ \cdots,d-1$$

一般而言,由于散列表的长度大于实际的数据项,因此,沿着这个探测序列,总可以找到一个空闲的表项。

算法 5.5 完成了散列表的查找,散列表使用线性探测解决冲突,函数的参数为散列表 ht、要查找的关键字值 key 和散列表的大小 n。

算法 5.5 线性探测法解决冲突。

```
//散列表查找,使用线性探测法解决冲突
template <class T>
void HashSearch(T ht[], int key, int n)
{
 int k,j;
 k = Hash(key);
//计数已探测的结点数
 j = 0;
 while (j < n && ht[k].key! = key && ht[k].key! = 0)
 {
```

```
//尚未找到且同义词子表未结束,继续顺序查找下一个
 if (++k >= n)
 {
//若已到达散列表尾部,则回到散列表头部
  k = 0;
 }
 j++;
}
if (j == n)
{
//散列表中没有空闲表项,报溢出信息
  cout <<"Hash table has been overflowed!";
}
else
if (ht[k].key == key)
{
//找到,输出信息
 Ht[k].print();
}
else
 ht[k].key = key;
}
}
```

用线性探测法解决冲突,可能出现另外一个问题,这就是"堆积"。例如,在使用散列法计算出散列值后,散列表的对应表项可能已经被非同义词的结点所占据。如果散列函数选择不当,或者负载因子过大,都可能加剧这种堆积现象。

为了改善堆积现象,可以采用双散列函数探测法。这个方法是使用 2 个散列函数 Hash1 和 Hash2,其中 Hash1 以关键字值为自变量,产生一个 $0 \sim n-1$ 之间的散列值。Hash2 也以关键字值为自变量,产生一个 $1 \sim n-1$ 之间的数。当 n 为素数时,Hash2(key)可以是 $1 \sim n-1$ 之间的任何数;当 n 是 2 的幂次数时,Hash2(key)可以是 $1 \sim n-1$ 之间的任何奇数。Hash1 用来产生基本的散列值,当发生冲突时,利用 Hash2 计算探测序列。因此,当使用线性探查方法处理冲突时出现堆积现象时,可考虑使用双散列函数探测法,使探测序列跳跃式地散列到整个存储区域里,从而有助于减少"堆积"的产生。

设 Hash1(key)$=d$ 时发生冲突,则再计算 $k=$Hash2(key),得到探测序列为:

```
(d+k) % n, (d+2*k) % n, (d+3*k) % n, …
```

算法 5.6 实现了散列表的插入,散列表使用双散列函数解决冲突,函数的参数为散列表 ht、要查找的关键字值 key 和散列表的大小 n。

算法 5.6 用双散列函数解决冲突。

```
//散列表插入,使用双散列函数探测解决冲突
template <class T>
void HashSearch(T ht[], int key, int n)
```

```
{
 int k, c, j;
 k = Hash1(key);
 c = Hash2(key);
//计数探测的结点(散列表表项)数
 j = 0;
while (j < n && ht[k].key! = key && ht[k].key! = 0)
 {
  k += c;
  k % = n;
  j++;
 }
if (j >= n)
{
//没有空余的表项,发生溢出
 cout << "Hash table has been overflowed!";
}
else if (ht[k].key == key)
{
//若找到,说明给定的关键字值所对应的结点已经存在
 cout << "This node has been exist!";
}
else
{
//写入关键字值
 ht[k].key = key;
}
}
```

用开放地址法解决冲突必须注意一个问题,就是不能随便删除散列表中的表项,因为删除一个表项可能使同义词序列断开,从而影响到对其他表项的查找。

2. 链表地址法

链表地址法是为散列表的每个表项建立一个单链表,用于链接同义词子表,为此,每个表项需增加一个指针域。

同义词子表建立在什么地方呢? 有两种不同的处理方法:一种办法是在散列表的基本存储区域外开辟一个新的区域用于存储同义词子表,这种方法称为"分离的同义词子表法",或称"分离的链表地址法"(或称为独立的链表地址法),这个分离的同义词子表所在的区域称为"溢出区",另一种方法是不建立溢出区,而是将同义词子表存储在散列表所在的基本存储区域里,例如,可以在基本存储区域里从后往前探测空闲表项,找到后就将其链接到同义词子表中,这个方法称为"结合的同义词子表法"(或称公共链表地址法)。

例 5.9 设有 10 个数据项,其关键字值分别为 54, 77, 94, 89, 14, 45, 76, 23, 43, 47,散列表的长度为 11,散列函数为除留余数法($h(\text{key})=\text{key}\%11$)。

若采用分离的同义词子表,则散列存储的结果如图 5.8 所示。如采用结合的同义词子

表，则散列存储的结果如图 5.9 所示。

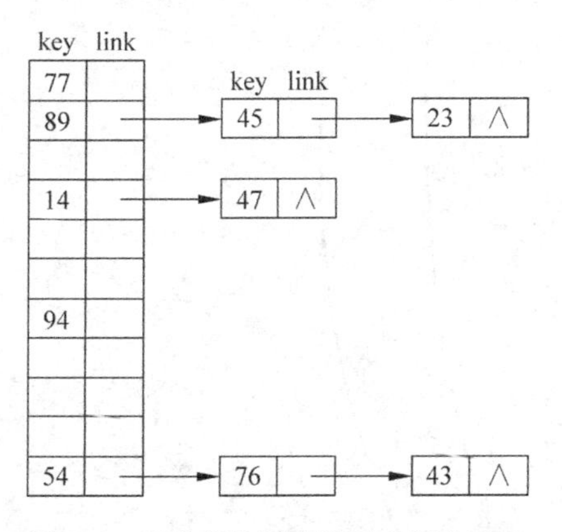

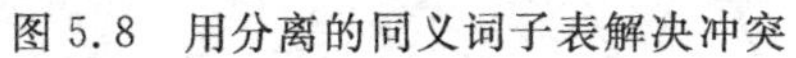
图 5.8 用分离的同义词子表解决冲突

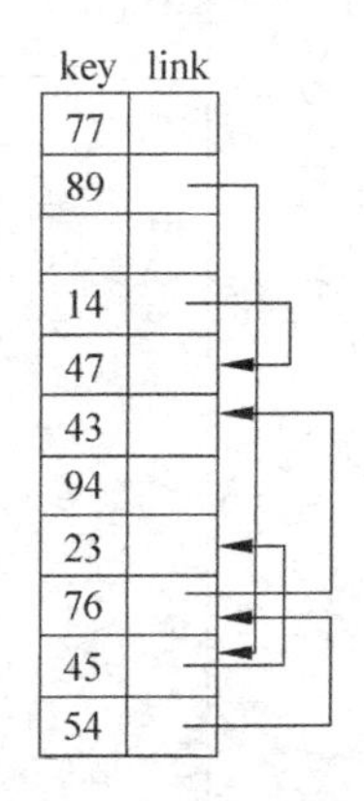

图 5.9 用结合的同义词子表解决冲突

分离的链表地址法是查找效率最好的解决冲突的方法，速度要快于开放地址法，因为分离的链表地址法在作散列查找时只需要搜索同义词子表。开放地址法要求表长是固定的，而分离的链表地址法中的表项则是动态分配的，其表长仅受内存空间的限制。链表法的主要缺点是需要为每个表项(包括分离的同义词子表的每个结点)设立一个指针域。

总地说来，分离的链表地址法的动态结构使它成为散列法中解决冲突的首选方法。

5.6.4 散列查找的效率

对于散列查找算法的效率的具体推导过程，请参见 Knuth 所著的《计算机程序设计技巧》第三卷。表 5.1 给出了采用四种不同的冲突解决方法时，散列表的平均查找长度，其中 α 为散列表的负载因子。

表 5.1 四种处理冲突方法的平均查找长度

解决冲突的方法	平均查找长度	
	查找成功	查找失败
线性探查法	$\frac{1}{2}\left(1+\frac{1}{1-\alpha}\right)$	$\frac{1}{2}\left(1+\frac{1}{(1-\alpha)^2}\right)$
双散列函数探查法	$-\frac{\ln(1-\alpha)}{2}$	$\frac{1}{1-\alpha}$
结合的同义词子表法	$1+\frac{1}{8\alpha}(e^{2\alpha}-1-2\alpha)+\frac{\alpha}{2}$	$1+\frac{1}{4}(e^{2\alpha}-1-2\alpha)$
分离的同义词子表法	$1+\frac{\alpha}{2}$	$\alpha+e^{-\alpha}$

从表 5.1 和图 5.10 中可以看出，散列表的平均查找长度不直接依赖于结点个数，不随着结点数目的增加而增加，而是随着负载因子的增大而增加。通过合理地确定解决冲突的方法和负载因子，散列查找的平均查找长度可以小于 1.5。

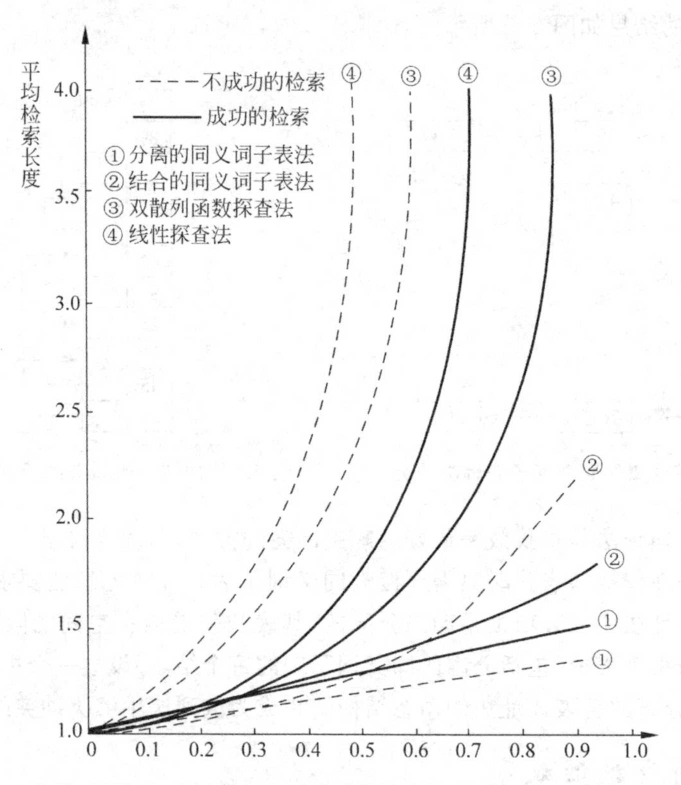

图 5.10　几种不同的解决碰撞方法时的平均检索长度(横坐标为负载因子的取值)

习　题

5.1　画出利用折半查找算法在有序序列：001，026，034，047，108，171，176，408，579，581，690，701 中查找关键字值 001、011、171、581、701 的查找过程，给出必要的说明。

5.2　写出在单链表上实现直接顺序查找的算法。

5.3　给出关键字值集合 A，请给出采用分块查找时的最佳分块结果，并给出查找关键字值 701 的过程。

A＝{001，702，126，834，047，108，171，176，408，690，579，581，701，231，074，025，311，397，132，597}

5.4　编写实现分块查找的算法。

5.5　给出关键字有序序列为 wai，wan，wen，wil，wim，wul，xem，xul，yo，yum，zi，zoe，zom，zxi，zzo，请列出采用折半查找算法查找 xul，yum，wae 的过程。

5.6　假设散列函数具有以下特性：

(1) 关键字值 257 和 567 的散列值为 3；

(2) 关键字值 987 和 313 的散列值为 6；

(3) 关键字值 734,189 和 575 的散列值为 5；

(4) 关键字值 122 和 391 的散列值为 8。

假设插入顺序为 257，987，122，575，189，734，567，313，391。

(1) 若使用开放地址法解决冲突，试标明数据的位置。

(2) 若使用独立链表法解决冲突，试标明数据的位置。

5.7　在习题 5.6 中，若插入顺序完全相反，结果分别是什么？

5.8　已知散列函数

```
unsigned long hash(unsigned long key)
{
return (key * key >> 8) % 65536;
}
```

(1) 散列表长度是多少？

(2) hash(16)和 hash(10000)的值分别是多少？

(3) 用文字概括说明该算法执行什么操作。

5.9　散列表适合依次插入多次查找的应用场合。开放地址法不适合那些需要从散列表中删除元素的应用程序。考察图 5.11 的散列表，它有 101 个表项，散列函数为

```
hash(key) = key % 101
```

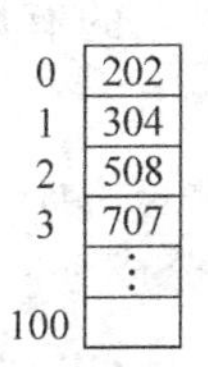

图 5.11　习题 5.9 图

(1) 在表位置 1 处删除 304，放入 0，对 707 进行查找时会发生什么？针对一般情况，解释为什么将表项置为空不是解决删除的正确方法。

(2) 要解决上述问题，可以将一个特定的关键字值 Deleted Data 放在被删除的表项位置，当查找表项时，关键字值为 DeletedData 的表项将被跳过。在表中可以用关键字值－1 表示在特定表位置发生了删除。说明采用这种方法在 304 删除后可以正确地查找到 707。

(3) 写出采用上述标记方法删除表元素的算法。

(4) 写出采用上述标记方法查找一个元素的算法。

(5) 写出采用上述标记方法插入一个元素的算法。

5.10　已知模式串 P＝"0110011001"，要求计算 next[6]的值(修正后)。

5.11　已知模式串 P＝"aabaab"，目标串 T＝"abcaababaabaabab"，给出 KMP 算法实现模式匹配的过程。

第6章 树和二叉树

6.1 树的概念

树形结构是结点间有分支的、层次的结构，它是一种常见的又很重要的非线性结构。下面首先给出树形结构的递归定义。

定义 6.1 树(tree)是 $n(n\geqslant 0)$ 个结点的有限集合 T，如果 T 为空，则它是一棵空树(null tree)，否则

(1) T 中有一个特别标出的称为根(root)的结点；

(2) 除根结点之外，T 中其余结点被分成 m 个($m\geqslant 0$)互不相交的非空集合 $T_1, T_2, \cdots, T_m$，其中每个集合本身又都是树。树 $T_1, T_2, \cdots, T_m$ 称为 T 之根的子树(subtree)。

例 6.1 小明家的家族树如图 6.1 所示。

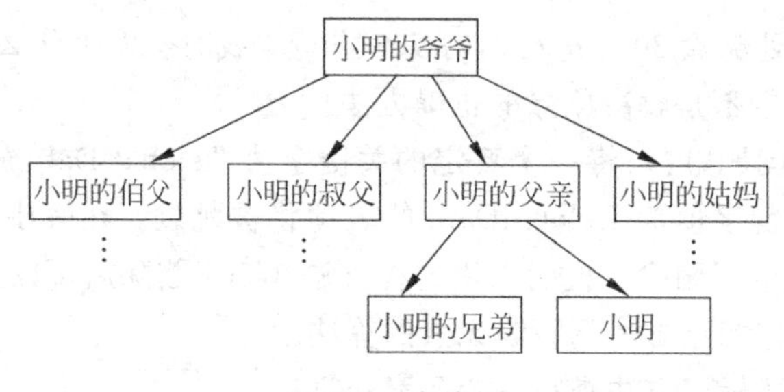

图 6.1 家族树

一些基本术语：

- 结点的度数(degree) 树中结点子树的个数。
- 树叶(leaf) 没有子树的结点称为树叶或终端结点。
- 分支结点(branch node) 非终端结点。
- 子女(child)或儿子(son) 一个结点的子树的结点是该结点的子女(或儿子)。
- 父母(parent) 若结点 s 是结点 p 的儿子，则称 p 是 s 的父母或父亲。
- 兄弟(sibling) 有相同父母结点的结点互为兄弟。
- 子孙(descendent) 根为 r 的树(或子树)中所有结点都是 r 的子孙。除 r 之外，它们又都是 r 的真子孙(proper descendent)。
- 祖先(ancestor) 从根 r 到结点 p 的路径(有且仅有一条这样的路径)上的所有结点都是 p 之祖先。除 p 之外，它们又都是 p 的真祖先(proper ancestor)。

- 有序树(ordered tree)　树中各结点的儿子都是有序的。
- 层数(level)　定义树根的层数为1,其他结点的层数等于其父母结点的层数加1。
- 高度(或深度)(height)　树中结点的最大层数,规定空树的高度为0。
- 树林(或森林)(forest)　$n(n\geqslant 0)$个互不相交的树的集合。

6.2　二　叉　树

6.2.1　二叉树的概念

二叉树(binary tree)是树形结构的另一个重要类型。二叉树的每个结点至多有两个子女,而且子女有左、右之分。二叉树的存储结构简单,存储效率较高,树运算的算法实现也相对简单。二叉树还可用来表示树(树林),二叉树在数据结构中有着重要地位。

定义6.2(二叉树的递归定义)　二叉树由结点的有限集合构成,这个有限集合或者为空集,或者由一个根结点及两棵不相交的分别称作这个根的左子树和右子树的二叉树组成。

由以上递归定义不难得到二叉树的五种基本形态,如图6.2所示。

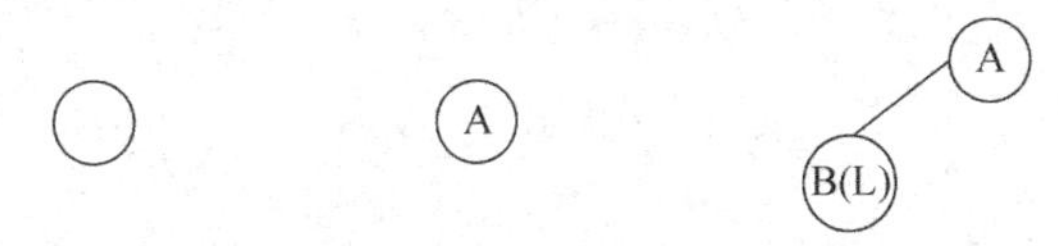

(a) 空二叉树　(b) 单个结点的二叉树　(c) 右子树为空的二叉树

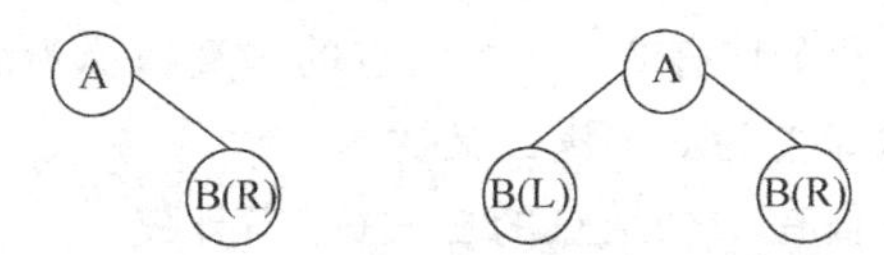

(d) 左子树为空的二叉树　(e) 左右子树都非空的二叉树

图6.2　二叉树的五种基本形态

例6.2　用二叉树表示算术表达式,分支结点对应运算符,操作数在叶结点上。用二叉树表示算术表达式,二叉树中不再保留原来算术表达式中的括号,如图6.3所示。

6.2.2　二叉树的性质

性质6.1　任何一棵含有$n(n>0)$个结点的二叉树恰有$n-1$条边。

证明:因为任何一棵含有n个结点的二叉树中,除了根结点外的其他结点都只有一条边与其父母结点相连。故总边数为$n-1$。

性质6.2　深度为h的二叉树至多有2^h-1个结点$(h\geqslant 0)$。

证明:因为二叉树的第一层至多有$1=2^{1-1}$个结点,第二层至多有$2=2^{2-1}$个结点,…,第i层至多有2^{i-1}个结点,故深度为h的二叉树至多有$\sum_{i=1}^{h}2^{i-1}=2^h-1$个结点。

性质6.3　设二叉树的结点个数为n,深度为h,则

$$\lceil \log_2(n+1)\rceil \leqslant h \leqslant n$$

证明:因为二叉树的分支结点至少有一个子女,故含有n个结点的二叉树的高度不会

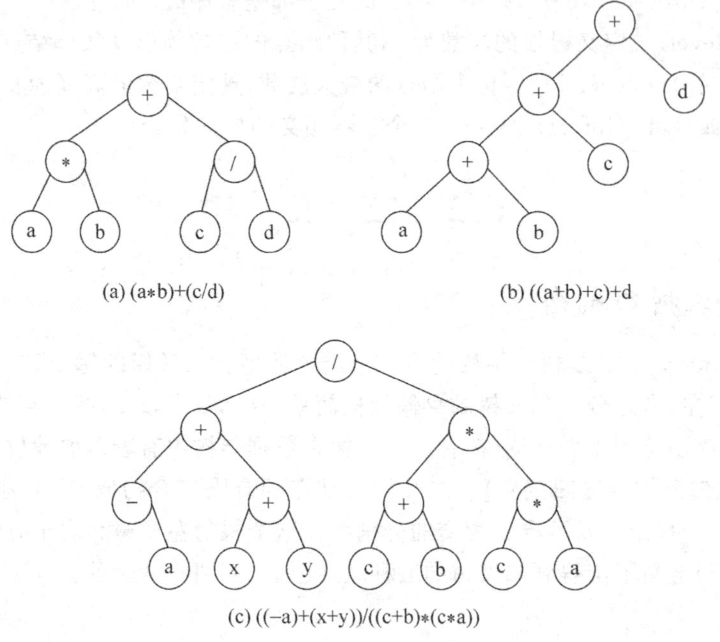

(a) (a*b)+(c/d)

(b) ((a+b)+c)+d

(c) ((−a)+(x+y))/((c+b)*(c*a))

图 6.3　表达式二叉树

超过 n。另一方面，由性质 6.2，$n\leqslant 2^h-1$，故有 $h\geqslant\log_2(n+1)$，又因为 h 为非负整数，故 $h\geqslant\lceil\log_2(n+1)\rceil$。

定义 6.3　一棵深度为 h 且有 2^h-1 个结点的二叉树称为满二叉树(full binary tree)。

如图 6.4 所示是一棵深度为 3 的满二叉树。

定义 6.4　深度为 h 且有 n 个结点的二叉树，当且仅当其每一个结点都与深度为 h 的满二叉树中编号 $1\sim n$ 的结点一一对应时，称为完全二叉树。

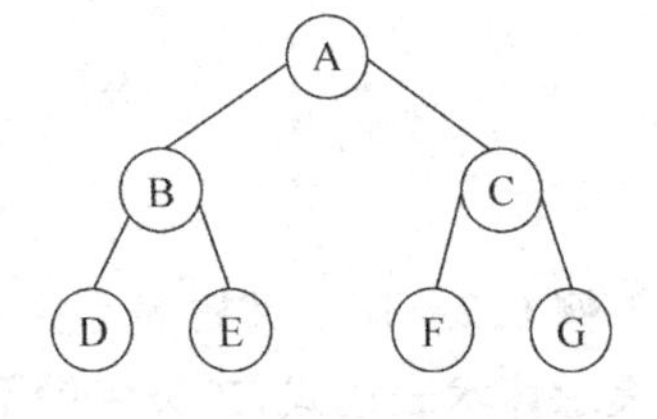

图 6.4　深度为 3 的满二叉树

一种与定义 6.3 不一致的关于满二叉树的定义是二叉树中任意一个结点，要么有两个子女，要么一个子女都没有。事实上这样的二叉树是局部满二叉树，而定义 6.3 的二叉树是全局满二叉树，或称为完全满二叉树。

给图 6.5 中满二叉树的结点 A,B,…,O 依次编号为 1,2,…,15，容易发现下述性质。

性质 6.4　如果对一棵有 n 个结点的完全二叉树的结点，按层次次序编号(每层从左至右)，则对任一结点 $i(1\leqslant i\leqslant n)$，下述结论成立：

(1) 若 $i=1$，则结点 i 为二叉树的根结点；若 $i>1$，则结点 $\left\lfloor\frac{i}{2}\right\rfloor$ 为其父母结点。

(2) 若 $2i>n$，则结点 i 无左子女；否则，结点 $2i$ 为结点 i 左子女。

(3) 若 $2i+1>n$，则结点 i 无右子女；否则，结点 $2i+1$ 为其右子女。

证明：(对 i 用数学归纳法，(1)的证明相对简单，下面只证明结论(2)、(3)。)

$i=1$ 时，由完全二叉树的定义，其左子女是结点 $2=2i$，若 $2>n$，即不存在结点 2，结点 i 无左子女。结点 i 的右子女为结点 $3=2i+1$，若 $3>n$，则结点 i 无右子女，故 $i=1$ 时结论成立。

设对 $1\leqslant j\leqslant i$ 的结点 j，性质 6.4 的结论均成立，下面证明结论对 $j=i+1$ 仍成立。分

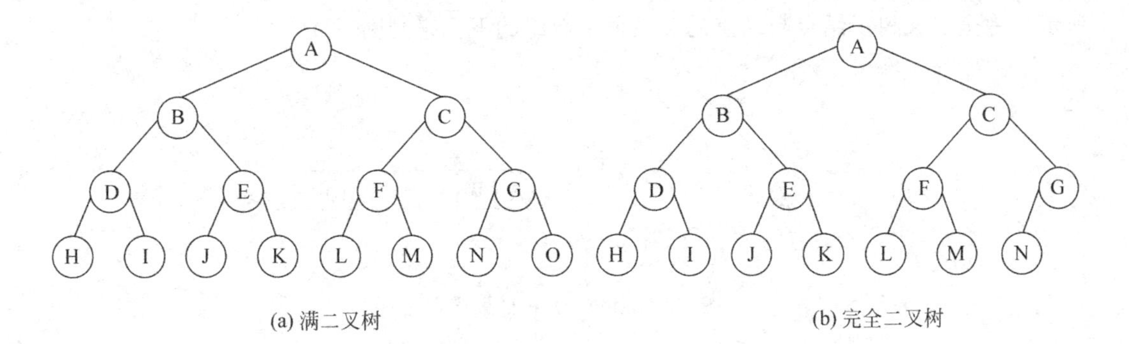

(a) 满二叉树　　　　(b) 完全二叉树

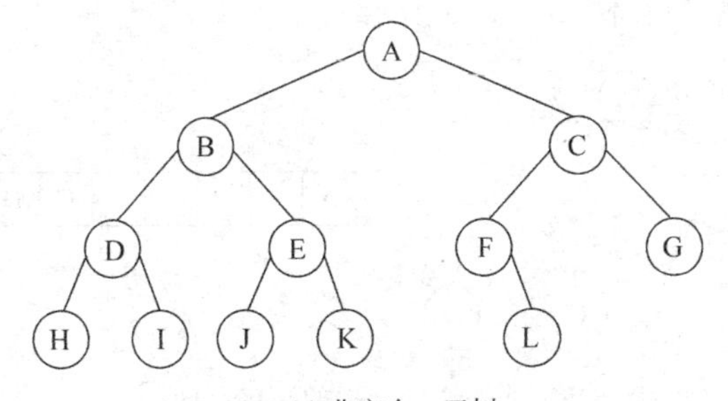

(c) 非完全二叉树

图 6.5　特殊的二叉树

以下两种情况讨论。

① 结点 $i+1$ 与结点 i 位于同一层,如图 6.6 所示。

② 结点 $i+1$ 与结点 i 位于不同层,如图 6.7 所示。

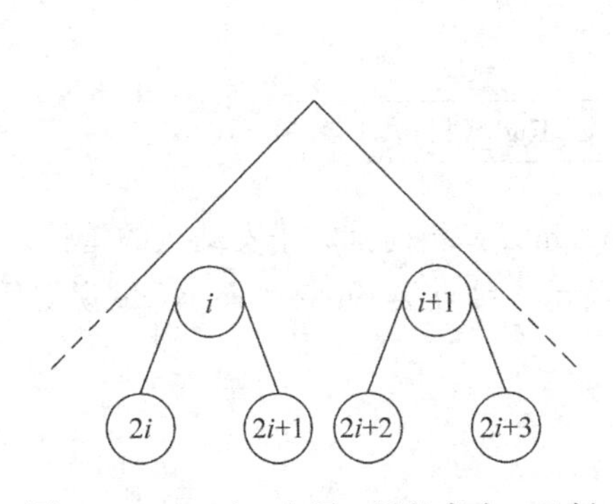

图 6.6　i 与 $i+1$ 在同一层的完全二叉树

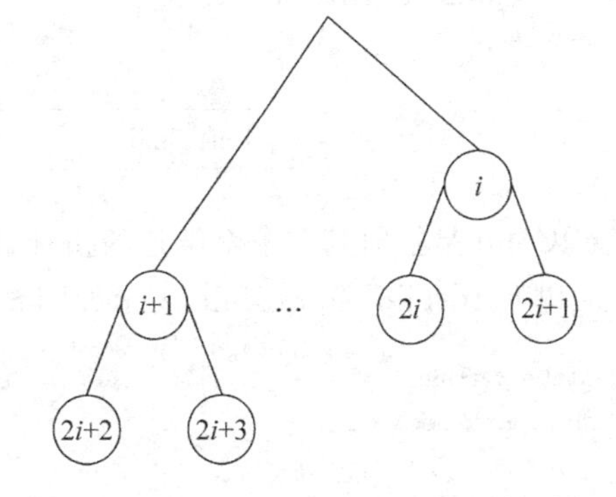

图 6.7　i 与 $i+1$ 不在同一层的完全二叉树

从图 6.6 和图 6.7 可知,结点 $i+1$ 如果有左、右子女,则其左、右子女编号一定为 $2i+2=2(i+1)$ 和 $2i+3=2(i+1)+1$；否则,当 $2(i+1)+1>n$ 时结点 $i+1$ 无右子女,当 $2(i+1)>n$ 时结点 $i+1$ 无左子女。

6.2.3　二叉树的存储方式

1. 顺序存储

(1) 完全二叉树的顺序存储

由性质 6.4,将完全二叉树的结点按层次从左至右的顺序存放在一维数组中(如图 6.8

所示),完全二叉树中结点与结点的关系可由数组的下标来判断。

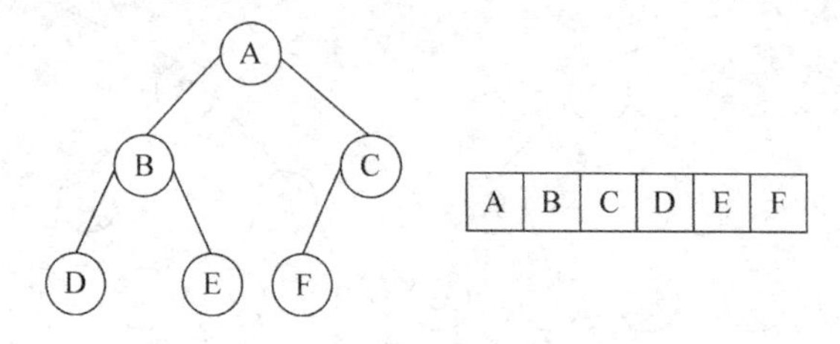

图 6.8　完全二叉树的顺序存储

(2) 非完全二叉树的顺序存储如图 6.9 所示。

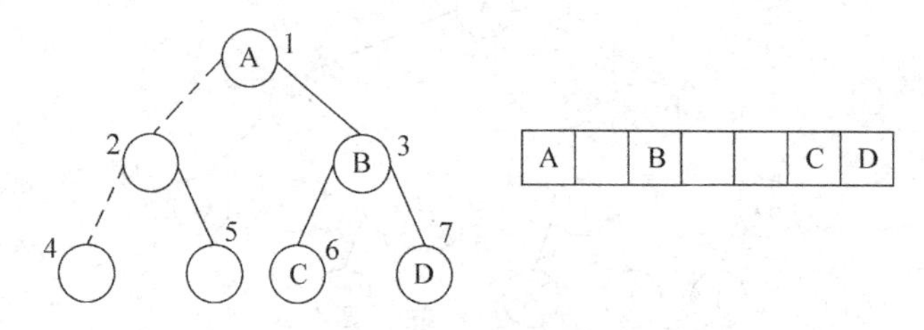

图 6.9　非完全二叉树的顺序存储

此种存储方式仍按二叉树对应的完全二叉树结点的层次序列存放在一维数组中,显然,此方式仅适合所处理的二叉树与其对应的完全二叉树结点个数相差不多的二叉树,不然,即使对仅含 n 个点的单边二叉树都需要 2^n-1 个存储分量,这将造成空间的浪费。

2. 链接存储

(1) LeftChild-RightChild 表示法

结点的结构:

LeftChild	data	RightChild

其中,LeftChild 是指向其左子女结点的指针,RightChild 是指向其右子女结点的指针。

二叉树 LeftChild-RightChild 表示如图 6.10 所示。结点类 BinaryTreeNode 说明如下:

```
template <class T>
class BinaryTreeNode
{
 public:
 BinaryTreeNode( ){LeftChild = RightChild = NULL;}
 BinaryTreeNode(const T& e)
 {
  data = e;
  LeftChild = RightChild = NULL;
  }
BinaryTreeNode(const T& e, BinaryTreeNode * l, BinaryTreeNode * r)
{
 data = e;
 LeftChild = l;
 RightChild = r;
```

```
    }
    T data;
    BinaryTreeNode<T>  * LeftChild;          //左子树
    BinaryTreeNode<T> * RightChild;          //右子树
};
```

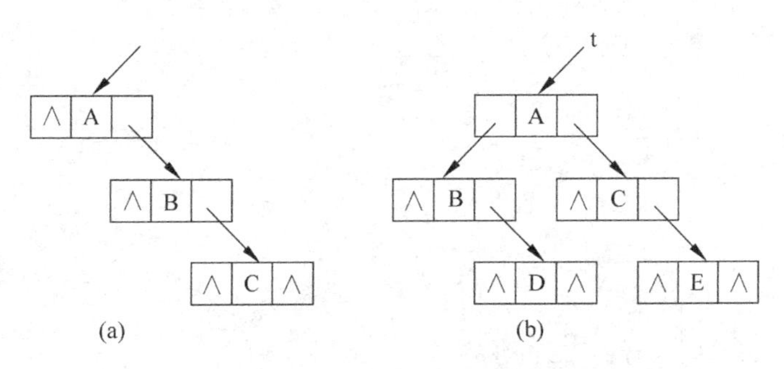

图 6.10　二叉树的 LeftChild-RightChild 表示

(2) 三重链表示

结点的结构：

Parent	Data
LeftChild	RightChild

其中，LeftChild、RightChild 的意义与 LeftChild-RightChild 表示法相同，Parent 为指向父母结点的指针。三重链表结点结构的说明与 BinaryTreeNode 结构类似。

6.2.4　树(树林)与二叉树的相互转换

树(树林)与二叉树之间存在一种 1-1 对应的关系。规定树林中各树的根结点被视为互为兄弟的结点。图 6.11 展示了树(树林)与二叉树之间相互转换的例子。

观察这种 1-1 对应关系，不难发现树(树林)与二叉树之间的 1-1 对应正好实现了下述 1-1 对应关系：

(1) 原来树(树林)中结点 x 的第一个子女与二叉树中结点 x 的左子女 1-1 对应。

(2) 原来树(树林)中结点 x 的下一个兄弟与二叉树中结点 x 的右子女 1-1 对应。

由此可得到树(树林)与二叉树相互转换的递归定义。

定义 6.5　定义树林 $F=(T_1,T_2,\cdots,T_n)$到二叉树 B(F)的转换为：

(1) 若 $n=0$，则 B(F)为空的二叉树。

(2) 若 $n>0$，则 B(F)的根是 T_1 的根 W_1，B(F)的左子树是 $B(T_{11},T_{12},\cdots,T_{1m})$，其中 T_{11}、T_{12}、…、T_{1m}是 W_1 的子树；B(F)的右子树是 $B(T_2,\cdots,T_n)$。

定义 6.6　设 B 是一棵二叉树，r 是 B 的根，L 是 r 的左子树，R 是 r 的右子树，则对应于 B 的树林 F(B)的定义为：

(1) 若 B 为空，则 F(B)是空的树林。

(2) 若 B 不为空，则 F(B)是一棵树 T_1 加上树林 F(R)，其中树 T_1 的根为 r，r 的子树为 F(L)。

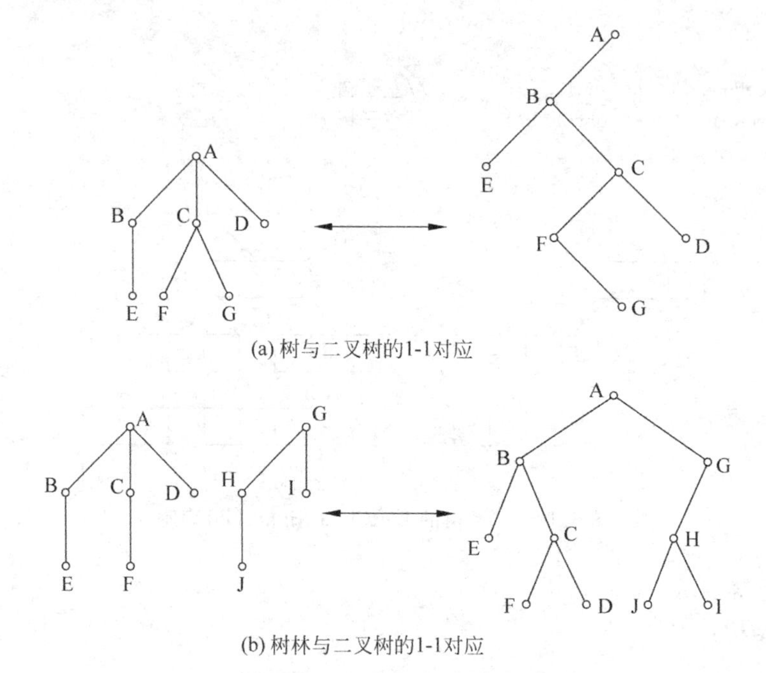

图 6.11　树(树林)与二叉树之间相互转换

6.3　树(树林)、二叉树的遍历

6.3.1　树(树林)的遍历

树(树林)的遍历可以按宽度方向和深度方向实现。遍历是树形结构的一种很重要的运算,遍历一棵树(或一片树林)就是按一定的次序系统地访问树(树林)的所有结点。

1. 按宽度方向遍历

首先依次访问层数为1的结点,然后访问层数为2的结点,直到访问完最底层的所有结点。例如,图6.12按宽度方向遍历得到的结点序列为AGBCDHIJEFKL。

2. 按深度方向遍历

(1) 先根次序(先根后子女)

① 访问头一棵树的根。

② 在先根次序下遍历头一棵树树根的子树。

③ 在先根次序下遍历其他的树。

图6.12中树林的先根次序为ABECFDGHKLIJ。

(2) 后根次序(先子女后根)

① 在后根次序下遍历头一棵树树根的子树。

② 访问头一棵树的根。

③ 在后根次序下遍历其他的树。

图6.12中树林的后根次序为EBFCDAKLHIJG。

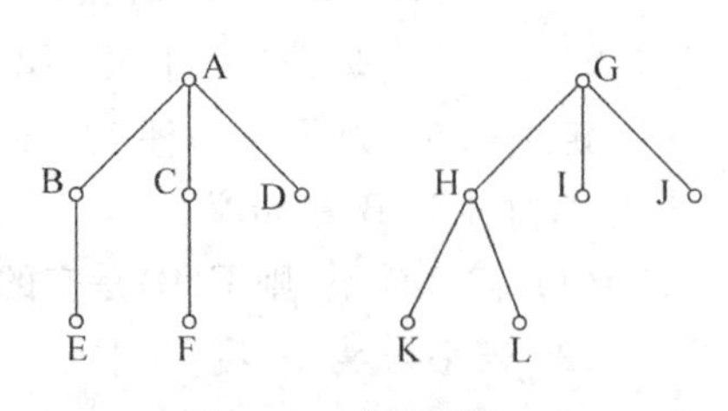

图 6.12　树林的例子

6.3.2 二叉树的遍历

考虑到二叉树是由三个基本单元组成：根结点、左子树和右子树，若以 L,N,R 分别表示遍历左子树、访问根结点和遍历右子树，则有 NLR、LNR、LRN、NRL、RNL、RLN 六种遍历方式，且前三种遍历方式与后三种遍历方式是对称的。若规定先左后右的次序，则只有下面三种二叉树的遍历方式。

(1) 前序法(NLR 次序)，递归定义为：

① 访问根结点；

② 按前序遍历左子树；

③ 按前序遍历右子树。

(2) 后序法(LRN 次序)，递归定义为：

① 按后序遍历左子树；

② 按后序遍历右子树；

③ 访问根。

(3) 对称序(中序、LNR 次序)，递归定义为：

① 按对称序遍历左子树；

② 访问根；

③ 按对称序遍历右子树。

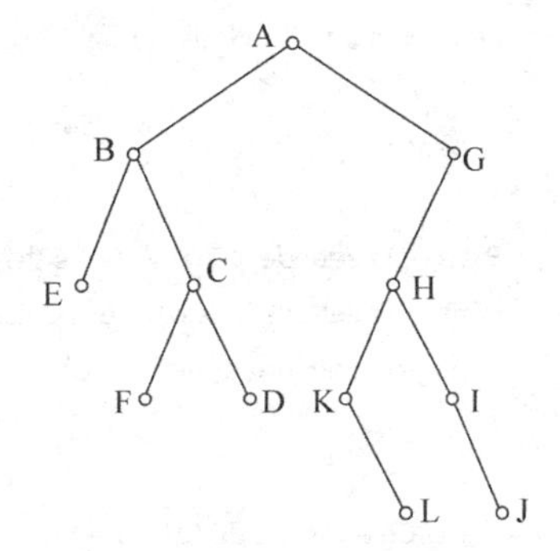

图 6.13　图 6.12 对应的二叉树

图 6.12 对应的二叉树(如图 6.13 所示)的前序序列、后序序列和对称序序列依次为 ABECFDGHKLIJ、EFDCBLKJIHGA 和 EBFCDAKLHIJG。

不难发现，任何一棵树(树林)的先根次序正好与对应的二叉树的前序序列对应，后根次序正好与对应二叉树的对称序序列对应。

6.4 抽象数据类型 BinaryTree 以及类 BinaryTree

6.4.1 抽象数据类型 BinaryTree

定义 ADT BinaryTree 为：

数据　指向二叉树树根的指针 root。

结构　LeftChild-RightChild 表示。

操作

BinaryTree( )——初始化操作，置空树。

IsEmpty( )——判断二叉树是否为空，若二叉树非空，则返回 FALSE，否则返回 TRUE。

Root(x)——求根结点的函数。

MakeTree(element,left,right)——构造二叉树，其根结点为 element，左子树根结点的指针为 left，右子树根结点的指针为 right。

PreOrder(root)——按前序遍历以 root 为根的二叉树。

InOrder(root)——按对称序遍历以 root 为根的二叉树。

PostOrder(root)——按后序遍历以 root 为根的二叉树。

6.4.2 一个完整包含类 BinaryTreeNode 和类 BinaryTree 实现的例子

下面的头文件 BinaryTreeNode.h 包含类 BinaryTreeNode 和类 BinaryTree 的实现细节。

```
#ifndef BINARYTREENODE_CLASS
#define BINARYTREENODE_CLASS
#ifndef NULL
const int NULL = 0;
#endif
enum boolean {FALSE, TRUE};
template< class T>
class BinaryTreeNode
{
 public:
 T data;
 BinaryTreeNode< T>  * LeftChild,  * RightChild;//分别为指向左、右子树根结点的指针
 BinaryTreeNode(void){LeftChild = RightChild = NULL;}
 BinaryTreeNode(const T& e)
 {
  data = e;
  LeftChild = RightChild = NULL;
 }
BinaryTreeNode(const T& e,BinaryTreeNode  * l,BinaryTreeNode  * r)
{
  date = e;
  LeftChild = l;
  RightChild = r;
}
void FreeBTreeNode(BinaryTreeNode< T>  * p){delete p;}
BinaryTreeNode< T>  * GetBTreeNode(T item, BinaryTreeNode< T>  * lptr = NULL,
BinaryTreeNode< T>  *  rptr  = NULL);
};
template< class T>
BinaryTreeNode< T> *  BinaryTreeNode< T>::GetBTreeNode(T item,BinaryTreeNode< T> *  lptr,
BinaryTreeNode< T> *  rptr)
{
 BinaryTreeNode< T>  * p;
 p = new BinaryTreeNode< T>(item, lptr, rptr);
 if(p == NULL)
 cerr << "Memory allocation failure!\n";
 return p;
}
#endif
```

类 BinaryTree 的 C++描述由文件 binarytree.h 定义如下：

```
//文件 binarytree.h
#ifndef BinaryTree_class
#define BinaryTree_class
#ifndef NULL
const int NULL = 0;
#endif
#include <stdlib.h>
#include "binarytreenode.h"
template <class T>
class BinaryTree
{
public:
//指向树根的指针
 BinaryTreeNode <T>  *root;
 BinaryTree (void){root = NULL;}
 ~BinaryTree (void) {}
 boolean IsEmpty (void) const
  {return ((root) ? FALSE : TRUE);}
 boolean Root(T& x) const;
 BinaryTreeNode <T>  *MakeTree(const T& element,
  BinaryTreeNode <T>  *left, BinaryTreeNode <T>  *right);
 void PreOrder(BinaryTreeNode <T>  *root);
 void InOrder(BinaryTreeNode <T>  *root);
 void PostOrder(BinaryTreeNode <T>  *root);
};
template <class T>
boolean BinaryTree <T>::Root(T& x) const
{
//x 为返回的根信息
//如果为空二叉树,则返回 FALSE
if (root)
{
 x  =  root->data;
 return TRUE;
}
else return FALSE;
}
template <class T>
BinaryTreeNode <T>  *BinaryTree <T>::MakeTree(const T& element,BinaryTreeNode <T>  *left,
BinaryTreeNode <T>  *right)
{
//结合指针 left、right 和结点信息 element 产生新的树
//左、右子树为不同的树
//构建组合后的树
root = new BinaryTreeNode <T> (element, left, right);
if(root == NULL)
{
 cerr <<"Memory allocation failure!\n";
 return 0;
}
 return root;
```

```
}
template<class T>
void BinaryTree<T>::PreOrder (BinaryTreeNode<T>  *t)
{
//前序遍历
if (t)
 {
  cout <<t->data;
  PreOrder (t->LeftChild);
  PreOrder (t->RightChild);
 }
}
template<class T>
void BinaryTree<T>::InOrder(BinaryTreeNode<T>  *t)
{
//对称序遍历
if (t)
{
 InOrder (t->LeftChild);
 cout <<t->data;
 InOrder (t->RightChild);
}
}
template<class T>
void BinaryTree<T>::PostOrder(BinaryTreeNode<T>  *t)
{
//后序遍历
if (t)
{
 PostOrder (t->LeftChild);
 PostOrder (t->RightChild);
 cout <<t->data;
}
}

#endif
```

基于上述类 BinaryTreeNode 和类 BinaryTree，算法 6.1 构造、遍历图 6.14 所示二叉树的算法，算法调用了类 BinaryTree 中 MakeTree 和 PreOrder、InOrder、PostOrder 等成员函数。

算法 6.1　构造、遍历一棵二叉树。

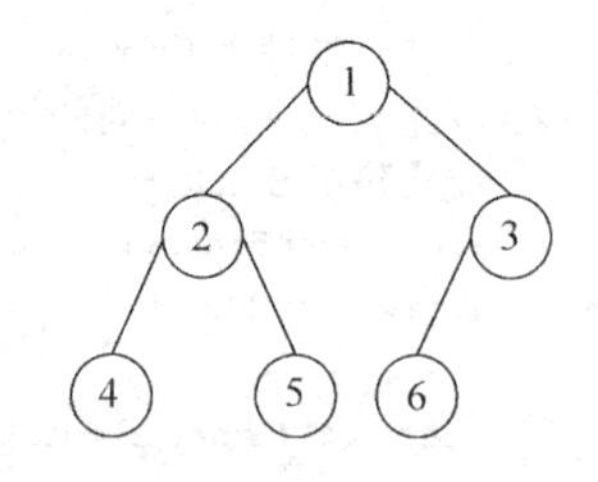

图 6.14　二叉树遍历实例

```
#include<iostream.h>
#include "binarytree.h"
#include "binarytreenode.h"
BinaryTree<int> a;
BinaryTreeNode<int>  *b1,  *b2,  *b3,  *b4, *b5,  *b6;
void main(void)
{
//构建二叉树
```

```
    b1 = a. MakeTree(6,NULL,NULL);
    b2 = a. MakeTree(5,NULL,NULL);
    b3 = a. MakeTree(4,NULL,NULL);
    b4 = a. MakeTree(3,b1,NULL);
    b5 = a. MakeTree(2,b3,b2);
    b6 = a. MakeTree(1,b5,b4);
   //树遍历
    cout <<"The PreOrder is:\n";
    a.PreOrder (a.root);
    cout <<"\n";
    cout <<"The InOrder is:\n";
    a.InOrder (a.root);
    cout <<"\n";
    cout <<"The PostOrder is:\n";
    a.PostOrder (a.root);
   }
```

算法 6.1 的运行结果为:

```
The PreOrder is:
 1 2 4 5 3 6
The InOrder is:
 4 2 5 1 6 3
The PostOrder is:
 4 5 2 6 3 1
```

6.5 二叉树的遍历算法

本节介绍二叉树遍历算法的实现,上节的算法 6.1 给出了二叉树三种遍历方式的递归算法。本节借助于栈和穿线树的"线索"信息来实现二叉树的非递归遍历算法。

6.5.1 非递归(使用栈)的遍历算法

栈是实现递归最常用的结构,对于用递归方式定义的二叉树,最自然的实现遍历运算的方式是使用一个栈来记录尚待遍历的结点或子树信息(保存子树的信息只需保存子树根结点的信息),以便以后遍历。

下面给出二叉树的三种遍历方式: NLR、LNR 和 LRN。使用栈的非递归算法,对应的算法分别为算法 6.2、算法 6.3、算法 6.4。进入算法时,设指针变量 t 指向待遍历的二叉树的根结点。算法 6.4 还用到一个标志数组 tag[100],在后序遍历中,如果 tag[i]=0,表示对应栈中 stack[i]记录的二叉树结点的左子树已遍历,右子树还没有遍历;如果 tag[i]=1,则表示 stack[i]中记录的二叉树结点的左、右子树都已遍历。

算法 6.2 使用栈的二叉树前序遍历(nlr6_2.h)。

```
#include < iostream.h >
#include "binarytreenode.h"
template < class T >
void NLR(BinaryTreeNode < T > * t)
{
```

```
 //t 指向二叉树根结点
 BinaryTreeNode<T> *stack[100];
 //假定进栈的结点个数不超过 100
 unsigned top;
 top = 0; stack[0] = t;
 do
 {
  while (stack[top]! = NULL)
  {
  cout << stack[top] -> data;
  stack[++top] = stack[top] -> LeftChild;
  }
 if(top > 0)stack[top] = stack[ -- top] -> RightChild;
} while(top > 0 || stack[top]! = NULL);
}
```

算法 6.3 使用栈的二叉树对称序遍历(lnr6_3.h)。

```
#include <iostream.h>
#include "binarytreenode.h"
template<class T>
void LNR(BinaryTreeNode<T> * t)
{
 BinaryTreeNode<T> *stack[100];
 unsigned top;
 top = 0; stack[0] = t;
do
{
 while (stack[top]! = NULL)
 stack[++top] = stack[top] -> LeftChild;
 if(top > 0)
 {
  cout << stack[ -- top] -> data;
  stack[top] = stack[top] -> RightChild;
 }
}while(top > 0 || stack[top]! = NULL);
}
```

算法 6.4 使用栈的二叉树后序遍历(lrn6_4.h)。

```
#include <iostream.h>
#include "binarytreenode.h"
template<class T>
void LRN(BinaryTreeNode<T> * t
{
 BinaryTreeNode<T> *stack[100];
 unsigned top, tag[100];
 top = 0; stack[0] = t; tag[0] = 0;
 do
 {
```

```
  while (stack[top]! = NULL)
   {
    stack[++top] = stack[top] - > LeftChild;
    tag[top] = 0;
  }
 while (tag[top - 1] == 1) cout << stack[ -- top]> data;
 if(top > 0)
 {
  stack[top] = stack[top - 1] - > RightChild;
  tag[top - 1] = 1;
  tag[top] = 0;
 }
 }
 while(top! = 0);
 }
```

6.5.2 线索化二叉树的遍历

不难证明,任何一棵含有 n 个结点的二叉树的 LeftChild、RightChild 表示中有 $n+1$ 个空链域,仅有 $n-1$ 个指针是非空的。A. J. Perlis 和 C. Thornton 提出了构造线索化二叉树(threaded binary tree)的技术,把那些没有左或右子树的结点链域改为指向某种遍历次序下前驱或后继结点的指针(以下简称为线索)。按照前面介绍的三种遍历次序,可以建立前序穿线树、对称序穿线树和后序穿线树,如图 6.15 所示的对称序线索树。

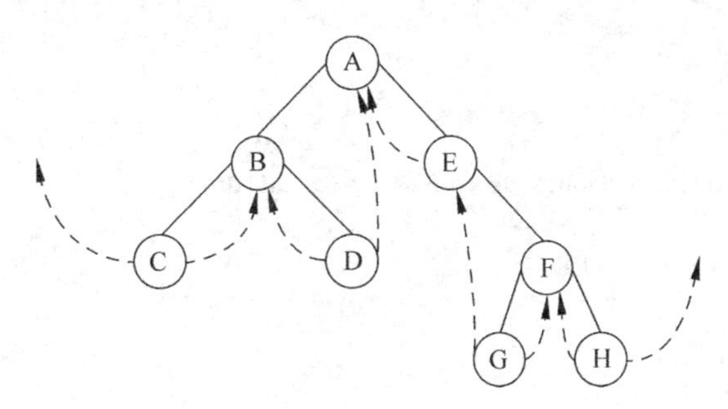

图 6.15　对称序线索树

图 6.15 中,G 的左线索指向它的对称序前驱结点 E,G 的右线索指向它的对称序后继结点 F。为了区分一个结点的指针域是指向其子女的指针,还是指向其前驱或后继(某种次序下)的线索,可在每个结点中增加两个线索标志域,这样,线索链表中的结点结构为

LeftChild	ltag	data	rtag	RightChild

其中:

$$左线索标志\ \mathrm{ltag} = \begin{cases} 0; & \text{LeftChild 为指针} \\ 1; & \text{LeftChild 为左线索} \end{cases}$$

$$右线索标志\ \mathrm{rtag} = \begin{cases} 0; & \text{RightChild 为指针} \\ 1; & \text{RightChild 为右线索} \end{cases}$$

通常左线索为指向该结点在某种次序(NLR、LNR或LRN)下的前驱,右线索为指向该结点在某种次序下的后继。

将二叉树变为线索二叉树的过程称为线索化。按某种次序将二叉树线索化,只要按该次序遍历二叉树,在遍历过程中用线索取代空指针。读者可以在算法6.2的基础上将一棵二叉树按对称序线索化。显然,利用类的继承可以定义线索化二叉树的结点类ThreadedBTNode。文件ThreadedBTNode.h由下面的声明和算法6.5～算法6.8组成。

```
#include "binarytreenode.h"
#include "lnr6_3.h"
template<class T>
class ThreadedBTNode:public BinaryTreeNode<T>
{
 public:
  unsigned ltag,rtag;
};
```

下面给出对称序线索化二叉树的递归算法,其他次序(NLR,LRN)的线索化二叉树算法可类似给出。

算法6.5 对称序线索化二叉树。

```
template<class T>
void InorderThreaded(ThreadedBTNode<T> * p, ThreadedBTNode<T> * &pre )
//设置标记值的同时对二叉树线索化
{
 if(p! = NULL)
 {
 //左子树线索化
   InorderThreaded((ThreadedBTNode<T> *)p->LeftChild, pre);
 //建立右线索
   if(pre! = NULL && pre->rtag == 1)
   pre->RightChild = p;
  //建立左线索
   if (p->LeftChild == NULL)
   {
    p->ltag = 1;
    p->LeftChild = pre;
   }
 //建立左、右线索标志
 else
  p->ltag = 0;
  if (p->RightChild == NULL)
  p->rtag = 1;
 else
  p->rtag = 0;
 pre = p;
 //右子树线索化
 InorderThreaded((ThreadedBTNode<T>*)p->RightChild, pre);
 }
}
```

对称序线索化二叉树建立后，借助于线索的帮助找指定结点的对称序后继变得很容易。如果指定结点的 RightChild 为线索，则线索所指结点即指定结点的对称序后继；如果指定结点的 RightChild 为指针，则指定结点有右子树，指定结点的对称序后继即指定结点右子树的对称序第一个结点，也就是右子树最左下的结点。基于上述分析，不难给出在对称序线索化的二叉树中找指定结点的对称序后继算法 6.6，设置指定变量 p 指向指定结点，指针变量 q 指向 p 所指结点的对称序后继。

算法 6.6 在对称序线索树中找指定结点的对称序后继。

```
template<class T>
void Inordernext(ThreadedBTNode<T> *p,ThreadedBTNode<T>*q)
{
 if(p->rtag==1)                    //指定结点右子树为空
  q=(ThreadedBTNode<T> *)p->RightChild;
 else                              //指定结点右子树非空
 {
  q=(ThreadedBTNode<T> *)p->RightChild;
  while(q->ltag==0)
  q=(ThreadedBTNode<T> *)q->LeftChild;
 }
}
```

类似地，可给出在对称序线索化的二叉树中找指定结点的对称序前驱算法。此外，借助于线索的帮助，在对称序线索化的二叉树中找前序下的后继、后序下的前驱都变得很容易。下面给出一个在对称序线索化的二叉树中不用栈的对称序遍历算法 6.7。

算法 6.7 对称序遍历对称序线索化二叉树。

```
template<class T>
void ThreadedInTravel(ThreadedBTNode<T> *p)
{
 if(p!=NULL)
 {
  //找对称序第一个结点
  while(p->ltag==0)
   p=(ThreadedBTNode<T> *)p->LeftChild;
  do
  {
   //访问*p所指结点
   cout<<p->data<<" ";
   if(p->rtag==1)
     p=(ThreadedBTNode<T> *)p->RightChild;
   else
   {
     p=(ThreadedBTNode<T> *)p->RightChild;
     while(p->ltag==0)
      p=(ThreadedBTNode<T> *)p->LeftChild;
   }
  }while(p!=NULL);
 }
}
```

显然该算法的时间复杂度为 $O(n)$,但没有使用栈,因此,若对一棵二叉树要经常遍历或查找结点在指定次序下的前驱或后继时,其存储结构采用线索化的二叉树有其优势。

考虑线索化二叉树的生长,当往对称序线索化的二叉树中插入一个新结点后,仍要保证插入后的二叉树仍按对称序线索化。设在 p 指针指示的对称序后继指针 r 前插入一个新结点指针 q 指示的结点,q 所指的新结点作为 p 指示结点的右子树的根,p 所指的原来的右子树作为新结点的右子树,如图 6.16 所示。

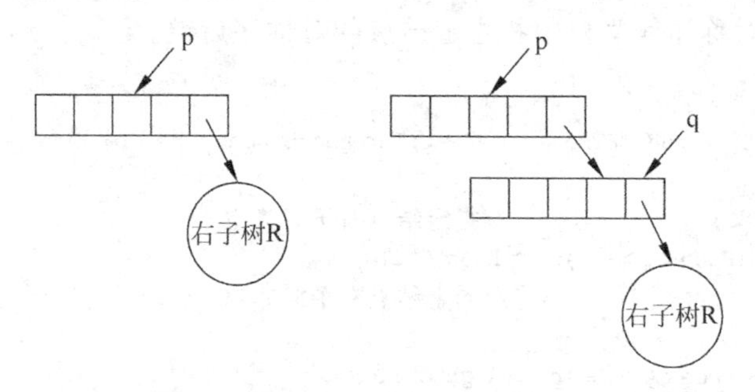

图 6.16 在对称序线索化二叉树中插入新结点

算法的关键在于先找到 p 的对称序后继 r,然后建立相应的指针或线索信息。

```
template < class T >
void InsertThreadedBT(ThreadedBTNode < T > * p,ThreadedBTNode < T > * q)
{
 ThreadedBTNode < T > * r;
 if(p -> RightChild == NULL)
 r = NULL;
//找指定结点的对称序后继
 else
 {
 if(p -> rtag == 1)
 r = (ThreadedBTNode < T >  * )p -> RightChild;
 else
 {
  r = (ThreadedBTNode < T >  * )p -> RightChild;
  while(r -> ltag == 0)
  r = (ThreadedBTNode < T >  * )r -> LeftChild;
 }
}
 //建立 * q 的左线索
 q -> ltag = 1;
 q -> LeftChild = p;
 //建立新结点的右指针或右线索
 q -> RightChild = p -> RightChild;
 q -> rtag = p -> rtag;
 //插入新结点
 p -> rtag = 0;
 p -> RightChild = q;
 //建立指定结点的对称序后继的左线索
 if((r! = NULL)&&(r -> ltag == 1))
```

```
    r->LeftChild = q;
}
```

习　　题

6.1　举例说明树是一种非线性结构。

6.2　画出含有下列数据值 3,12,4,6,10 的深度为 3 的二叉树。

6.3　一棵二叉树中含有数据值 2,7,12,16,8,9。

(a) 画出两棵深度最大的二叉树；

(b) 画出一棵其分支结点的值都大于子女值的完全二叉树。

6.4　对于含三个结点 A,B,C 的二叉树，有多少个不同的二叉树？画出这些不同的二叉树。

6.5　试将图 6.17 的树林转换成 1-1 对应的二叉树。

6.6　分别画出对应下述表达式的二叉表达式树。

(a) (a+b)/(c−d * e)+f+g * h/2

(b) ((−a)+(x+y))/((+b) * (c * a))

(c) ((a+b)>(c−d)) ‖ a<e && (x<y ‖ y>z)

6.7　分别按前序、对称序和后序列出图 6.18 中二叉树的结点，并画出其对应的树林。

6.8　判断下列命题是否正确，若正确请给出证明，若不正确给出反例。

一棵二叉树的所有叶结点在前序、对称序和后序中的相对次序是一致的。

6.9　有多少棵不同的二叉树，其结点的前序序列为 $a_1a_2a_3\cdots a_n$？

6.10　找出所有的二叉树，其结点在下列两种次序之下有相同的顺序：

(a) 前序和对称序；(b) 前序和后序；(c) 对称序和后序。

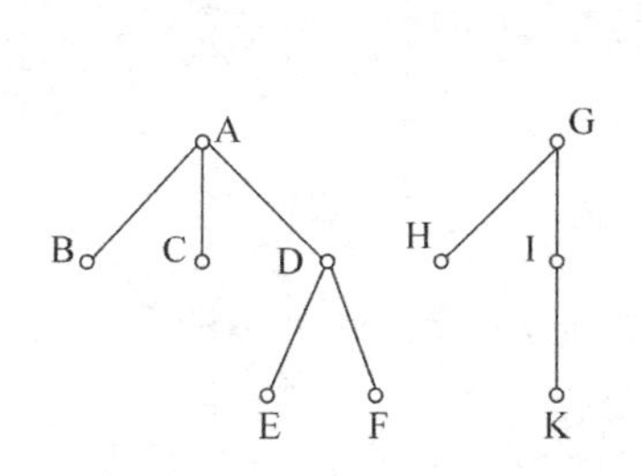

图 6.17　习题 6.5 图

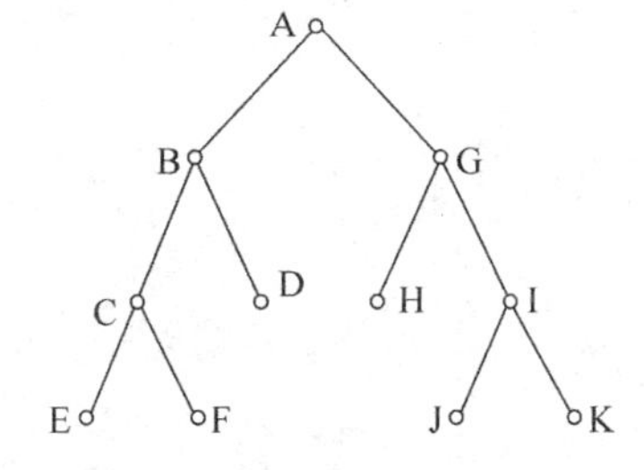

图 6.18　习题 6.7 图

6.11　证明：由一棵二叉树的前序序列和对称序序列可唯一确定这棵二叉树。

6.12　由一棵二叉树的后序序列和对称序序列能唯一确定这棵二叉树吗？由一棵二叉树的前序和后序序列能唯一确定这棵二叉树吗？为什么？

6.13　试以 LeftChild-RightChild 存储二叉树，编写算法判别二叉树是否为完全二叉树。

6.14　假设用二叉树的 LeftChild-RightChild 表示法存储二叉树，每个结点所含数据元素均为单字母，试编写按树状打印二叉树的算法。例如，图 6.19 所示的二叉树打印为右边的形状。

6.15 画出图6.20所示二叉树的 LeftChild-RightChild 存储表示、三重链存储表示和对称序穿线树表示。

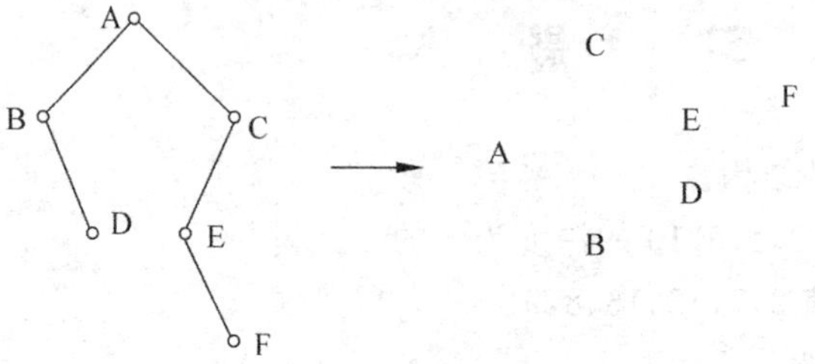

图6.19 习题6.14图 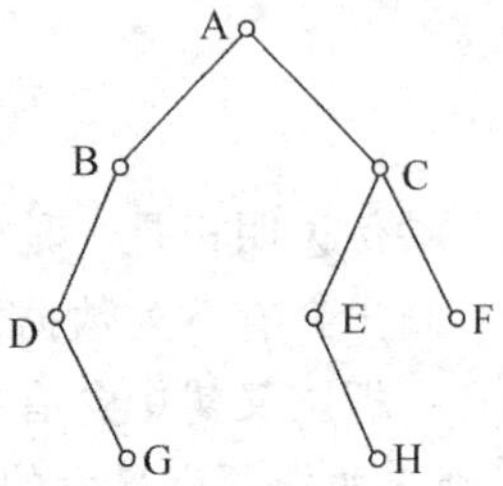　　图6.20 习题6.15图

6.16 设计一个算法在对称序穿线树中找指定结点的对称序前驱算法。

6.17 设计一个算法在对称序穿线树中找指定结点的后序下的前驱算法。

6.18 设计一个算法,由一棵二叉树结点的前序序列和对称序序列构造该二叉树的 LeftChild-RightChild 存储表示。

第7章 树形结构的应用

7.1 二叉排序树

7.1.1 二叉排序树与类 BinarySTree

如果一棵二叉树的每个结点对应于一个关键字，在一般的二叉树中寻找关键字值为 x 的结点通常是困难的。如果二叉树中任何结点的左子树中所有结点的关键字值都小于该结点的关键字值，而右子树中所有结点的关键字值都大于该结点的关键字值，那么这样的二叉树称为二叉排序树(binary search tree)，又称检索树。如图 7.1 所示的三棵树都是二叉排序树。

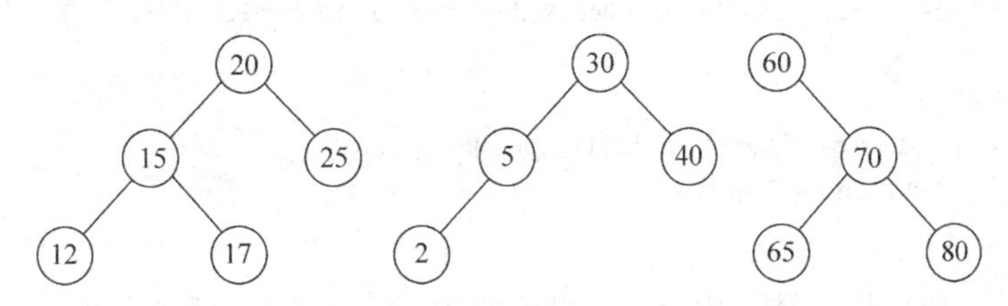

图 7.1　二叉排序树

在二叉排序树中查找值为 x 的结点，只需从根结点起，沿左或右子树向下搜索。当 x 小于根结点的值，则沿着左子树下降搜索；当 x 大于根结点的值，则沿着右子树下降搜索。继续上述搜索过程直到在二叉排序树中检索到值为 x 的结点或者检索到某一空子树，此时可判断 x 不在树中。

利用第 6 章定义的 binarytreenode.h 可定义类 BinarySTree，代码如下：

```
//文件"binarySTree.h"
#include <iostream.h>
#include "binarytreenode.h"
//输入 -1 则表示结束本次建立二叉排序树的输入
#define endmark -1
template<class T>
class BinarySTree:public BinaryTreeNode<T>
{
public:
//指向二叉排序树树根的指针
BinaryTreeNode<T>* root;
```

```
BinarySTree( ):root(NULL) { }
//二叉排序树中插入结点,算法 7.1
void insbst (BinaryTreeNode<T> *p, BinaryTreeNode *q);
//从空树出发,依次插入结点生成二叉排序树,算法 7.2
void makebst(BinaryTreeNode<T>* &r);
//二叉排序树中删除一个结点,算法 7.3
void delebst(BinaryTreeNode<T>* p);
//习题 7.4
BinaryTreeNode<T>* searchbst(BinaryTreeNode<T>*t, T k);
};
```

7.1.2 二叉排序树的检索、插入和删除运算

二叉排序树可看成是由依次插入一个关键字的序列构成的。在二叉排序树中插入一个结点通常并不指定位置,而只要求在插入后,树仍具有左小右大的性质。插入一个新结点可按下列原则插入二叉排序树中:若二叉排序树是空树,则新结点为二叉排序树的根结点;若二叉排序树非空,则将新结点的值与根结点的值比较,如果小于根结点的值,则插入左子树中,否则插入右子树中,总之,能设法使新结点作为一片叶子插入原来的二叉排序树中。

算法 7.1 将 p 所指结点插入以 q 为根结点指针的二叉排序树中。

```
void BinarySTree<T>::insbst(BinaryTreeNode<T>* p, BinaryTreeNode* q)
{
  if(q == NULL) q = p;
  else if(p->data<q->data) insbst(p,q->LeftChild);
      else insbst(p,q->RightChild);
}
```

从空树出发,依次插入结点构造二叉排序树的算法 7.2 如下所述。

算法 7.2 构造二叉排序树。

```
//r 返回二叉排序树的根指针
void BinarySTree<T>::makebst(BinaryTreeNode<T>* &r)
{
 BinaryTreeNode<T> *p, *q, *s;
 T x;
 r = NULL;
 cin>>x;
 if (x! = endmark) {p = GetBTreeNode(x); r = p;}
 cin>>x;
 while(x! = endmark)
 {
  q = GetBTreeNode (x);
  p = r;
  while(p! = NULL)
  {
   s = p;
   if(q->data<p->data) p = p->LeftChild;
```

```
    else p = p -> RightChild;
   }
  if(q -> data < s -> data) s -> LeftChild = q;
  else s -> RightChild = q;
  cin >> x;
  }
}
```

例 7.1 输入序列为 7,17,4,11,2,13,8,6,9 时,构造二叉排序树的过程如图 7.2 所示。

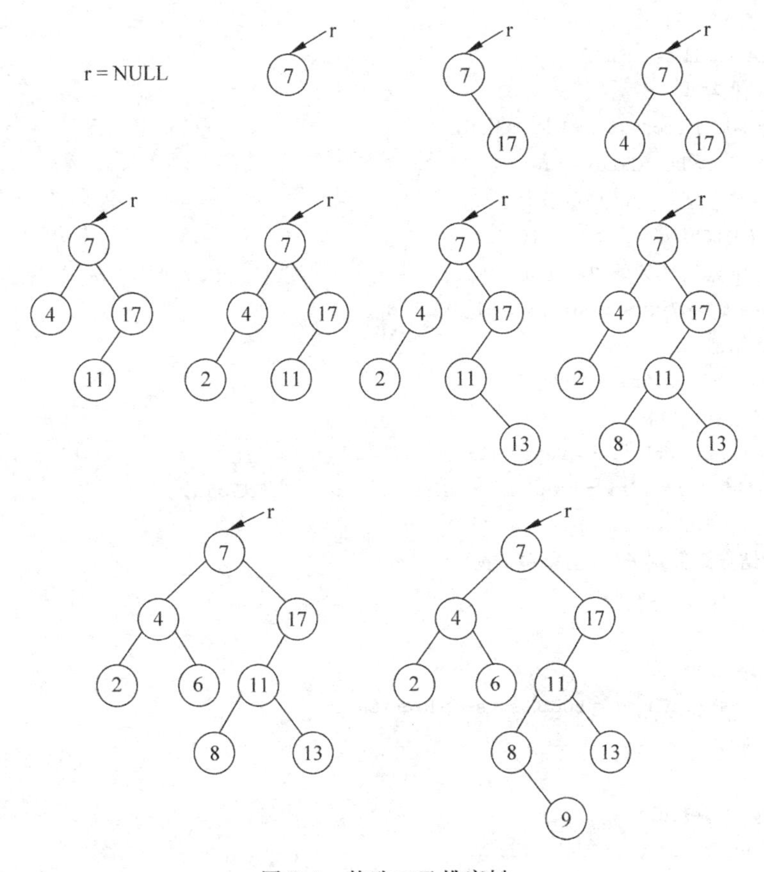

图 7.2 构造二叉排序树

在二叉排序树中删除一个结点比插入一个结点要困难。除非删除叶结点,否则必须考虑部分链的对接,保证删除一个结点后仍是二叉排序树。不难发现,二叉排序树的序列正好是二叉排序树的对称序遍历序列。因此,可以采用下述删除方式:如果被删除结点只有一个儿子,只需让其儿子代替它;若被删除结点有两个儿子,为保持二叉排序树"左小右大"的排序性质,必须用它的对称序前驱代替它,然后再删去这个前驱(注意,当二叉排序树结点的值不允许重复时,也可用对称序后继代替被删除结点)。下面给出了一种删除方式,删除按下述规定执行。

(1) 若待删除的结点没有左子树,则用右子树的根替换被删除的结点。

(2) 若待删除的结点有左子树,则用左子树的根替换被删除的结点,被删结点的右子树作为被删结点左子树对称序最后一个结点的右子树。

设要在root指针指示的根结点的二叉排序树中删除指针变量p所指的结点，已知f为指向p所指结点的父母结点的指针。算法7.3给出了二叉排序树中删除一个结点的C++程序。

算法7.3 二叉排序树中结点的删除。

```
void BinarySTree<T>::delebst(BinaryTreeNode<T> *p, BinaryTreeNode<T> *f)
{
 BinaryTreeNode <T> *s;
//*p无左子树
if(p->LeftChild==NULL)
  //*p是根结点
  if(f==NULL) root=p->RightChild;
  else if (f->LeftChild==p)
 //被删除结点是其父母的左子女
    f->LeftChild=p->RightChild;
 //被删除结点是其父母的右子女
      else f->RightChild=p->RightChild;
 //被删除结点无右子女
 else if(p->RightChild==NULL)
 //被删除结点是树根
  if(f==NULL) root=p->LeftChild;
   else if(f->LeftChild==p) f->LeftChild=p->LeftChild;
   else f->RightChild=p->LeftChild;
//被删除结点既有左子树,也有右子树
else
{
 s=p->LeftChild;
 while(s->RightChild!=NULL) s=s->RightChild;
 if (f==NULL)
 {
  root=p->LeftChild;
  s->RightChild=p->RightChild;
 }
 else if(f->LeftChild==p)
 {
  f->LeftChild=p->LeftChild;
  s->RightChild=p->RightChild;
 }
  else
  {
   f->RightChild=p->LeftChild;
   s->RightChild=p->RightChild;
  }
 }
```

```
    delete p;
}
```

利用算法 7.3 删除图 7.3 中关键字为 11 的结点，二叉排序树的变化如图 7.3 所示。也可用下述方式实现删除，即用被删除结点左子树(若有左子树)下对称序的最后一个结点来真正替换被删结点。上面的例子中删除关键字为 11 的结点后，二叉排序树变为图 7.4 的形状。

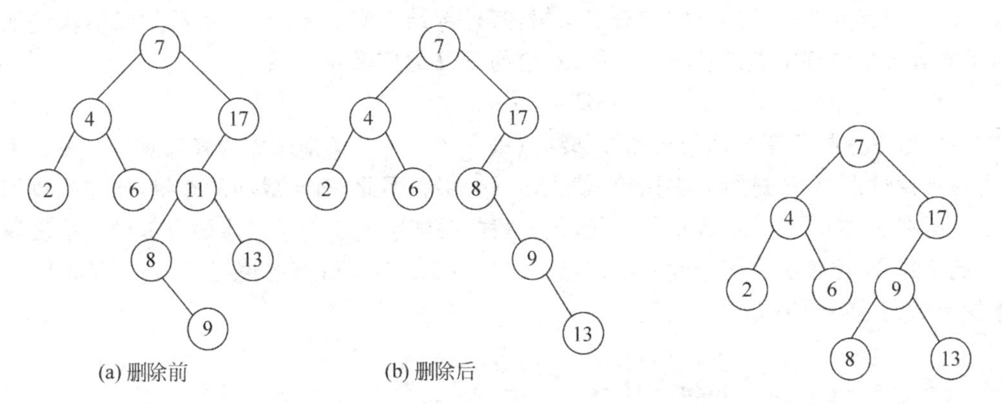

图 7.3　二叉排序树中删除一个结点　　　图 7.4　删除结点 11 后的另一种形式

除了上述两种删除方式外，还有与上述两种方式对称的删除方式，请读者自行归纳总结。

7.1.3　等概率查找对应的最佳二叉排序树

由二叉排序树的生长过程可知，对于同一组关键字，其关键字插入二叉排序树的次序不同，就构成不同的二叉排序树。例如，图 7.5 (a)、(b)是两棵不同的二叉排序树，但有相同的关键字{60, 65, 70, 80}。

为了合理地评价二叉排序树的查找效率，首先定义扩充二叉树。对于一棵二叉树的结点，若出现空的子树时，就增加新的、特殊的结点——空树叶，图 7.6 给出了图 7.5 中对应的两棵扩充二叉树。

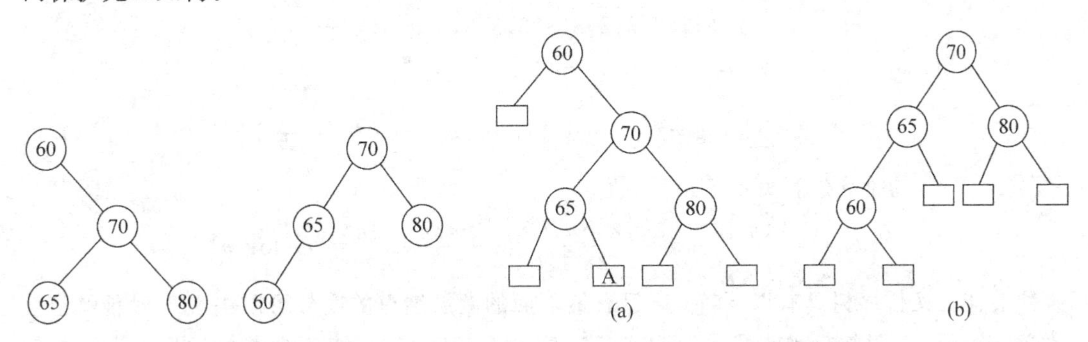

图 7.5　两种不同的二叉排序树　　　图 7.6　两棵扩充二叉树

在这种扩充二叉树中，原来二叉树的结点称为内部结点，新加的叶结点称为外部结点。这种外部结点是有意义的，例如图 7.6 (a)中的外部结点 A，代表其关键字值大于 65 小于

70 的可能结点。

定义外部路径长度 E 为从扩充的二叉树的根结点到每个外部结点的路径长度之和，内部路径长度 I 为扩充二叉树的根结点到每个内部结点的路径长度之和。

图 7.6 (b)的 E、I 分别为

$$E = 2\times 3 + 3\times 2 = 12$$

$$I = 0 + 2\times 1 + 2\times 1 = 4$$

不难验证，一棵有 n 个内部结点的扩充二叉树，其外部结点有 $n+1$ 个。用数学归纳法可证明，对于含有 n 个内部结点的扩充二叉树，对应的 E、I 之间满足关系：

$$E = I + 2n$$

本节仅考虑查找所有内部结点和外部结点概率相等时二叉排序树的查找效率。在二叉排序树的查找过程中，每进行一次比较，就进入下一层。因此，对于成功的查找，比较次数就是关键字所在的层数，对于不成功的查找，被查找的关键字属于一个对应的外部结点代表的可能关键字集合，比较次数等于此外部结点的层数减 1。在等概率的情况下，在二叉排序树里，查找一个关键字的平均比较次数为：

$$\begin{aligned}E(n) &= \frac{1}{2n+1}\left[\sum_{i=1}^{n} l_i + \sum_{i=0}^{n}(l'_i - 1)\right] \\ &= \frac{1}{2n+1}\left[\sum_{i=1}^{n}(l_i - 1) + n + \sum_{i=0}^{n}(l'_i - 1)\right] \\ &= \frac{1}{2n+1}(I + n + E) \\ &= \frac{2I + 3n}{2n+1} \qquad (7.1)\end{aligned}$$

定义 7.1 $E(n)$最小的二叉排序树称为等概率查找对应的最佳二叉排序树(或称等权情况下的最佳二叉排序树)。

显然，$E(n)$最小等价于 I 最小，即内部路径长度最小的二叉排序树为等概率情况下的最佳二叉排序树。然而在一棵二叉排序树中，路径长度为 0 的结点最多 1 个，路径长度为 1 的结点最多 2 个……路径长度为 k 的结点最多 2^k 个(k=0,1,2,…)，因此，对于 n 个结点的二叉排序树，I 的最小值为序列

0,1,1,2,2,2,2,3,3,3,3,3,3,3,3,4,…

前 n 项的和，即

$$I = \sum_{k=1}^{n}\lfloor \log_2 k\rfloor = (n+1)\lfloor \log_2 n\rfloor - 2^{\lfloor \log_2 n\rfloor + 1} + 2 \qquad (7.2)$$

(注：式(7.2)的推导过程见本节最后)故

$$E(n) = \frac{2(n+1)\lfloor \log_2 n\rfloor - 2^{\lfloor \log_2 n\rfloor + 2} + 4 + 3n}{2n+1} = O(\log_2 n)$$

这种最佳二叉排序树具有以下特点：只有最下面的两层结点的度数可以小于 2，其他结点度数必然等于 2。可按折半查找法依次查找有序的关键字集合，按折半查找过程中遇到关键字的先后次序依次插入二叉排序树。例如，已知关键字集合{abc, efg, zab, cab, cad, efy, rab, xyz}，构造等概率情况下的最佳二叉排序树的过程如下：

(1) 先将关键字集排序{abc, cab, cad, efg, efy, rab, xyz, zab}。

(2) 用折半查找法依次查找关键字集中的结点,按查找过程中遇到关键字的先后次序依次插入二叉排序树,如图 7.7 所示。

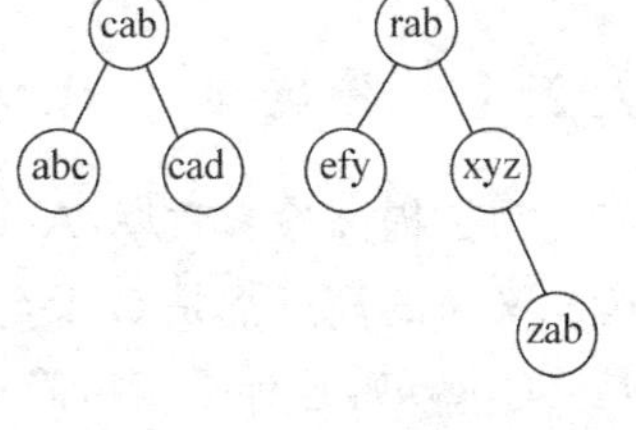

图 7.7 最佳二叉排序树的构造

式(7.2)的推导如下:

先证明

$$\sum_{k=1}^{n} a_k = na_n - \sum_{k=1}^{n-1} k(a_{k+1} - a_k)$$

证明:因

$$\begin{aligned}\sum_{k=1}^{n-1} k(a_{k+1} - a_k) &= \sum_{k=1}^{n-1} ka_{k+1} - \sum_{k=1}^{n-1} ka_k \\ &= \sum_{k=2}^{n}(k-1)a_k - \sum_{k=1}^{n-1} ka_k \\ &= \sum_{k=2}^{n} ka_k - \sum_{k=2}^{n} a_k - \sum_{k=1}^{n-1} ka_k \\ &= na_n - a_1 - \left(\sum_{k=1}^{n} a_k - a_1\right) \\ &= na_n - \sum_{k=1}^{n} a_k\end{aligned}$$

故

$$\sum_{k=1}^{n} a_k = na_n - \sum_{k=1}^{n-1} k(a_{k+1} - a_k)$$

令

$$a_k = \lfloor \log_2 k \rfloor$$

于是

$$a_{k+1} - a_k = \begin{cases} 1, & k+1 \text{ 为 } 2 \text{ 的幂} \\ 0, & \text{其他} \end{cases}$$

$$\begin{aligned}\sum_{k=1}^{n} \lfloor \log_2 k \rfloor &= n\lfloor \log_2 n \rfloor - \sum_{\substack{1 \leqslant k \leqslant n-1 \\ \text{且}k+1\text{为}2\text{的幂}}} k \\ &= n\lfloor \log_2 n \rfloor - \sum_{1 \leqslant t \leqslant \lfloor \log_2 n \rfloor} (2^t - 1) \\ &= n\lfloor \log_2 n \rfloor - \sum_{1 \leqslant t \leqslant \lfloor \log_2 n \rfloor} 2^t + \lfloor \log_2 n \rfloor \\ &= (n+1)\lfloor \log_2 n \rfloor - (2^{\lfloor \log_2 n \rfloor + 1} - 2)/(2-1) \\ &= (n+1)\lfloor \log_2 n \rfloor - 2^{\lfloor \log_2 n \rfloor + 1} + 2\end{aligned}$$

7.2 平衡的二叉排序树

7.2.1 平衡的二叉排序树与类 AVLTree

为了提高检索效率,Adelson-Velsky 和 Landis 于1962年提出了平衡树的概念,这种平衡二叉树的高度都是 $O(\log_2 n)$的,从而在平衡树上查找、插入、删除一个结点所需时间至多是 $O(\log_2 n)$,这种平衡树简称为 AVL 树。

定义 7.2

(1) 空二叉树是一棵 AVL 树;

(2) 若 T 为非空的二叉树,T_L、T_R 分别为 T 的根结点的左、右子树,则 T 为 AVL 树当且仅当①T_L,T_R 都为 AVL 树;②$|h_R-h_L|\leqslant 1$,h_R,h_L 分别为 T_R,T_L 的高度。

二叉树上结点的平衡因子定义为该结点的左子树高度减去它的右子树高度。易知,对于平衡二叉树上所有结点的平衡因子只可能是-1、0、1。图7.8中(a)、(b)为平衡的二叉树,图7.8(c)不是平衡的二叉树。

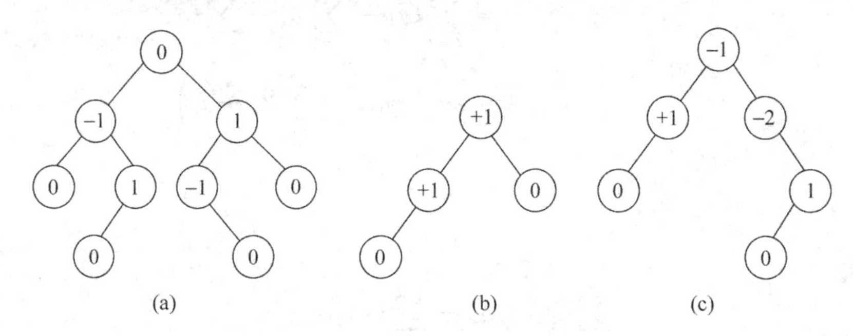

图7.8 二叉树与结点的平衡因子

下面直接用 C++定义 AVLTree_Node 类,也可以从 BinaryTreeNode 类利用继承定义。文件 AVLTree_Node.h 的内容如下:

```
#define NULL 0
template <class T>
class AVLTree_Node
{
public:
T data; int bf;
AVLTree_Node<T> *LeftChild, *RightChild;
//默认构造函数
AVLTree_Node( ) { }
AVLTree_Node(const T& item, int b = 0, AVLTree_Node<T> *lptr = NULL, AVLTree_Node<T> *rptr =
NULL):data(item),bf(b);
LeftChild(lptr),RightChild(rptr){ }
//释放一个二叉树结点存储空间
void FreeAVLTreeNode(AVLTree_Node<T> *p)
{delete p;}
//申请 AVLTree_Node 结点
```

```
AVLTree_Node<T>* GetAVLTree_Node(const item,int b=0,
AVLTree_Node<T>* lptr=NULL,
AVLTree_Node<T>* rptr=NULL);
};
```

算法 7.4 GetAVLTree_Node。

```
template<class T>
AVLTreeNode<T> * AVLTreeNode<T>::GetAVLTreeNode(const T& item AVLTree_Node<T> * lptr,
AVLTree_Node<T> *rptr)
{
 AVLTree_Node<T> *p;
 p=new AVLTree_Node<T> (item,lptr,rptr);
 if(p==NULL)
 {
  cerr<<"Memory allocation failure!"<<endl;
  return 0;
 }
 return p;
}
```

7.2.2 平衡二叉排序树的插入和删除

对于任意给定的一组关键字集合,构造的二叉排序树与关键字插入二叉排序树的先后次序有关,而且通常不一定是AVL树,为了保证得到AVL二叉排序树,插入过程需采用旋转来调整平衡。下面通过一个例子来观察调整平衡时的旋转策略。

例 7.2 构造对应于关键字序列{12,22,31,56,50}的AVL二叉排序树,如图7.9所示。

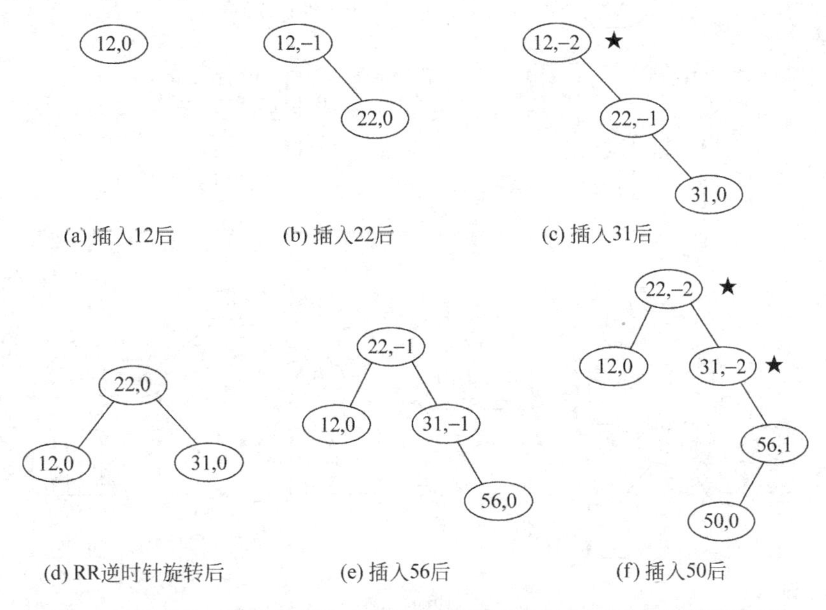

图 7.9 平衡的二叉排序的生成过程(带★的点为插入后引起不平衡的点)

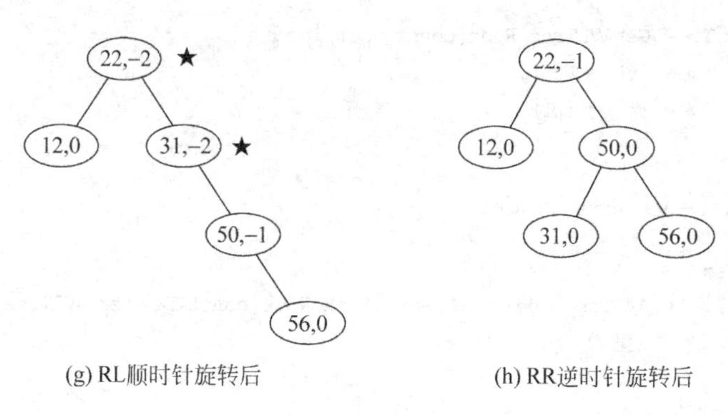

(g) RL顺时针旋转后　　(h) RR逆时针旋转后

图7.9 （续）

一般情况下，假设s为指向新插入结点的指针，当在原二叉排序树中已找到了新结点应插入的位置时，用指针变量s表示指向新结点的祖先中由下往上第一个平衡因子不为0的结点(也就是离s最近，且平衡因子不等于0的结点)；然后修改自a至s路径上所有结点的平衡因子值，当a结点的平衡因子的绝对值大于1时需采用旋转方式调整平衡。

在a结点失去平衡后进行调整的规律可以归纳为下列四种情况(见图7.10)：

(1) LL型单旋转。由于在a的左子树的左子树上插入结点，使a的平衡因子由1增至2而失去平衡，需进行一次顺时针旋转操作，如图7.10 (a)所示。

(2) LR型双旋转。由于在a的左子树的右子树上插入结点，使a的平衡因子由1增至2而失去了平衡，需先逆时针、后顺时针作两次旋转，如图7.10 (b)所示。

(3) RR型单旋转。由于在a的右子树的右子树上插入结点，使a的平衡因子由－1减至－2而失去平衡，需进行一次逆时针旋转，如图7.10 (c)所示。

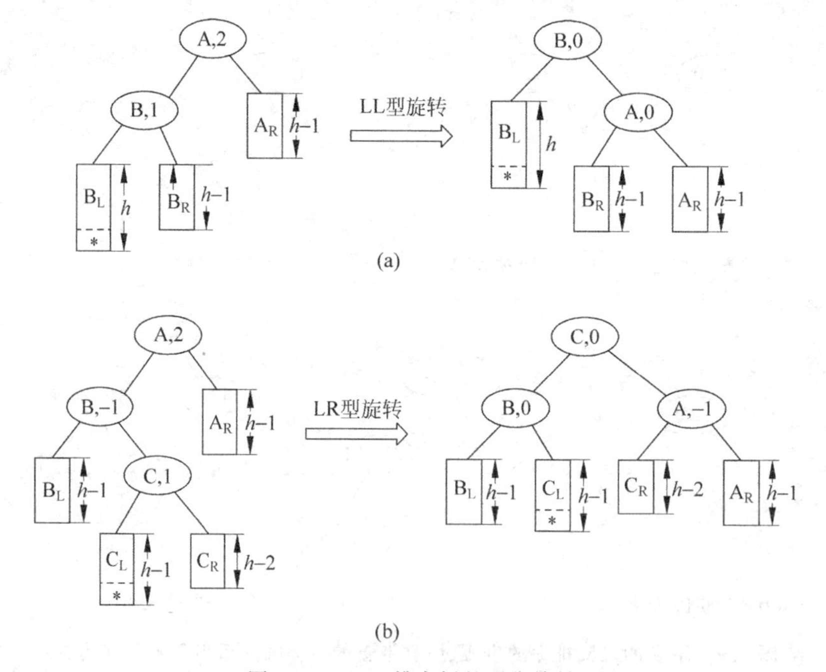

(a)

(b)

图7.10 二叉排序树的平衡旋转

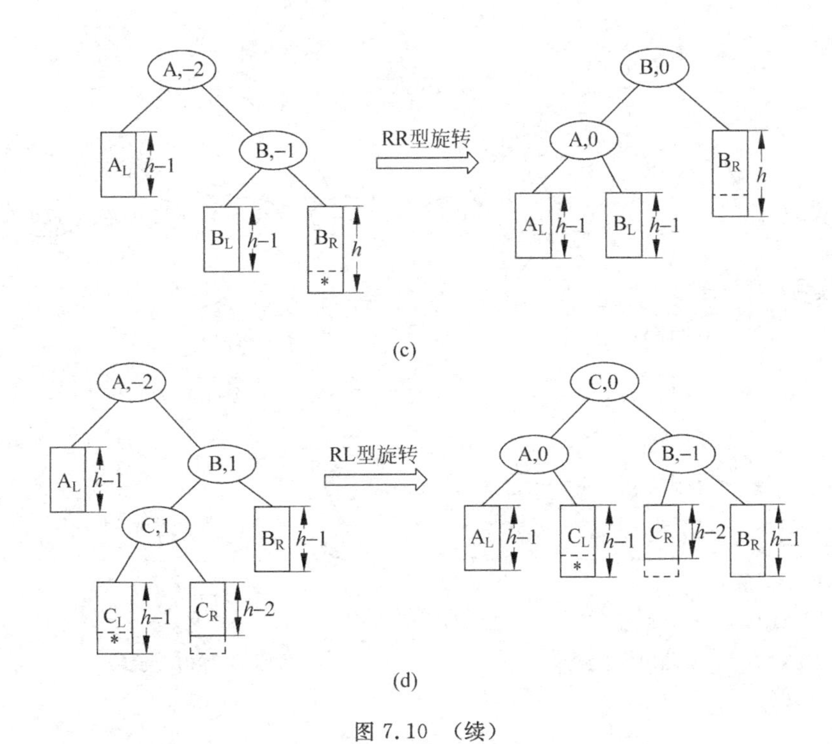

(c)

(d)

图 7.10 （续）

(4) RL 型双旋转。由于在 a 的右子树的左子树上插入结点，使 a 的平衡因子由－1 减至－2 而失去平衡，需进行先顺时针、后逆时针两次旋转，如图 7.10 (d)所示。

上述四种调整 AVL 平衡树的旋转方法可用于 AVL 树中结点的插入、AVL 树的生长以及 AVL 树结点的删除运算中。例如，在 AVL 二叉排序树上删除一个结点也涉及调整平衡的问题，在 AVL 二叉排序树上删除结点 x 的具体步骤如下：

(1) 调用二叉排序树的删除算法删除结点 x。

(2) 沿根到被删除结点的路线之逆向上返回时，修改有关结点的平衡因子。

(3) 如果因删除结点使某子树高度降低并破坏平衡条件，就像插入那样，适当地旋转不平衡的子树，使之平衡。旋转之后，若子树的总高度依然降低，回溯不能停止，因而删除运算有可能引起多次旋转而不像插入那样至多旋转一次。

例 7.3 图 7.11 给出了一棵 AVL 二叉排序树结点删除时调整平衡的过程。

设 a、b 分别为指向结点 A、B 的指针，则上述四种调整平衡的算法如下所述。

算法 7.5 LL 型旋转算法。

```
template <class T>
void LL_rotation(AVLTree_Node<T> *b, AVLTree_Node<T> *a)
{
 a->LeftChild = b->RightChild;
 a->bf = 0;
 //b 为指向所调整子树的新根的指针
 b->RightChild = a;
 b->bf = 0;
}
```

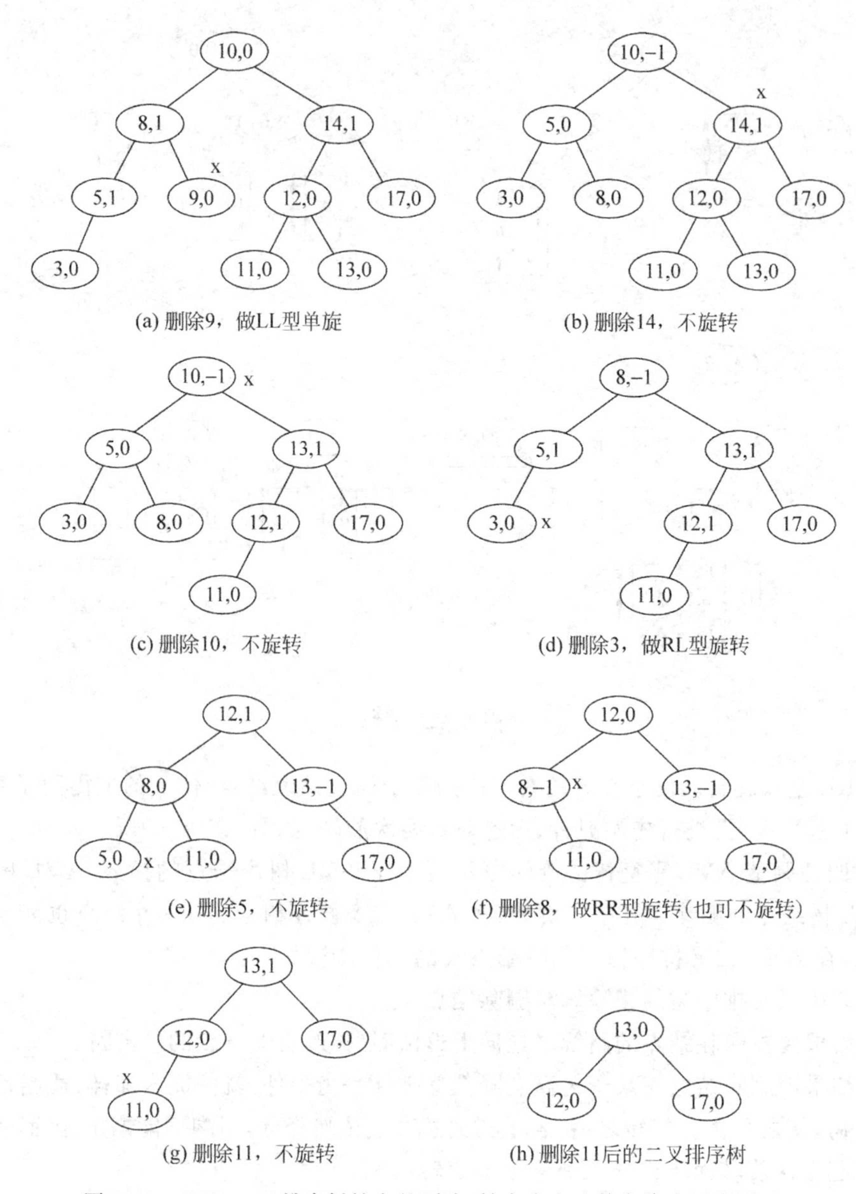

图 7.11　AVL 二叉排序树结点的删除(结点中右边数字代表平衡因子)

算法 7.6　LR 型旋转算法。

```
template <class T>
void LR_rotation(AVLTree_Node<T> *&b, AVLTree_Node<T> *a)
{
 AVLTree_Node<T> *c;
 c = b->RightChild;
 a->LeftChild = c->RightChild;
 b->RightChild = c->LeftChild;
 c->RightChild = a;
 c->LeftChild = b;
//调整结点的平衡因子,插入前 c 的平衡因子为 0,插入后可能为 0, -1,1
```

```
//在 c 的左子树上插入结点
 if(c->bf == 1){a->bf = -1; b->bf = 0;}
//c 本身即插入结点
 else if(c->bf == 0) a->bf = b->bf = 0;
//在 c 的右子树上插入结点
 else{a->bf = 0; b->bf = 1;}
//将调整后子树的新根结点通过引用参数 b 传送给调用程序
 c->bf = 0;
 b = c;
}
```

算法 7.7 RR 型旋转算法。

```
template <class T>
void RR_rotation(AVLTree_Node<T> *b, AVLTree_Node<T> *a)
{
 a->RightChild = b->LeftChild;
 a->bf = 0;
 b->LeftChild = a;
 b->bf = 0;
}
```

算法 7.8 RL 型旋转算法。

```
template <class T>
void RL_rotation(AVLTree_Node<T> *&b, AVLTree_Node<T> *a)
{
 AVLTree_Node<T> *c;
 c = b->LeftChild;
 a->RightChild = c->LeftChild;
 b->LeftChild = c->RightChild;
 c->LeftChild = a;
 c->RightChild = b;
 if(c->bf == 1) {a->bf = 0;b->bf = -1;}
 else if (c->bf == 0) a->bf = b->bf = 0;
 else {a->bf = 1; b->bf = 0;}
 c->bf = 0;
 b = c;
}
```

上述四种调整 AVL 平衡树的旋转算法可用于 AVL 树中结点的插入、AVL 树的生长以及 AVL 树结点的删除运算。下面先考虑在以指针变量 t 为根的平衡树上插入指针变量 s 指示的新结点的算法。

算法 7.9 AVL 树的插入。

```
template <class T>
void AVLTree_ins(AVLTree_Node<T> *s, AVLTree_Node<T> *&t)
{
 AVLTree_Node<T> *f, *a, *b, *p, *q;
 int d;
 if(t == NULL) t = s;
```

```
else
{
//找插入位置,记录与插入位置最近的平衡因子不为0的结点,a指向该结点
f = q = NULL;
a = p = t;
while(p)
{
if(p->bf) {a = p; f = q;}
q = p;
if(s->data < p->data) p = p->LeftChild;
else p = p->RightChild;
}
//插入新结点
if(s->data < q->data) q->LeftChild = s;
else q->RightChild = s;
//修改从a至s路径上所有结点的bf值
if(s->data < a->data)
{
p = a->LeftChild;
b = p;
d = 1;
}
else
{
p = a->RightChild;
b = p;
d = -1;
}
//插入结点s不是a的左、右子女,而是更深的后代
while(p! = s)
//a的左子树深度加1
if(s->data < p->data)
{
  p->bf = 1;
  p = p->LeftChild;
}
else
{
  p->bf = -1;
  p = p->RightChild;
}
//判别以a为根的子树是否失去平衡
//没有失去平衡,无须调整
if(a->bf == 0 || a->bf + d == 0)
  a->bf += d;
else
{
//旋转类型第一个字母是L
if(d == 1)
 if(b->bf == 1) LL_rotation(b,a);
 else LR_rotation(b,a);
```

```
//旋转类型第一个字母是 R
else
 if(b->bf == -1) RR_rotation(b,a);
 else RL_rotation(b,a);
//修改 a 的父母结点的子女
  if(f == NULL) t = b;
   else if(f->LeftChild == a) f->LeftChild = b;
       else f->RightChild = b;
  }
 }
}
```

借助于 AVL 树结点的插入算法可以方便地由一棵空二叉树构造成 AVL 二叉排序树。

算法 7.10 AVL 二叉排序树的生成。

```
template <class T>
void MakeAVLTree(AVLTree_Node<T> *&r)
{
  AVLTree_Node<T> *s; T x;
  r = NULL;
  cin>>x;
  while (x! = endmark)
   {
    s = GetAVLTree_Node(x);
    AVLTree_ins(s,r);
    cin>>x;
   }
}                                    //endmark 为输入结束标记
```

类似地，在 AVL 二叉排序树上删除一个结点也涉及调整平衡的问题，在 AVL 二叉排序树上删除结点 x 的步骤如下：

(1) 调用二叉排序树的删除算法删除结点 x。

(2) 沿根到被删除结点的路线之逆向上返回时，修改有关结点的平衡因子。

(3) 如果因删除结点使某子树高度降低并破坏平衡条件，就像插入那样，适当地旋转不平衡的子树，使之平衡。旋转之后，若子树的总高度依然降低，回溯不能停止，因而删除运算有可能引起多次旋转而不像插入那样至多旋转一次。

7.2.3 类 AVLTree 与 AVL 树高度

根据前面 AVLTree 的定义以及常用运算的分析，可按下面的方式定义 AVLTree 类。

```
//类 AVLTree 的定义
#include <AVLTree_Node.h>
template <class T>
//利用继承定义
class AVLTree: public AVLTree_Node <T>
 {
 public:
  //root 为 AVL 树根结点指针
  AVLTree_Node <T>* root;
```

```
    AVLTree (void): root (NULL){};
    //以对称序遍历从 t 为根结点的 AVL 树
    void InOrder (AVLTree_Node <T> * t);
    //LL 型旋转
    void LL_rotation (AVLTree_Node <T> * b, AVLTree_Node <T> * a);
    //LR 型旋转
    void LR_rotation (AVLTree_Node <T> * &b, AVLTree_Node <T> * a);
    //RR 型旋转
    void RR_rotation (AVLTree_Node <T> * b, AVLTree_Node <T> * a);
    //RL 型旋转
    void RL_rotation (AVLTree_Node <T> * &b,AVLTree_Node <T> * a);
    //在以 t 为根的平衡树上插入 s 指示的结点
    void AVLTree_ins (AVLTree_Node <T> * s, AVLTree_Node <T> * &t);
    //在以 t 为根的平衡树上删除 s 指示的结点
    void AVLTree_del (AVLTree_Node <T> * s, AVLTree_Node <T> * &t);
    //构造 AVL 树
    void Make_AVLTree (AVLTree_Node <T> * &r);
};
```

显然,AVL 二叉排序树的检索效率依赖于 AVL 树的高度。设高度为 h 的 AVL 树中最少含有 N_h 个结点,这棵高度为 h 的 AVL 树中,最坏的情况下应含一棵高度为 $h-1$ 的子树,另一棵子树的高度为 $h-2$,而且这两棵子树都是 AVL 树,故

$$N_h = N_{h-1} + N_{h-2} + 1, N_0 = 0, N_1 = 1$$

注意:N_h 的定义和 Fibonacci 数 F_n($F_n = F_{n-1} + F_{n-2}$, $F_0 = 0$ 且 $F_1 = 1$)之间的相似性,用归纳法不难验证

$$N_h = F_{h+2} - 1, \quad h \geqslant 0$$

由数论中关于 Fibonacci 数列的性质,$F_h \approx \phi^h/\sqrt{5}$,其中 $\phi = \dfrac{1+\sqrt{5}}{2}$,故 $N_h = \dfrac{\phi^{h+2}}{\sqrt{5}} - 1$。反之,含有 n 个结点的平衡树的最大深度为

$$\log_\phi[\sqrt{5}(n+1)] - 2 \approx 1.44\log_2(n+2) = O(\log_2 n)$$

7.3 B-树、B⁺-树

(1) 树中每个结点(又称为页 page)至多有 m 棵子树。

(2) 若根结点不是叶子结点,则至少有 2 棵子树。

(3) 除根之外的所有非终端结点至少有 $\lceil m/2 \rceil$ 棵子树。

(4) 所有的非终端结点中包含下列信息:

$$(n, A_0, K_1, A_1, K_2, A_2, \cdots, K_n, A_n)$$

其中,K_i($i=1,\cdots,n$)为关键字(或称为元素),且 $K_i < K_{i+1}$($i=1,\cdots,n-1$);A_i($i=0,\cdots,n$)为指向子树根结点的指针,且指针 A_{i-1} 所指子树中所有结点的关键字均小于 K_i($i=1,\cdots,n$),A_n 所指子树中所有结点的关键字均大于 K_n,n 为结点中关键字的个数($\lceil m/2 \rceil - 1 \leqslant n \leqslant m-1$)。

(5) 所有叶子结点出现在同一层,且不含信息(外部结点)。

例 7.4 图 7.12 是一棵 7 阶的 B-树。

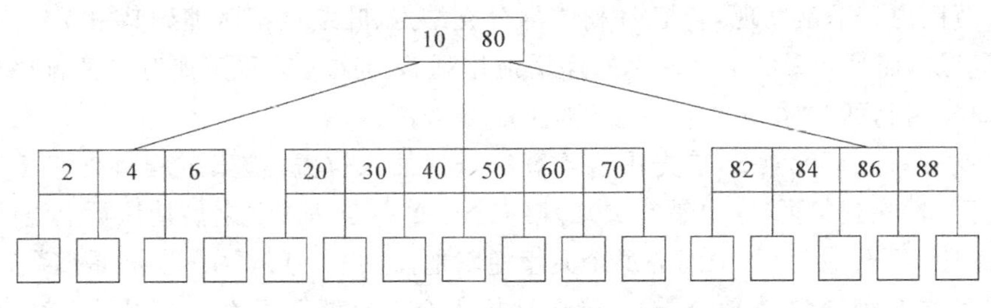

图 7.12 一棵 7 阶的 B-树

1. B-树的高度

设 T 为一棵高度为 h 的 m 阶的 B-树，$d=\lceil m/2\rceil$，N 为 T 中所含关键字的个数，则

(1) $2d^{h-1}-1\leqslant N\leqslant m^h-1$；

(2) $\log_m(N+1)\leqslant h\leqslant \log_d\left(\frac{N+1}{2}\right)+1$。

证明：(1) 由 m 阶 B- 树的定义，N 的上界在一棵高度为 h 的 m 阶的 B- 树达到，这棵 B- 树共有 $\sum_{i=0}^{h-1}m^i=\frac{m^h-1}{m-1}$ 个结点，每个结点都含有 $m-1$ 个关键字，故关键字的个数

$$N\leqslant(m-1)\frac{m^h-1}{m-1}=m^h-1$$

N 的下界对应于高度为 h 的一棵 m 阶 B-树，该树中各层结点个数最少且每个结点所含关键字最少，这样的 m 阶的 B-树每层结点对应于第 $1,2,3,\cdots,h$ 层的结点个数依次为 $1,2,2d,2d^2,\cdots,2d^{h-2}$，则

$$N\geqslant 1+(2+2d+\cdots+2d^{h-2})\times(d-1)=2d^{h-1}-1$$

故

$$2d^{h-1}-1\leqslant N\leqslant m^h-1$$

(2) 的证明直接由(1)式证得。

由上述 m 阶的 B-树的高度与所含关键字个数之间的关系，不难发现 B-树的优势。例如，一棵 200 阶高度为 5 的 B-树至少含有 $2\times10^8-1$ 个关键字。因此，如果一棵 B-树的阶数是 200 或比 200 还高，对应的 B-树尽管高度不高，但含有相当多的关键字。

2. B-树的检索插入、删除运算

在 B-树中查找元素 x 时，只需从根页起，每次把一个待查页从二级存储器调入内存(通常根页是常驻内存的)，然后在该页中查找 x，若找到了元素 x，则检索成功，否则按下述方式继续查找，如果

① $k_i<x<k_{i+1}(1\leqslant i<n)$，则准备查找 A_i 页。

② $x<k_1$，则准备查找 A_0 页。

③ $x>k_n$，则准备查找 A_n 页。

如果已遇到空页，则检索失败，说明 x 不在 B-树中；否则重复上述①～③。

因为在内存中查找所需时间比把页调入内存的时间要少很多，所以，一般的 B-树的 m 值比树高要大很多。一般地，元素在页内是顺序存储(或采用二叉排序树形式)，而检索算法

用简单的顺序检索算法(m 较小时)或者采用折半查找(m 较大时)。m 的实用值大约在100～500范围内。不难发现,若把B-树中的分支结点、叶结点都压缩到其祖先结点中,整个B-树缩成一层,而且元素的值从左到右递增地排列着。这一性质正如对二叉排序树作对称序遍历那样,因此可以对B-树作扩充的对称序遍历。

在B-树中插入新元素x,首先用检索算法查找插入位置,检索过程将终止于某一空树 A_i,这时把x插在其父页(一定是叶页)的第 i 个位置。若插入x之后使该页上溢(页长大于 $m-1$),需把该页分成两页,中间的那个元素递归地插入上一层页中(若 m 是偶数,分页时会使两页元素差1,但通常 m 取奇数)。递归地插入会一直波及根页。当根页上溢时,把根页一分为二,并将中间元素上移,而产生仅含一个元素的新根页。

例如,在图7.12中插入3、25后,图7.13和图7.14给出了其变化后的B-树。

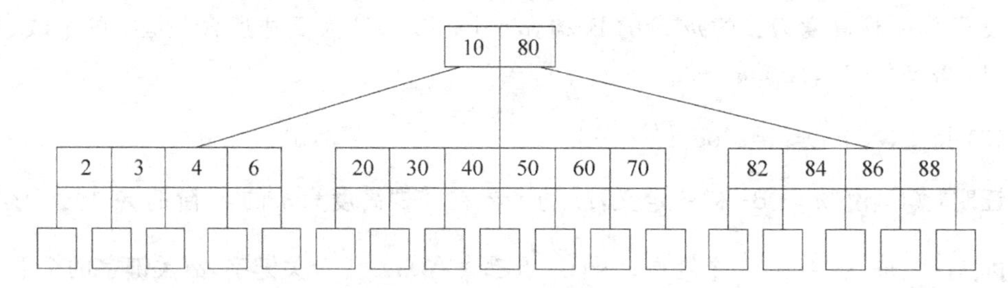

图7.13　在图7.12中B-树的插入(插入3后)

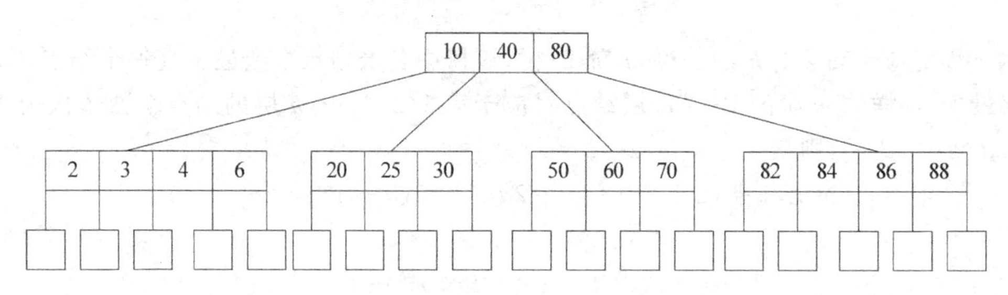

图7.14　在图7.13中B-树的插入(插入25后)

B-树的删除运算比插入运算更难实现。删除运算分两种情形实现:

(1) 被删元素为叶页的元素,直接删除。

(2) 被删元素是非叶页的元素,这时需用该元素左子树下最大元素(或右子树下最小元素)与被删元素作交换,最后,待被删元素落在叶页上后再删除。

例如,图7.14中删除元素80后,用元素80的右子树最小元素82替代80再删除,删除后的7阶的B-树如图7.15所示。

以下仅讨论被删元素落在叶页上的 m 阶的B-树中的删除运算,m 阶的B-树中元素的删除可以归纳为下述三种情形:

(1) 被删元素所在叶页的元素个数 $\geqslant \lceil m/2 \rceil$,则只需直接在该页中删除该元素。如在图7.14中删除元素4后,B-树的变化如图7.16所示。

(2) 被删元素所在叶页中的元素个数 $=\lceil m/2 \rceil-1$,而与该结点相邻的右兄弟或左兄弟页中元素个数大于 $\lceil m/2 \rceil-1$,则需将其兄弟结点中的最小或最大的关键字(元素)上移至其父页中,而将父页中小于或大于该上移元素的元素下移至被删元素所在页中。例如在

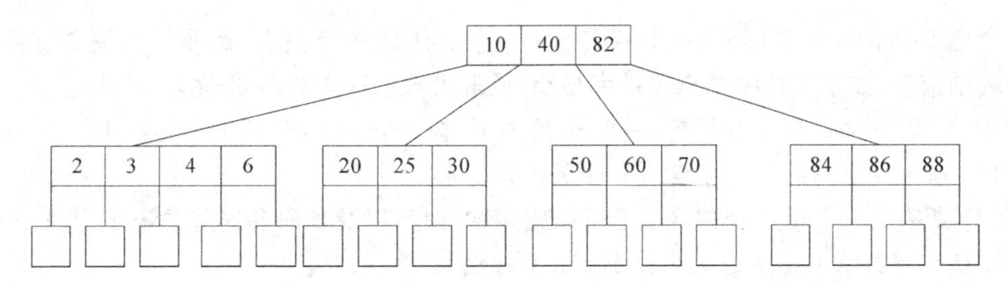

图 7.15　在图 7.14 中删除元素 80

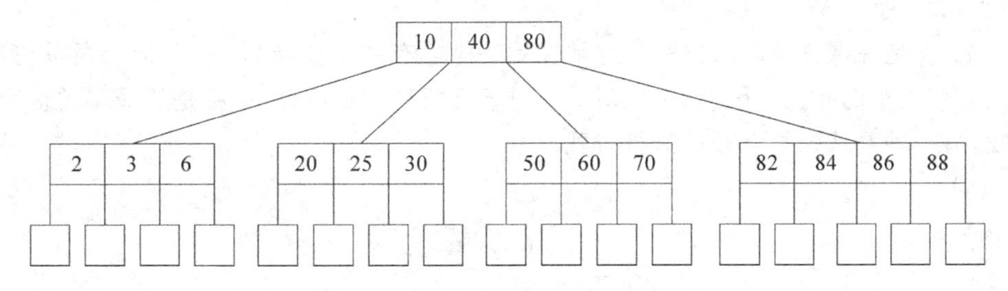

图 7.16　在图 7.14 中删除元素 4

图 7.16中删除元素 60，元素 82 上移至根页，根页中的元素 80 下移至元素 60 所在的页(见图 7.17)。

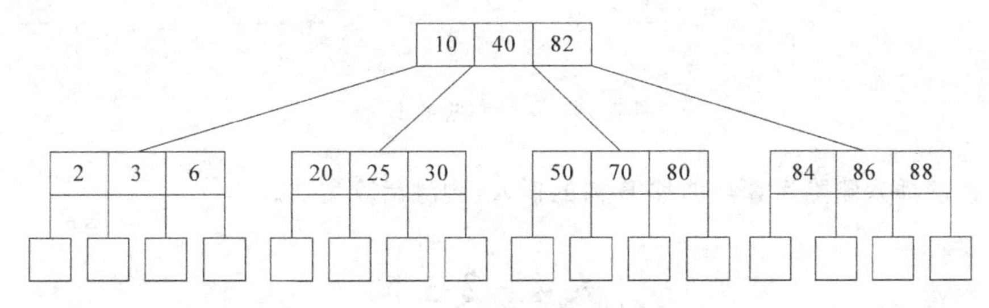

图 7.17　在图 7.16 中删除元素 60

(3) 被删元素所在页及其相邻的页中元素的数目均等于$\lceil m/2 \rceil-1$，假设该元素所在页有右兄弟，则将该元素所在页删除后剩下的元素和右兄弟页的元素连同父页中位于被删元素所在页和右兄弟页中的元素一起合并构成新页，这时，如果父页中的一个元素下移后可能引起下溢(即元素个数$<\lceil m/2 \rceil-1$)，则需采用(1)～(3)的办法再递归地调整。

例如，在图 7.17 中删除元素 70 后，删除后的 7 阶 B-树如图 7.18 所示。

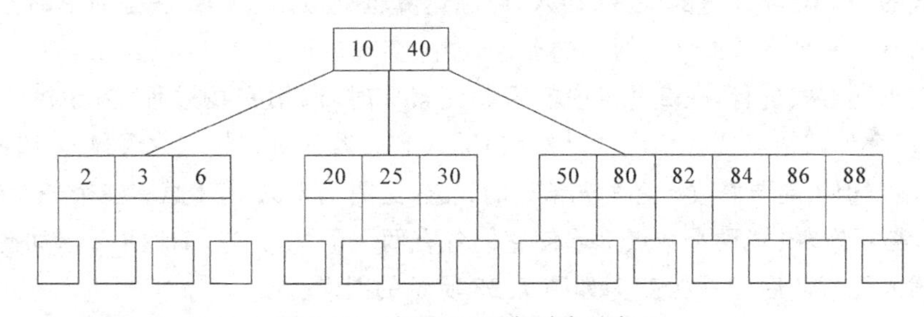

图 7.18　在图 7.17 中删除元素 70

考虑B-树的一种变形,该树中所有的信息仅存于树的叶页上,而非叶页仅含有便于查找的辅助信息,如本子树中结点关键字最小(或最大)值,这样的B-树称为B^+-树。

B^+-树是一种B-树的变形树,一棵m阶的B^+树和m阶的B-树的差异在于:

(1) 有n棵子树的结点中含有n个关键字。

(2) 所有的叶子结点中包含了全部关键字的信息,以及指向含这些关键字记录的指针,且叶子结点本身依关键字的大小自小而大顺序链接。

(3) 所有的非终端结点可以看成是索引部分,结点中仅含有其子树(根结点)中的最大(或最小)关键字。

图7.19是一棵三阶的B^+-树。通常在B^+-树上有两个头指针,一个指向根页,另一个指向关键字最小的叶页。因此,可以对B^+-树进行两种查找运算,一种是从最小关键字起顺序查找,另一种是从根结点开始进行查找。

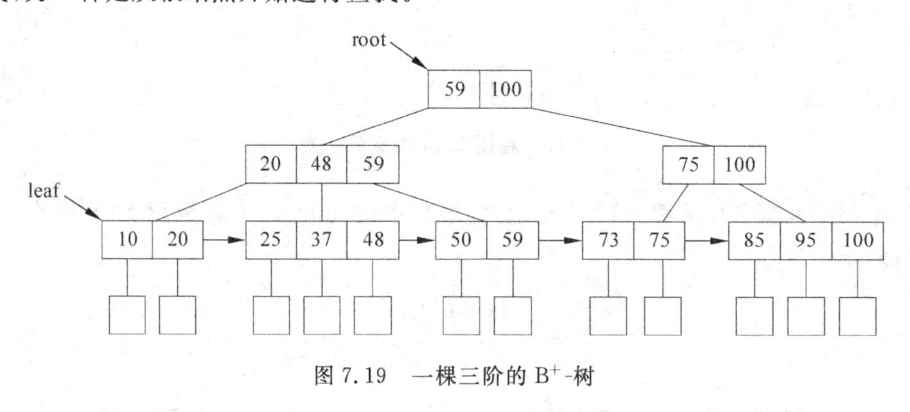

图7.19 一棵三阶的B^+-树

B^+-树的插入删除运算与前述B-树的插入、删除运算类似。

*7.4 2-3树

2-3树是最简单的B-树(或B^+-树)结构,其每个非叶结点都有两个或三个子女,而且所有的叶都在同一层上。图7.20(a)、(b)是两种不同形式的2-3树,图7.20(a)同时是一棵三阶的B-树。图7.20(b)是一种变形的B^+-树,其分支结点存储着索引信息,即包含了该结点的左子树中最大元素之值与第二子树中最大元素之值。

图7.20(a)中2-3树的检索、插入、删除运算和前面介绍的B-树的相应运算是一致的。后一种形式的2-3树与B-树的检索、插入、删除运算也类似。检索算法是简单的。下面通过具体例子来看后一种形式的2-3树中的插入、删除实现过程。

插入按下述方式进行,在2-3树中插入新元素a时,调用查找过程,为a找到一个适当位置(对应一个外部结点位置相应的叶结点)插入它。若a所在结点之父结点f原有两个子女,直接插入a(但可能要修改a之祖先结点的元素,见图7.21);若f原有三个子女(插入后有四个子女),必须分裂f成两个结点f、g,使它们各有两个子女,并递归地插入g,如图7.20(b)所示的图插入元素8后,2-3树变为如图7.22所示的图形。

在2-3树中删除元素a时,同样调用查找过程,找到a所在结点。设f是a的父结点,若f有三个儿子,直接删除a(但可能要修改a之祖先结点的元素值);若f原有两个子女,删

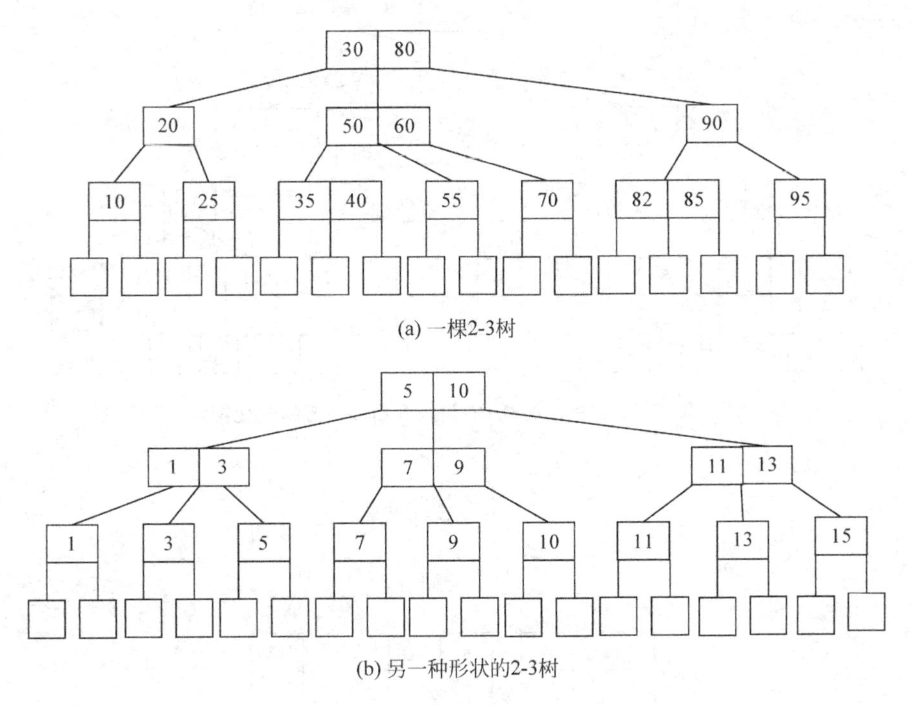

(a) 一棵2-3树

(b) 另一种形状的2-3树

图 7.20　两棵不同形式的 2-3 树

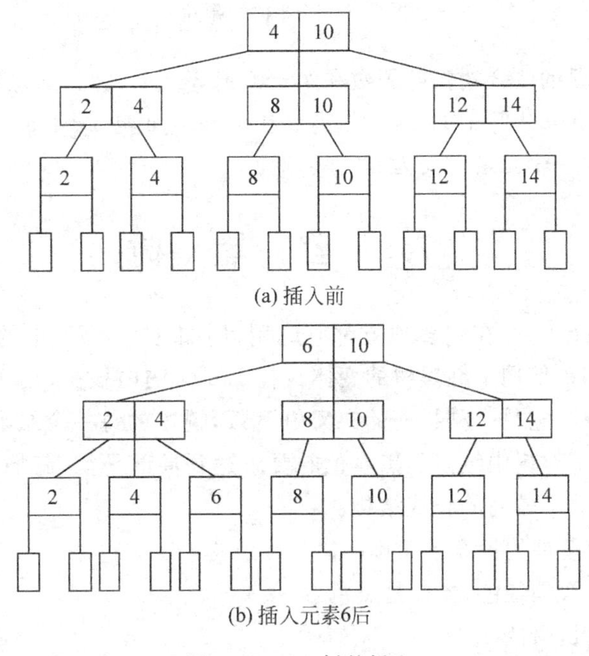

(a) 插入前

(b) 插入元素6后

图 7.21　2-3 树的插入

除 a 后变为只有一个子女，这时需寻找 f 的邻近兄弟结点 g，若 g 有三个子女，转让一个结点 f；若 g 只有两个子女，则把 f 剩下的那个子女合并到 g 中，并递归地删除 f。图 7.23 给出在图 7.21(a)中删除元素 10 之后的 2-3 树。

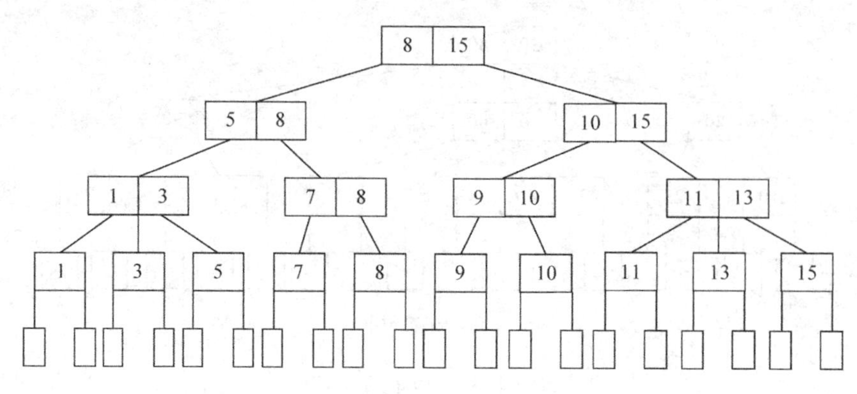

图 7.22　图 7.20(b)中插入 8 后 2-3 树的变化图

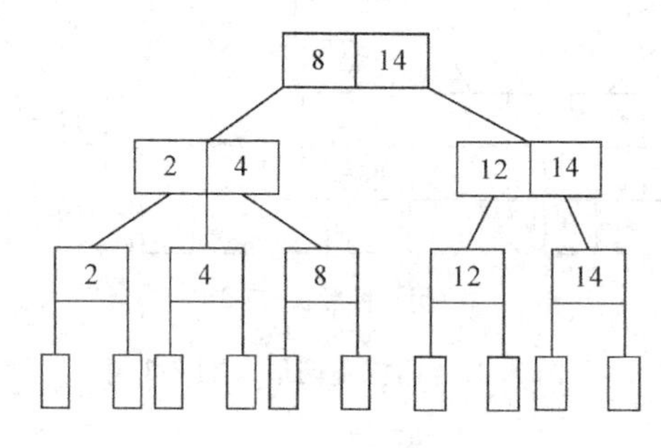

图 7.23　2-3 树的删除

不难证明,高为 h 的 2-3 树的叶子数在 2^h-1 到 3^h-1 之间,结点数在 2^h-1 到 3^h-1 之间。也就是说,具有 n 片叶子的 2-3 树,高度在 $1+\log_3 n$ 与 $1+\log_2 n$ 之间。因此,在 2-3 树上查找、插入、删除一个元素时间为 $O(\log_2 n)$。

*7.5　红　黑　树

红黑树(red-black tree)在很多地方都有应用,例如,C++STL 中的 set、multiset、map、mutimap 等数据结构中使用了红黑树的变体。在 Linux 的内核中,用于组织虚存"区间"的数据结构也是红黑树。它是一种扩充的二叉树 BST,树中的每一个结点的颜色要么是黑色要么是红色,它利用了对树中结点红黑着色的要求达到局部平衡,其插入、删除运算的性能较好,也是一棵检索效率较高的查找结构。

定义:满足下列条件的扩充二叉排序树是红黑树:

(1) 每个结点要么是红色,要么是黑色。

(2) 根结点永远是黑色。

(3) 所有的扩充外部结点是空结点,不含关键字,且着黑色。

(4) 如果一个结点是红色,则它的两个子结点都是黑色(不允许两个连续的红色结点)。

(5) 结点到其子孙外部结点的简单路径都包含相同数目的黑色结点。

红黑树中结点 A 的阶(rank, 又称"黑色高度")是该结点到其子树中任意外部结点的任意一条路径上的黑色结点的个数(不包含结点 A 但包含外部结点)。根结点的阶称为该树的阶。

根据定义容易知道，红黑树中外部结点的阶是0。

红黑树的性质如下：

(1) 红黑树是局部满二叉树，即红黑树中任一结点(包含外部结点)要么有2个子女，要么没有子女。

(2) 阶为 h 的红黑树，从根结点到叶结点的简单路径长度最短为 h，最长为 $2h$；或者说该红黑树的树高最小为 $h+1$，最大是 $2h+1$。

(3) 阶为 h 的红黑树，其含有的内部结点最少时是一棵完全满二叉树，此时内部结点数是 2^h-1。

(4) 含有 n 个内部结点的红黑树树高最大是 $2\log_2(n+1)+1$。

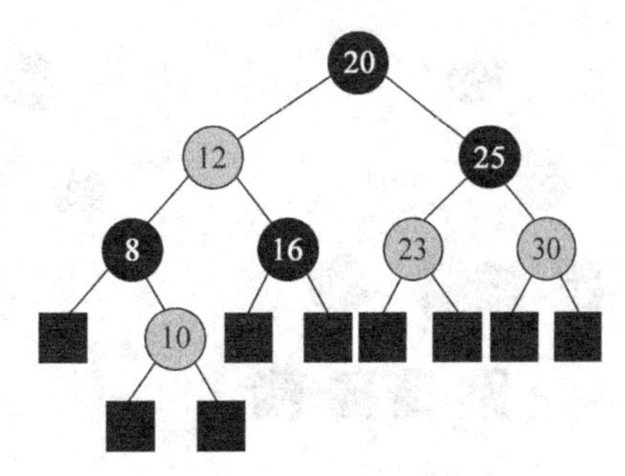

图 7.24　一棵阶为2的红黑树

(深底纹表示黑色，浅底纹表示红色，下同)

证明：

性质(1)由定义推出。

性质(2)的证明：由红黑树的定义可知，红黑树中的结点到其子孙结点的每条简单路径中不可能有两个连续的红色结点，若最短的简单路径中全为黑色结点，则其长度为 h；由于最长的路径上的结点是红黑交替的，且根结点和外部叶结点都是黑色，因此这条最长的路径上最多有 h 个红色结点，此时的路径长度为 $2h$。性质(2)中的后一个结论容易由前一个结论导出。

性质(3)的证明：阶为 h 且内部结点最少的红黑树中所有结点全为黑色结点，它是一棵高度为 $h+1$ 的完全满二叉树，其内部结点的个数 $=2^0+2^1+\cdots+2^{h-1}=2^h-1$。

性质(4)的证明：设红黑树的阶为 h，高为 H，由性质(2) $H\leqslant 2h+1$，另一方面由性质(3) $n\geqslant 2^h-1$，故 $H\leqslant 2\log_2(n+1)+1$。

一般情况下，往红黑树中插入一个新结点是红色结点，插入的方法与二叉排序树中的插入方法相同，新结点是作为叶子结点插入的，但当插入的新结点破坏了红黑树的定义时需要处理旋转调整、红黑互换等操作，图7.25(a)～(g)是一棵红黑树的生长过程，由一棵空的红黑树，依次插入新结点3,5,10,7,6,20,15，图7.25(g)是最终的红黑树。

在图7.26的红黑树中依次删除88,71,63时设计红黑树的旋转和变色调整。

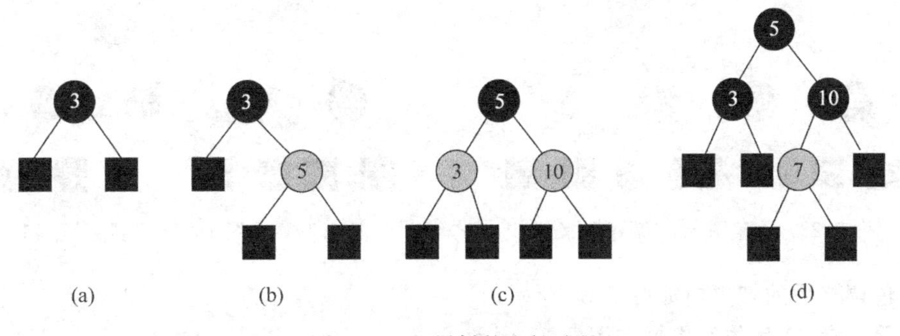

图 7.25　红黑树的生长过程

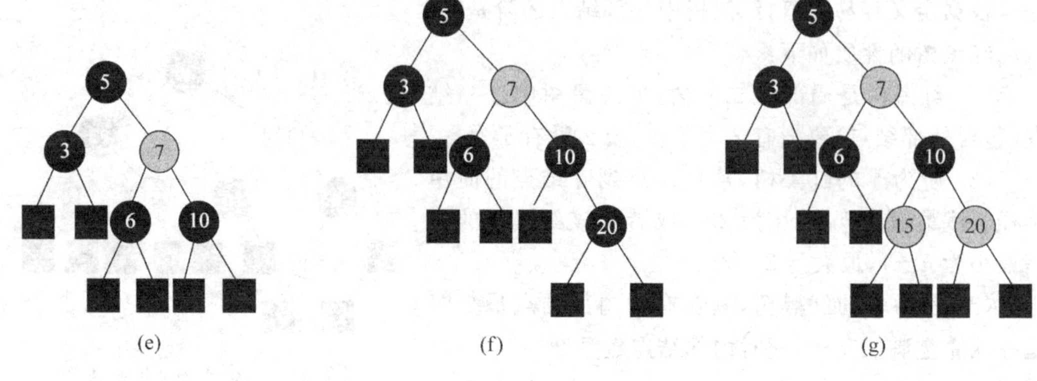

图 7.25 (续)

删除 88 时,破坏了红黑树的结构性质,如图 7.27 所示。

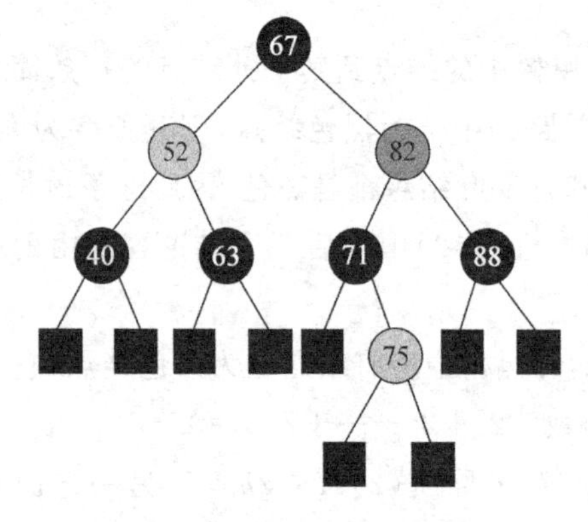

图 7.26 一棵二阶红黑树

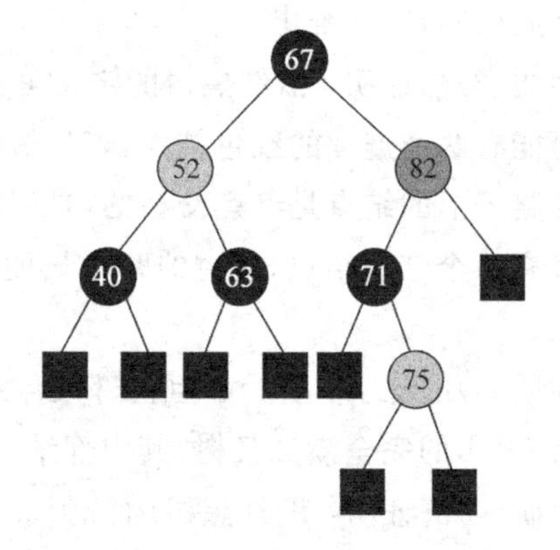

图 7.27 红黑树中删除元素 88

调整后的红黑树如图 7.28 所示。

删除元素 71 后的红黑树如图 7.29 所示。

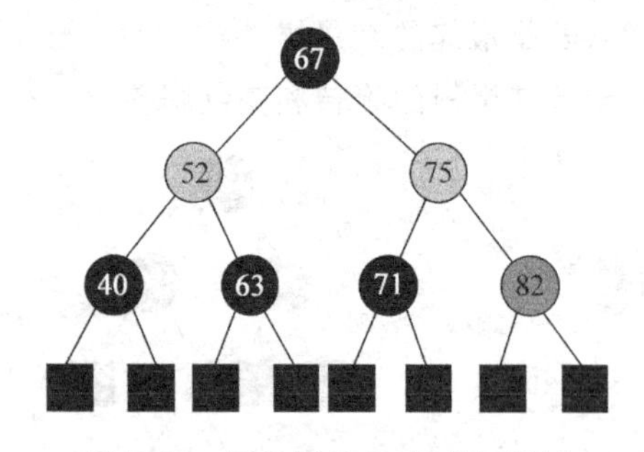

图 7.28 调整图 7.27 后的红黑树

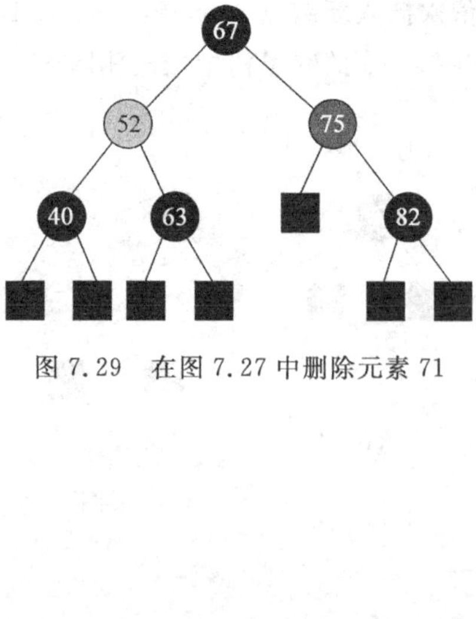

图 7.29 在图 7.27 中删除元素 71

颜色调整后的红黑树如图 7.30 所示。

删除元素 63 后的红黑树如图 7.31 所示。

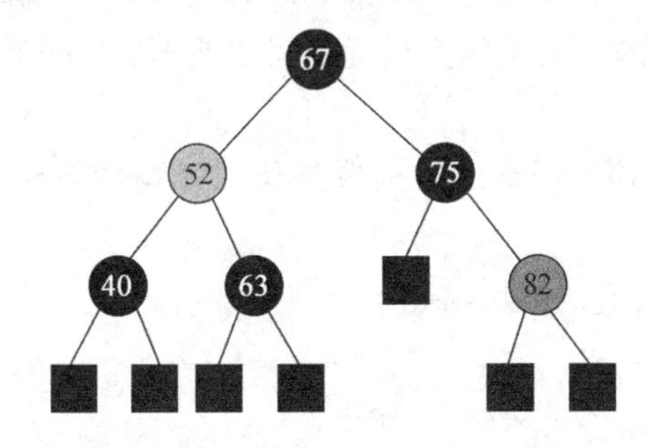

图 7.30　调整图 7.29 后的红黑树

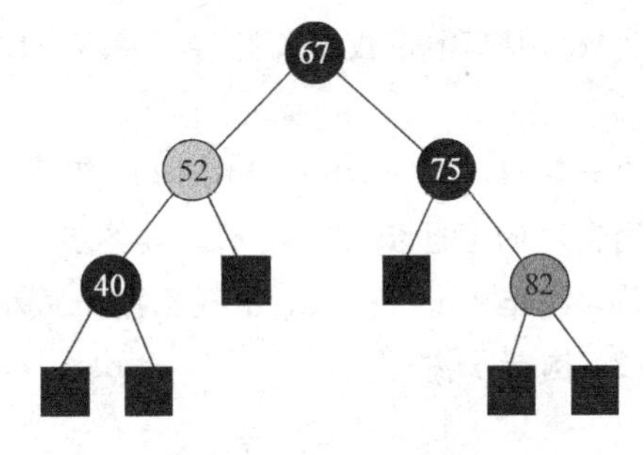

图 7.31　在图 7.30 中删除元素 63

颜色调整后的红黑树如图 7.32 所示。

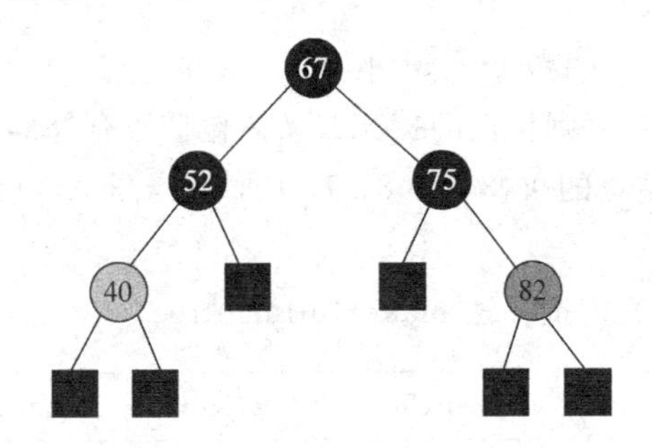

图 7.32　调整图 7.31 后的红黑树

7.6　Huffman 最优二叉树

7.6.1　Huffman 最优二叉树概述

为了讨论 Huffman 最优树，首先引入扩充的二叉树。当二叉树里出现空的子树时，就增加新的、特殊的结点——空树叶。对于原来二叉树里度数为 1 的分支结点，在它下面增加一个空树叶；对于原来二叉树的树叶，在它下面增加两个空树叶。这样扩充二叉树中的结点就分为内部结点和外部结点。外部路径长度 E 定义为从扩充的二叉树的根到每个外部结点的路径长度之和；内部路径长度 I 定义为扩充的二叉树里从根到每个内部结点的路径长度之和。如图 7.33 所示，扩充的二叉树中 $E=28, I=14$。

若将上述外部路径长度推广到一般的情况，考虑带权的外部结点。结点的带权路径长度为从该结点到树根之间的路径长度与结点上权的乘积。带权外部路径长度为树中所有外部结点的带权路径长度之和，记为

$$\text{WPL} = \sum_{k=1}^{n} w_k l_k$$

式中，w_k、l_k 分别为第 k 个外部结点的权和路径长度。

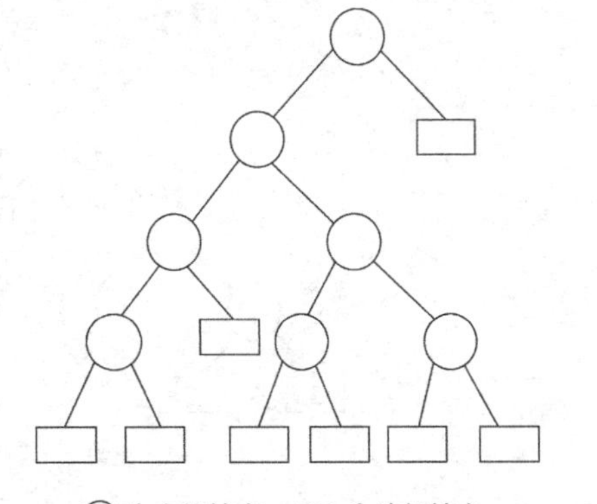

○为内部结点　□ 为外部结点

图 7.33　一棵扩充的二叉树

假设有 n 个权值 $\{w_1, w_2, \cdots, w_n\}$，试构造一棵有 n 个外部结点的二叉树，每个外部结点带权为 w_i，则其中带权外部路径长度 WPL 最小的二叉树称为最优二叉树或 Huffman(哈夫曼)树。

哈夫曼(D. A. Huffman)在 1952 年采用贪心策略，给出了构造最优二叉树的算法。算法采用自底向上逐步合并技术。具体步骤如下：

(1) 首先在 $w_1, \cdots, w_n$ 中找出两个最小的 w 值，如 w_1 和 w_2。

(2) 构造子树。

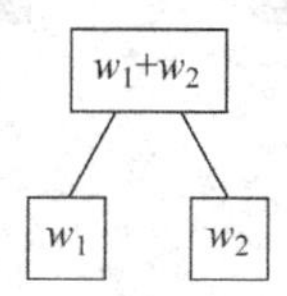

(3) 对 $n-1$ 个权 $w_1+w_2, w_3, \cdots, w_n$ 构造 Huffman 树。

(4) 重复(1)、(2)、(3)，直到构造的扩充二叉树包括所有外部结点。

例如，对于一组外部结点的权{3, 5, 8, 9, 10, 11}，图 7.34 给出了哈夫曼最优树的构造过程。

下面先设计哈夫曼树的构造算法 makeHuffmantree。哈夫曼树中结点结构为

tag	LeftChild	weight	RightChild

其中，tag 是标记位，它标记此结点是否已有父母结点，进入算法 makeHuffmantree 之前，所有结点的 tag=0，数组 b 中前面 n 个元素存放外部结点，若此结点已配有父母结点，则 tag=1，算法结束时整个扩充二叉树(哈夫曼树)已形成，b[$2n-2$]是根结点。此外，算法中需用到关于类模板 T 的“+”、“<”、“=”等重载运算。

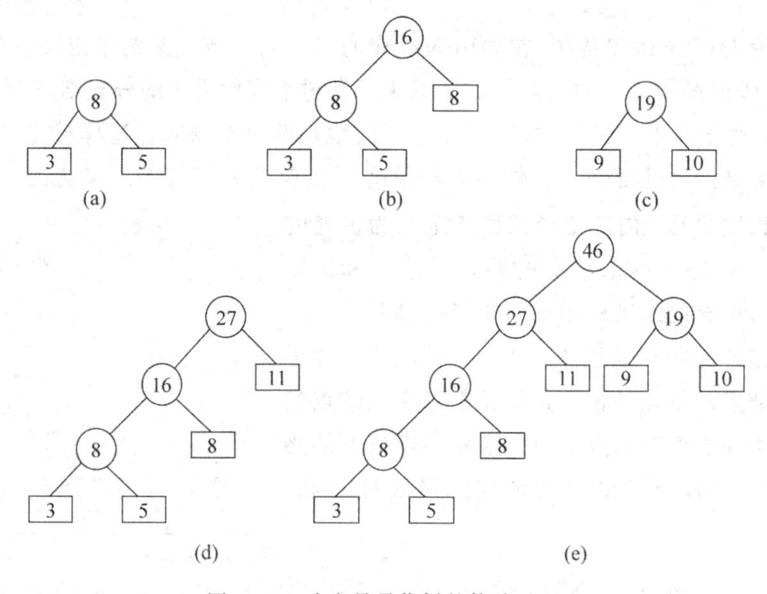

图 7.34 哈夫曼最优树的构造过程

哈夫曼结点类和哈夫曼树类的定义如下：

```
template <class T>
class Huffmannode
{
  public:
    T weight;
    int tag, Leftchild, Rightchild;
    Huffmannode(int t = 0,int l = -1,int r = -1)
     { tag = t;LeftChild = l;RightChild = r;}
    ~Huffmannode() {}
};
template <class T>
class Huffmantree
{
  public:
    int root;
    Huffmantree (root = -1);
    ~Huffmantree () {}

    //数组 a[ ]存放外部结点的权
    //数组 b[ ]存放 Huffman 树,树根为 b[root]
    void makeHuffmantree (T a[ ],Huffmannode <T> b[ ],int n);
};
```

算法 7.11 构造 Huffman 树。

```
template <class T>
void Huffmantree::makeHuffmantree (T a[ ],Huffmannode <T> b[ ],int n)
 {
  int i,j,m1,m2,x1,x2;
  //初始化
  for (i = 0;i < n;i++)
    b[i].weight = a[i];
  //逐步构造 Huffman 树
  for (i = 1;i <= n - 1;i++)
  {
   //m1,m2 是比任何权都大的整数
   m1 = m2 = 32767;
   x1 = x2 = -1;
   //找两个最小的权
   for (j = 0;j < n + i - 1;j++)
   {
     if (b[j].weight < m1 && b[j].tag == 0)
     {
      m2 = m1;
      x2 = x1;
      m1 = b[j].weight;
      x1 = j;
     }
     else if(b[j].weight < m2 && b[j].tag == 0)
```

```
        {
         m2 = b[j].weight;
         x2 = j;
         }
       }
       //标记
       b[x1].tag = 1;b[x2].tag = 1;
       //构造子树
       b[n - 1 + i].weight = b[x1].weight + b[x2].weight;
       b[n - 1 + i].LeftChild = x1;
       b[n - 1 + i].RightChild = x2;
      }
     root = 2 * n - 2;
    }
```

不难发现,算法 7.11 的总时间不超过 $O(n^2)$。如果把 t 叉树定义为结点的有限集合,它或者为空集或者由一个根和 t 个有序的不相交的 t 叉树组成,则 Huffman 算法可以推广到 t 叉树。

7.6.2 树编码

数据通信中,通常将需传送的文字转换成由二进制的字符组成的字符串。对字符集中不同的字符选用不同的 0 和 1 序列来表示它,称为对这个字符集进行编码(coding)。若所有的字符编码长度相同,称为等长编码;否则,称为不等长编码。等长编码的优点是易于接收端将代码还原成字符,这种还原操作称为译码(decoding)。由于字符集中各字符使用的频率不同,因此等长编码使传输效率降低,即同一个文件的编码总长度较长。现在提出这样的问题:考虑到一段文字中字符出现频率的高低不同,如何设计这段文字的传送编码,使总的编码长度最小?解决这个问题的办法自然是对那些使用频率高的字符给以较短的编码,很少用到的那些字符给以较长的编码,这种不等长编码有可能使编码总长减少,从而提高传输效率。

设计不等长编码必须要求任一字符的编码都不是另一个字符编码的前缀,这种编码称为前缀编码;否则,译码时会出现所谓二义性。例:若 A、B、C、D 的编码是 0、00、1 和 01,则字符串 'ABACCDA' 对应的编码为 '000011010';但是,这样的编码无法翻译,可译成 'BBCCDA'、'ABACCDA' 等。

用 Huffman 树来表示一种编码方案,可克服上述二义性,而且总的编码长度最小。将待编码的字符对应 Huffman 树中的一个外部结点,给树中的分支作标记,使得指向左子女的分支标记 0,指向右子女的分支标记为 1,图 7.35 给出了一棵编码树。从根到外部结点路径上的标记序列,即该外部结点对应字符的编码。总的编码长度即对应到前节中外部路径长度。下面证明 Huffman 编码的正确性。

贪心选择性质:设 C 是编码字符集,C 中字符 c 的频率为 $f(c)$,m_1,m_2 是 C 中具有最小频率的两个字符,则存在 C 的最优前缀编码使 m_1 和 m_2 具有相同最长码长且码字的最后一位不同。

证明:设二叉树 T 是与 C 的最优前缀码对应的任意一棵编码树。将证明对于 T 的适当修改后得到一棵新的二叉树 T_1,使得 T_1 中 m_1 和 m_2 是最深的叶子且互为兄弟,且 T_1 也是与 C 的最优前缀码对应的一棵编码树。

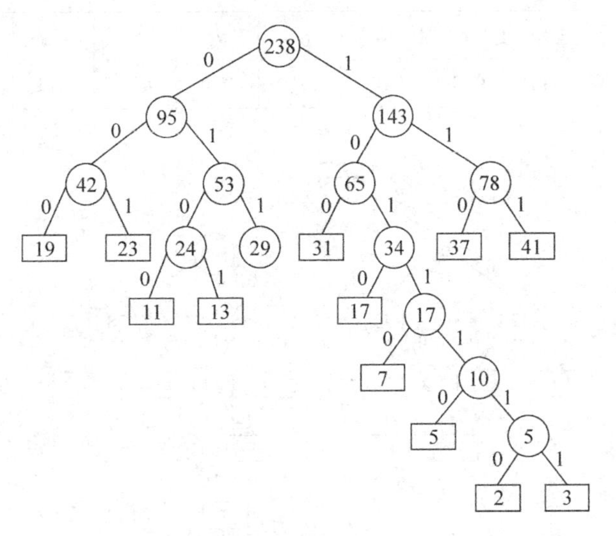

图 7.35　Huffman 编码树

不失一般性，考虑如图 7.36 和图 7.37 所示形状的二叉树。不妨设 $f(m_1) \leqslant f(a)$，$f(m_2) \leqslant f(b)$，树 T、T_0 表示的前缀码的平均码长分别为 $B(T)$、$B(T_0)$，$d_T(c)$代表字符 c 的码长，则

$$\begin{aligned}B(T)-B(T_0) &= \sum_{c\in C} f(c)d_T(c) - \sum_{c\in C} f(c)d_{T_0}(c) \\ &= f(m_1)d_T(m_1) + f(a)d_T(a) - f(m_1)d_{T_0}(m_1) - f(a)d_{T_0}(a) \\ &= (f(m_1)-f(a))d_T(m_1) + (f(a)-f(m_1))d_T(a) \\ &= (f(a)-f(m_1))(d_T(a)-d_T(m_1)) \geqslant 0\end{aligned}$$

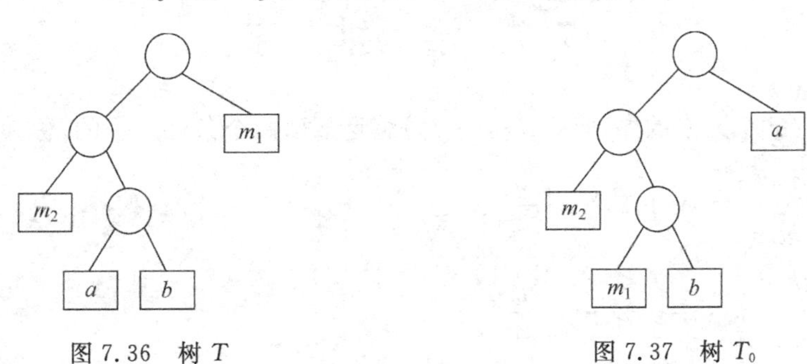

图 7.36　树 T　　　　图 7.37　树 T_0

同理，若将树 T_0 变换为树 T_1 的形状，如图 7.38 所示，可得到 $B(T_1) \leqslant B(T_0)$。

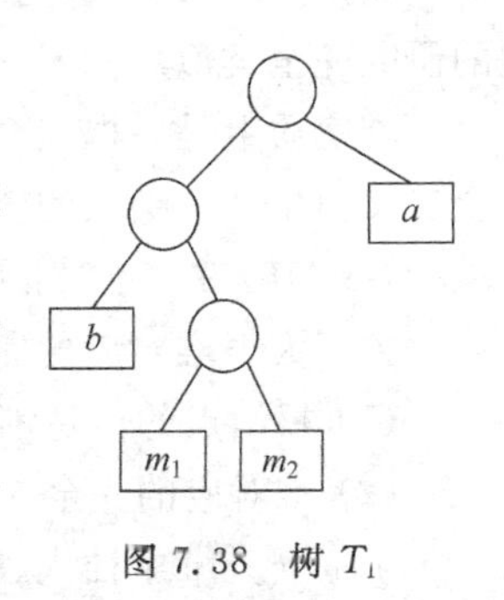

图 7.38　树 T_1

由此可知 $B(T_1) \leqslant B(T)$，但因为 T 是对应的最优编码树，故 $B(T) \leqslant B(T_1)$，从而 $B(T_1)=B(T)$，命题得证。

例 7.5　设字符集 $D=\{d_1, d_2, \cdots, d_{13}\}$对应的字符出现的频率为 $w=\{2, 3, 5, 7, 11, 13, 17, 19, 23, 29, 31, 37, 41\}$，则用 Huffman 算法构造出的编码树如图 7.39 所示，各字符的二进制编码为：

d_1	d_2	d_3	d_4	d_5	d_6	d_7	d_8	d_9	d_{10}	d_{11}	d_{12}	d_{13}
1011110	1011111	101110	10110	0100	0101	1010	000	001	011	100	110	111

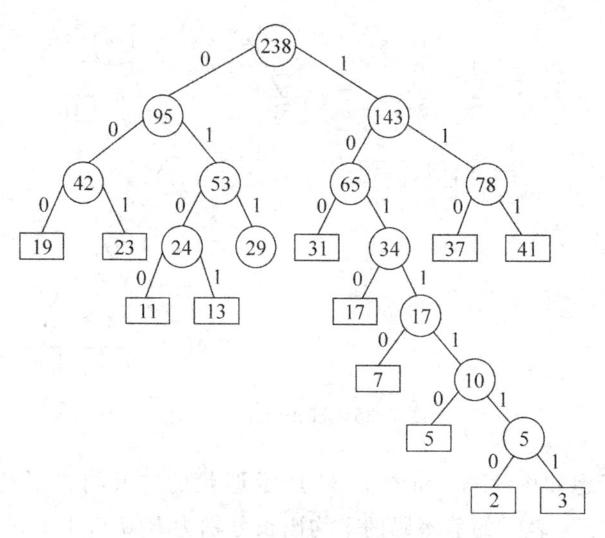

图 7.39　Huffman 编码树

Huffman 编码树可作"译码器"。当接收一个无误码的 0 和 1 序列时,从根结点起,若收到 0,则转向左子树;收到 1,则转向右子树,直到某个外部结点,从而找到相应的还原字符。然后,从根结点起开始翻译其他字符。例如上例中接收的信息为字符串"01001010011100",则译码后的结果为字符串"$d_5 d_7 d_{10} d_{11}$"。

7.7　堆　排　序

堆的定义:n 个元素的序列$\{k_1, k_2, \cdots, k_n\}$满足下面两个条件之一的,称为堆。

$$(1)\begin{cases}k_i \leqslant k_{2i} \\ k_i \leqslant k_{2i+1}\end{cases},\quad i=1,2,\cdots,\left\lfloor \frac{n}{2} \right\rfloor$$

$$(2)\begin{cases}k_i \geqslant k_{2i} \\ k_i \geqslant k_{2i+1}\end{cases},\quad i=1,2,\cdots,\left\lfloor \frac{n}{2} \right\rfloor$$

满足条件(1)的称为小根堆,满足条件(2)的称为大根堆。本节重点研究大根堆,小根堆的研究完全类似。

堆实质上是一棵完全二叉树结点的层次序列,堆的特性在此完全二叉树里解释为:完全二叉树中任一结点的值小于(或大于)等于它的两个子女结点的值。图 7.40 分别是小根堆{2, 3, 10, 9, 5, 12}和大根堆{15, 12, 9, 10, 11, 5, 4}对应的完全二叉树。

关于大根堆对应的完全二叉树有下面两条性质:

(1) 根结点的值是堆中元素的最大值。

(2) 堆对应的完全二叉树的任何子树都具有堆性质。

下面研究堆中插入、删除一个结点的方法,规定删除运算总是对根结点进行的。

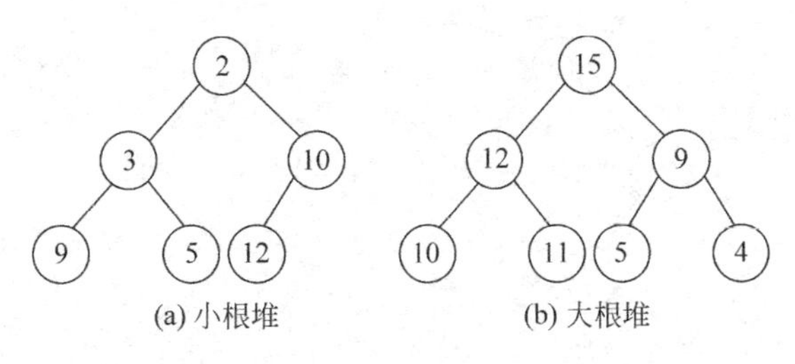

图 7.40　堆对应的完全二叉树

例如，在图 7.40(b)中插入新结点 14，堆的变化如图 7.41 所示。

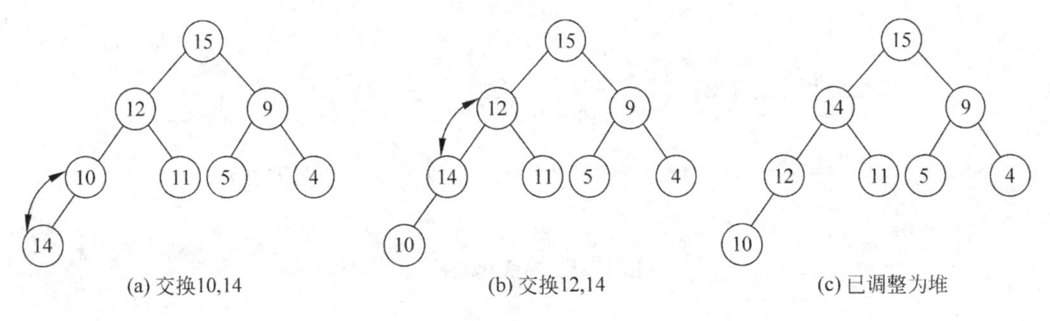

图 7.41　堆中插入新结点

图 7.42 给出了在堆中删除 15 的过程。

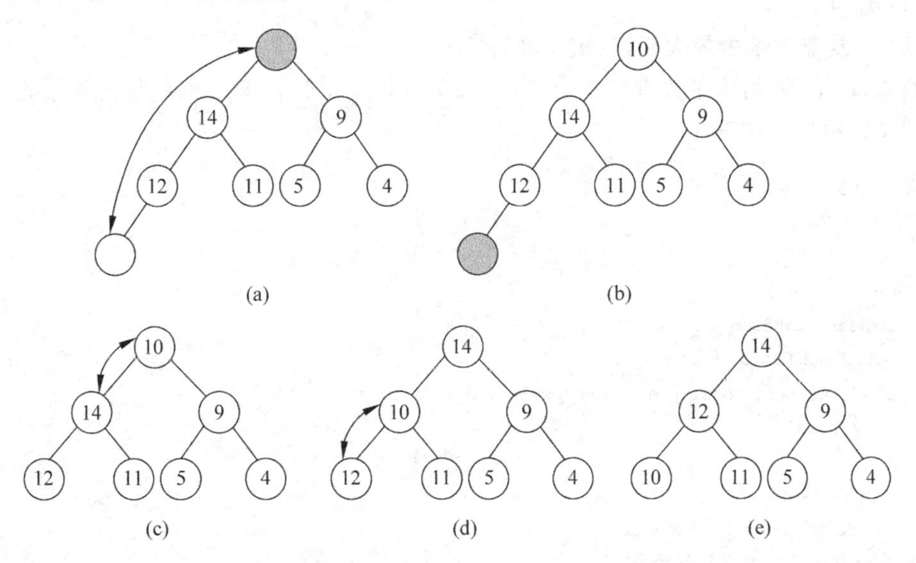

图 7.42　堆中根结点的删除

显然，反复删除堆中根结点，可使堆中结点排序，这就是堆排序的方法。对于任给一组关键字的集合，一般来说它不具有堆性质，堆排序的前提是需要将这组关键字的集合堆化，这就是建堆过程，建堆过程是反复应用筛选法的结果。图 7.43 给出了关键字集合{65, 70, 60, 74, 61, 63}的建堆过程。

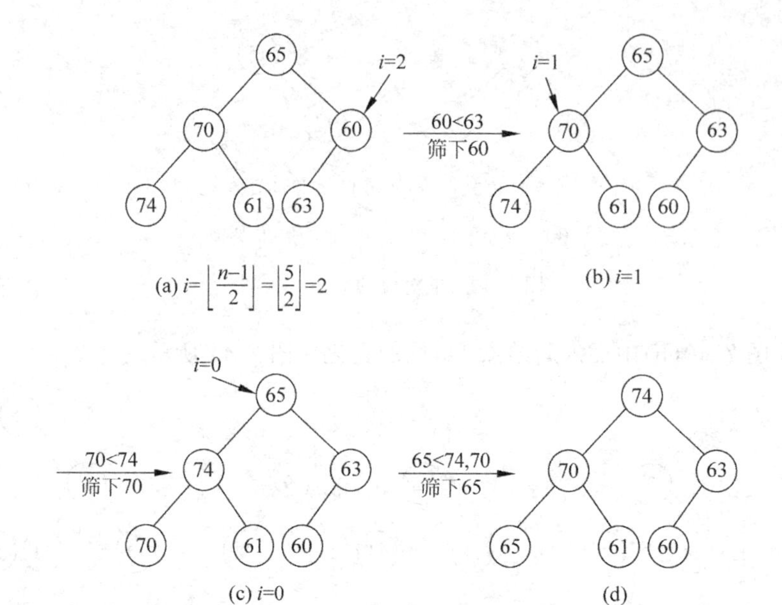

图 7.43 筛法建堆过程

1. 堆排序

对于任意一组关键字的集合,堆排序的过程可以归结为以下两个步骤:

(1) 建堆。

(2) 反复删除堆中最大元素(重建堆)。

例如,图 7.44 给出了关键字集合{5, 6, 20, 15, 17, 18, 35, 19}的堆排序过程。

定义大根堆类如下:

```
template <class T>
class MaxHeap
 {
 public:
  MaxHeap (int MaxHeapsize = 10);
  ~MaxHeap (void) {delete[ ] heap;}
  int Size(void) const {return heapsize;}
  T Max(void)
  {
   if (heapsize == 0)
    cerr <<"underflow"<< endl;
   //Max( )返回大根堆最大值
    return heap [0];
  }
  //在堆中插入一个新结点
  MaxHeap< T > & Insert (const T& x);
  //删除堆的根
  MaxHeap< T > & DeleteMax (T& x);
  //建堆
  void MakeHeap (T a[ ],int size,int Arraysize);
```

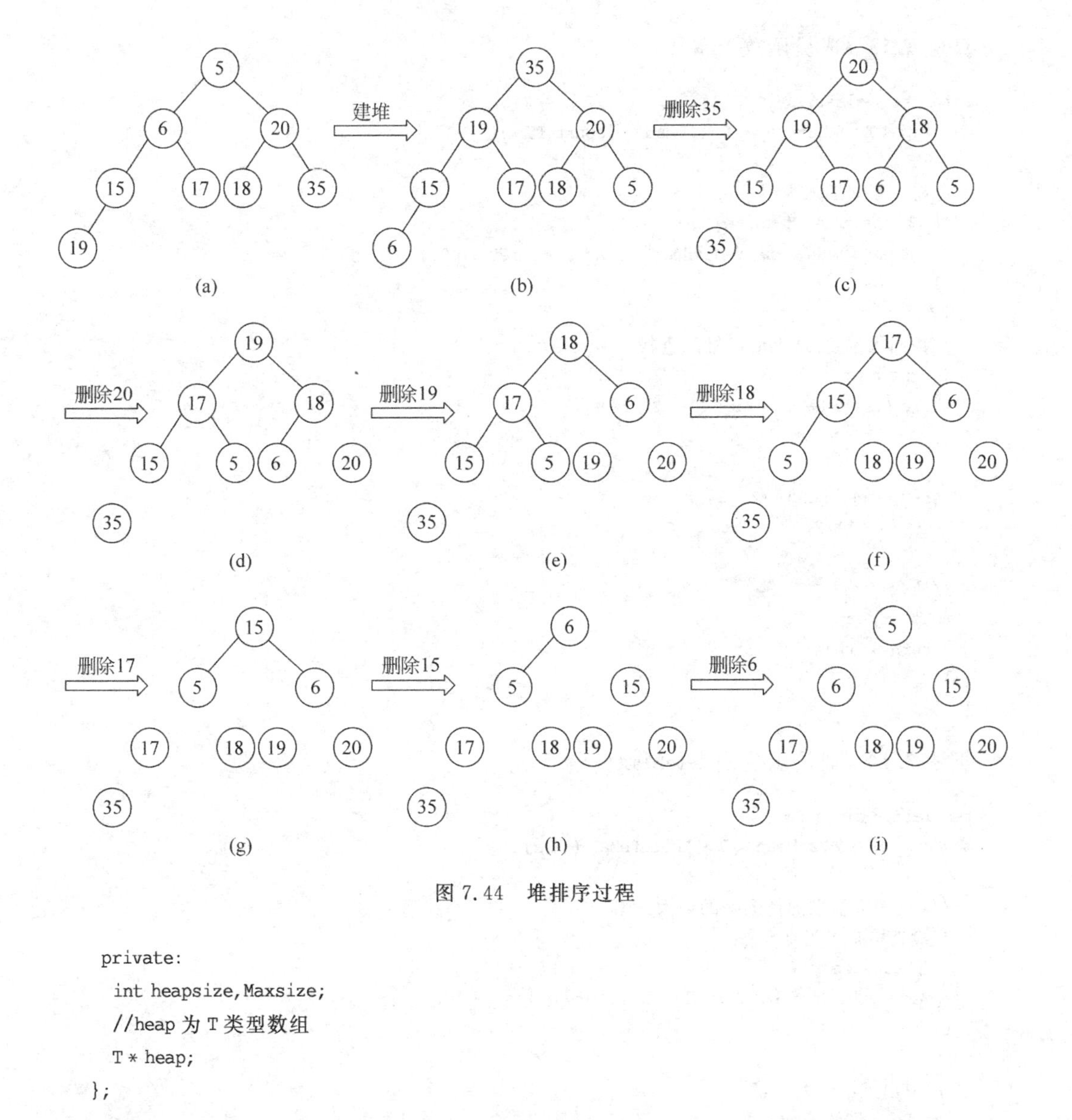

图 7.44　堆排序过程

```
  private:
    int heapsize,Maxsize;
    //heap 为 T 类型数组
    T * heap;
};
```

这里,类的私有数据 heapsize 为当前堆中元素个数,Maxsize 为堆中允许的最大元素个数,公有部分中的 MaxHeapsize 记录堆中元素的最大个数,默认值为 10、成员函数 Insert、DeleteMax、Makeheap 将在后面给出,具体实现时假设运算符“<”、“>”和“=”都已对模板类 T 可重载。

算法 7.12　构造函数 MaxHeap。

```
template <class T>
MaxHeap <T>::MaxHeap (int MaxHeapsize)
{
  Maxsize = MaxHeapsize;
  heap = new T[Maxsize];
  heapsize = 0;
}
```

算法 7.13 成员函数 Insert。

```
template <class T>
MaxHeap <T>& MaxHeap<T>::Insert (const T& x)
 {
  //将元素 x 插入大根堆
  if (heapsize == Maxsize)
    {cerr <<"Overflow in MaxHeap"<< endl;      return 0;}
  else
  {
  //找插入位置,从堆底向堆顶查找
  int i = heapsize++;
  while (i! = 0 && x > heap [(i - 1)/2])
  {
  //上移
    heap [i] = heap [(i - 1)/2];
    i = (i - 1)/2;
  }
  //插入 x
  heap [i] = x;
  return * this;
  }
}
```

算法 7.14 成员函数 DeleteMax。

```
template <class T>
MaxHeap <T>& MaxHeap <T>::DeleteMax (T& x)
{
  //x 代表大根堆的待删除的最大元素
  //检查堆是否为空
  if (heapsize == 0)
   {cerr <<"underflow"<< endl;      return 0;}
  else
   {
   //取出堆中最大元素
   x = heap [0]
   //删除 x 后需重建堆
   //取堆中最后一个元素
   T y = heap [ -- heapsize];
   //由根开始找 y 应插入的位置
   int i = 0, ic = 1;
   while (ic < heapsize)
   {
     //heap [ic]应为 heap[i]两子女中较大者
     if (ic + 1 < heapsize && heap [ic]< heap [ic + 1])
        iC++;
     //y 是否送入 heap[ic]?
     if (y >= heap[ic]) break;       //是
     heap [i] = heap[ic];            //否,heap [ic]上移
     i = ic;
```

```
      ic = 2 * ic + 1;
    }
    //end while
    //填入 y
    heap[i] = y;
  }
  return * this;
}
```

算法 7.15 成员函数 MakeHeap。

```
template <class T>
void MaxHeap <T>::MakeHeap (T a[ ],int size,int Arraysize)
{
  //将数组 a 堆化
  delete [ ] heap;
  heap = new T[sizeof(a)];
  memcpy(heap,a,size * sizeof(T));
  heapsize = size;
  Maxsize = Arraysize;
  //建堆
  for (int i = (heapsize - 2)/2;i>= 0;i-- )
  {
   T y = heap[i];
   //将以 heap [i]为根的子树调整为堆
   //找 y 应该存放的位置,与 DeleteMax 中部分类似
   int ic = 2 * i + 1;
   while (ic <heapsize)
   {
     if (ic + 1< heapsize && heap[ic]< heap[ic + 1]) ic++;
     if (y>= heap [ic]) break;
     heap[(ic - 1)/2] = heap[ic];
     ic = 2 * ic + 1;
   }
   //end while
   heap[(ic - 1)/2] = y;
  }
  //end for
}
```

算法 7.15 的复杂度分析：

算法的主要时间开销是将完全二叉树中第 i 个结点为根的子树调整为堆的时间，$i=\left\lfloor\frac{n}{2}\right\rfloor,\left\lfloor\frac{n}{2}\right\rfloor-1,\cdots,1$。不难验证，含有 n 个结点的完全二叉树的高度为 $h=\lfloor\log_2 n\rfloor+1$；而且完全二叉树的第 j 层的结点总数不超过 $2^{j-1}(j=1,\cdots,h)$，故算法总的时间开销为

$$
\begin{aligned}
T(n) &\leqslant \sum_{j=1}^{h-1} 2^{j-1}(h-j+1) \\
&\leqslant \sum_{k=1}^{h} k2^{h-k} \\
&\leqslant 2^h \sum_{k=1}^{\infty} \frac{k}{2^k} \leqslant 2n \sum_{k=1}^{\infty} \frac{k}{2^k} \quad (\text{因为 } 2^k = 2^{1+\lfloor\log_2 n\rfloor} \leqslant 2n)
\end{aligned}
$$

令

$$\sum_{k=1}^{\infty}\frac{k}{2^k}=y$$

则

$$\frac{y}{2}=\frac{1}{4}+\frac{2}{8}+\frac{3}{16}+\cdots+\frac{1}{k}$$

两式相减:

$$y-\frac{y}{2}=\frac{y}{2}=\frac{1}{2}+\frac{1}{4}+\frac{1}{8}+\frac{1}{16}+\cdots+\frac{1}{2^k}=\sum_{k=1}^{\infty}\frac{1}{2^k}=1$$

故

$$T(n)\leqslant 4n=O(n)$$

算法 7.16 堆排序。

```
template <class T>
void Heapsort (T a[ ],int n)
 {
  //创建堆类,将数组 a[ ]建堆
  MaxHeap <T> H(0);
  H.MakeHeap (a,n,n);
  //反复删除堆的根元素
  T x;
  for (int i=n-1;i>=0;i--)
   {
    H.DeleteMax (x);
    a[i]=x;
   }
}
```

2. 堆排序算法的复杂度

堆排序的时间开销主要有建堆和反复删除堆的根所花的时间,初始建堆的时间为 $O(n)$,每次删除堆的根时间不超过 $O(\log_2 n)$,故总的时间开销在最坏的情况下不超过 $O(n)+O(n\times\log_2 n)=O(n\times\log_2 n)$,堆排序在最坏的情况下比快速排序最坏情况下的时间 $O(n^2)$要好,而空间开销是 $O(1)$的,它也是一种快速排序方法。

*7.8 判定树

以比较运算(即判断选择)为主要操作的算法流程可以绘成一棵树,称这样的树为算法的判定树,简称为判定树(Decision Tree)。

判定树中的结点,不存储任何数据元素,仅表示一次比较(或比较的对象),如果每次比较,都产生二分支(如对 a、b 进行比较,要区分 $a<b$ 和 $a\geqslant b$ 两种情况,那么所得到的判定树是二叉树;若产生三分支(如要区分 $a<b,a=b,a>b$ 三种情况),便得到三元判定树;若产生多分支,则可得多元判定树。

例 7.6 将三个元素 a,b,c 排序,图 7.45 给出了排序算法的判定树,其中"?"表示比较运算。

例 7.7 假定有 8 枚硬币 a,b,c,d,e,f,g,h,其中有一枚硬币是伪造的。真伪硬币的重量不同,可能重,也可能轻。要求以天平为工具,用最少的比较次数挑出伪硬币来,并确定它是重还是轻(伪币鉴别问题)。

用图 7.46 的判定树,三次比较就能把伪币挑出来,且能比较出伪币与真币的轻重。

借助于鉴别伪币的判定树,不难写出相应的算法。

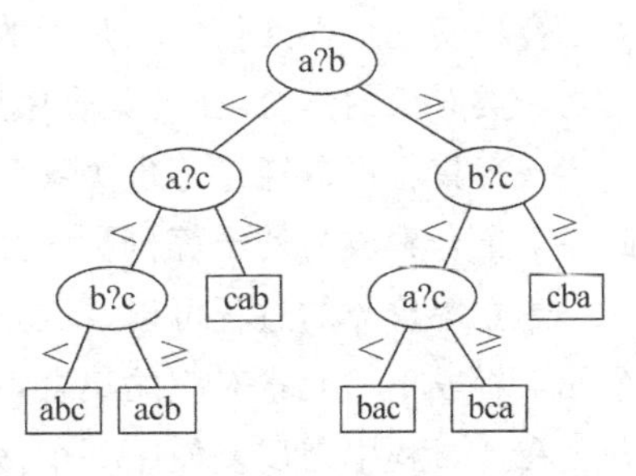

图 7.45 三个元素排序的判定树

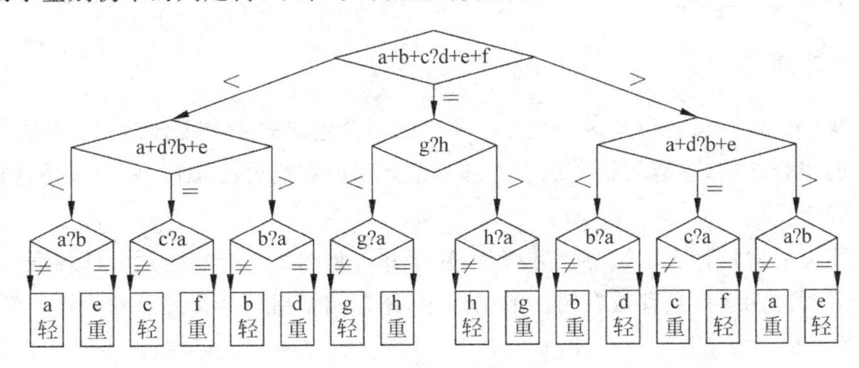

图 7.46 鉴别伪币的判定树

*7.9 等价类和并查集

7.9.1 等价类

等价关系是一种特殊的二元关系,等价关系集合的分类之间有着内在的关系。

实际问题求解时会遇到等价类问题,按事物抽象描述的集合中元素之间的等价关系进行分类的方法是等价类研究的问题。等价类问题的求解分为两个过程,其一是把事物抽象描述的集合中建立元素之间的等价关系,其二将集合中的元素按等价关系分类。例如,若将三维几何空间的曲面之间的等价关系定义为"有相同的法向",则所有具有相同法向量的曲面是在同一个等价类中。若将人与人之间的相同血型定义为等价关系,则具有相同血型的人在同一等价类中,医院对病人的输血对象应该在与病人位于同一等价类的供血中查找,否则可能导致输血事故。

数学上对等价关系的定义是严格的。

等价关系定义:如果集合 A 上的二元关系 R 是自反、对称和传递的,则称 R 是等价关系。设 R 是 A 上的等价关系,a, b 是 A 中的元素,如果 aRb(a 与 b 对于关系 R 是等价的),通常记为 $a \sim b$。

等价关系是集合上的一个自反、对称、传递的关系,对于集合中的任意对象 x,y,z,下列性质成立:

(1) 自反性:$x \sim x$(即等于自身)。

(2) 对称性:若 $x \sim y$,则 $y \sim x$。

(3) 传递性:若 $x \sim y$ 且 $y \sim z$,则 $x \sim z$。

容易验证平面几何中三角形的相似、三角形的全等都是等价关系。数学意义上说等价类是一类对象的集合,在此集合中所有对象之间应满足等价关系。

一个集合可以通过等价关系分为若干个互不相交的子集,每个子集对应一个等价类,因此一个集合看成为若干等价类的并集。

建立等价类的过程可以看成是集合中元素的合并过程,合并时可以先将集合中的每一个元素看成单一元素对应的集合,然后按等价关系的一定顺序将属于同一等价类的集合合并。在此过程中需反复使用一个搜索运算,确定一个元素属于哪一个集合,能够方便实现此功能的集合就是并查集。

7.9.2 并查集

并查集(union-find set)是由一组互不相交的集合组成的一个集合结构。并查集是一种用途广泛的集合结构,它能较快实现合并和判断元素所在集合的操作,一般采用树状结构存储并查集。

可以用树的父指针表示法存储并查集,对于并查集的每一个集合用一棵树表示,集合中的每一个元素的元素信息存放在树中的结点中,还存储了指向其父结点的指针。例如,并查集 $S_1=\{1,3,5,7,9\}$,$S_2=\{2,4,8,10\}$,$S_3=\{0,6,11\}$,对应的用父指针表示的树状结构如图7.47所示。

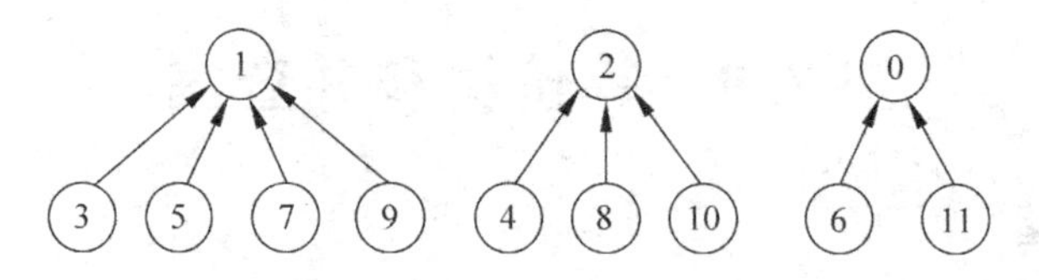

图7.47 用父指针表示的树状结构存储的并查集

并查集上两个基本的运算是查找(Find)和合并(Union)。Find运算搜索给定元素所在的子集合,Union运算将两个子集合并成一个子集合。

下面的例子说明并查集的查找和合并过程。

例7.8 设有元素集合 $S=\{0,1,2,3,4,5,6,7,8\}$,S 上有等价关系对 $R=\{0\sim1,2\sim5,1\sim7,5\sim7,3\sim4,4\sim6,6\sim8\}$,图7.48说明了得到并查集 $S_1=\{0,1,2,5,7\}$,$S_2=\{3,6,9\}$ 的查找、合并过程。

上述查找过程中,并查集对应的每一棵树的根结点可表示子集的类别,查找某个元素所属的集合时只需从该结点出发,沿父指针链找到树的根结点即可,实现集合的合并运算只需将一棵子树的根指向另一棵子树的根即可,每次合并前需要两次查找,查找的时间开销依赖于树的高度,而每次合并的时间开销为 $O(1)$。

与前面介绍的抽象数据类型的构建方法类似,可以构建抽象数据类型并查集。下面的结构申明和代码实现了对并查集简单的查找和合并运算。假设并查集中的元素用0,1,…,$n-1$ 表示,这些元素的值正好对应一维数组Parent的下标,Parent[i]中的值是一维数组的下标,用来表示元素 i 的父结点的指针,Parent[i]=−1代表元素 i 没有父结点。

```
#define MaxSize 100
```

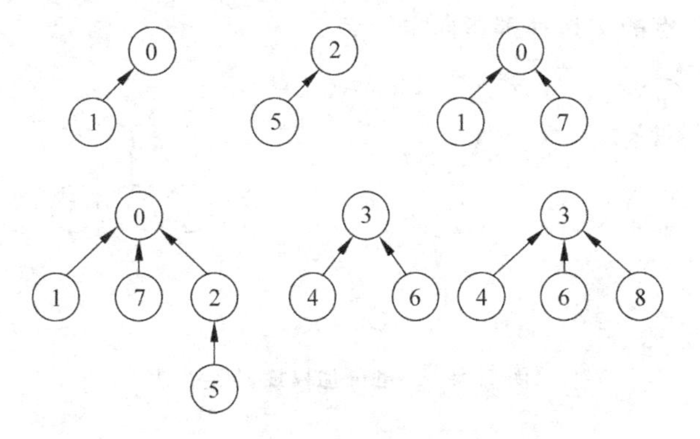

图 7.48　并查集的查找、合并过程

```
typedef struct ufset
{
    int Parent[MaxSize];
    int Size;

}UFSet;
//并查集的初始化函数
void CreatUFSet(UFSet * S, int n)
{
 int I;
 S->Size = n;
 for(i = 0;i < n;i++) S->Parent[i] = -1;
}
//查找元素 i 所属的并查集的子集
int Find(UFSet * S, int i)
{
  for(; S->Parent[i]>= 0;i = S->Parent[i]);
  return i;
}
//并查集中的合并运算
void Union(UFSet * S, int i, int j)
{
 S->Parent[i] = j;
}
```

上述合并运算可能会产生退化的树-单链表，因此会加大在并查集中 Find 运算的查找时间。为了避免产生退化树，可采用下面两种改进方法。

(1) Union 运算中引入加权规则。加权规则按下述方式进行：在进行两棵子树的合并时，先判断两棵子树中的元素个数，若以 i 为根的子树中的结点个数少于以 j 为根的子树中结点个数，则让 j 成为 i 的双亲，否则，让 i 成为 j 的双亲。如图 7.49 表示了加权规则的处理过程。

(2) Find 运算中路径压缩规则。为加快并查集中的查找运算效率，可采用路径压缩技术，执行 Find 运算时，将从根到元素 i 的路径上的所有结点的 Parent 域均重置，使它们都直接连至该树的根结点。如图 7.50 表示了路径压缩的处理过程，在查找结点 2 时，对根结点

2上所涉及的所有结点的父指针都指向根结点1。

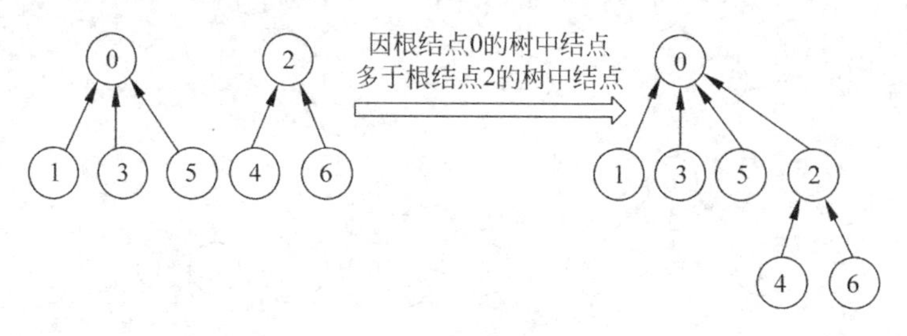

图7.49 Union加权规则示意图

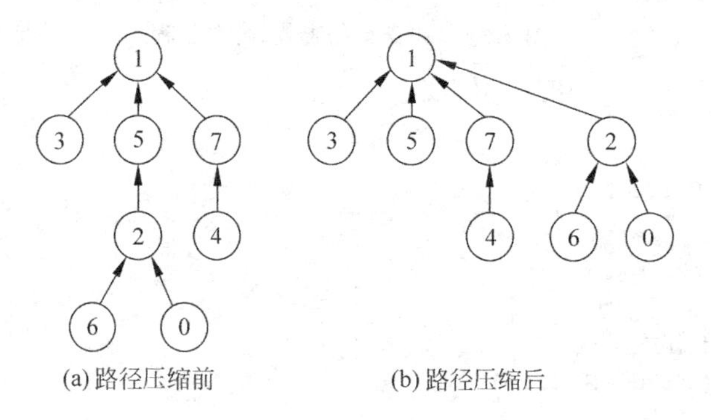

图7.50 路径压缩的例子

*7.10 键 树

与B-树、B^+-树类似,键树也是常用的外部树结构。键树又称为数字查找树(digital search trees)或trie树(retrieve中间四个字符),其结构受启发于一部大型字典的"书边标目"。字典中标出首字母是A、B、C、…、Z的单词所在的页;再对各部分标出第二字母为A、B、…、Z的单词所在的页。键树中每个结点不是包含一个或多个关键字,而是只含有组成关键字的字符。例如,若关键字是数值,则结点中只包含一个数位;若关键字是单词,则结点中只包含一个字母字符。

例如,由关键字集{BAI, BAO, BU, CAI, CAO, CHA, CHANG, CHAO, CHEN, CHENG, CHU, WANG, WEI, WU, ZHAN, ZHANG, ZHAO, ZHONG}构成的键树如图7.51所示。其中"$"表示终止符。

为便于查找,键树都做成有序树形式。子树的顺序就是其根结点存储的字符在字符集中的次序。终止符"$"小于字符集中任一字符,根结点作为查找起始结点,通常不存储字符。

在如图7.51所示的键树中查找关键字为CHANG的记录时,从根找到C,再从C找到H,从H找到A再找到N、G,最后找到$,从而找到CHANG的记录。若要在键树中查找ZHA的记录,沿着键树的根找到Z,继而找到H和A,但是没有终止符$,说明键树中没有关键字为ZHA的记录。显然在键树中查找的最大长度为键树的深度(即关键字中字符的最大个数)。

键树的存储通常有两种方式,一种是把键树转换成等价的二叉树存储起来,但这样会增

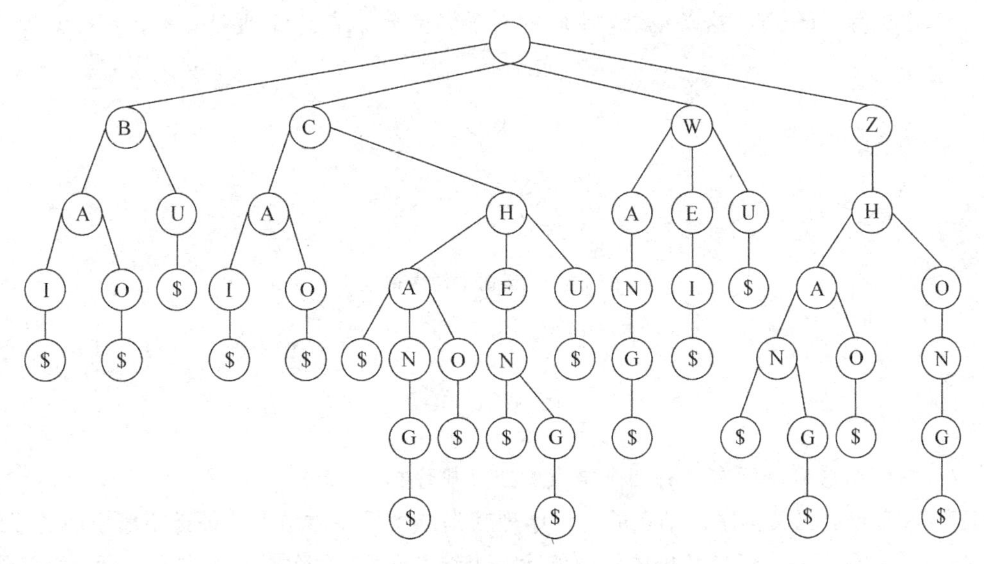

图 7.51　键树示例

加树的高度。另一种，用 m 重链表表示一个结点，其中 m 是字符集(包括 $)的基数。当字符集由英文大写字母构成时，$m=27$；当字符集包含的是数字字符时，则 $m=11$，这样虽然会牺牲一些存储空间，但便于查找。

观察图 7.51 的键树，树中结点到叶子的子树是单枝的。为了缩短查找路线，可把这些单枝子树压缩成一个结点(见图 7.52)。

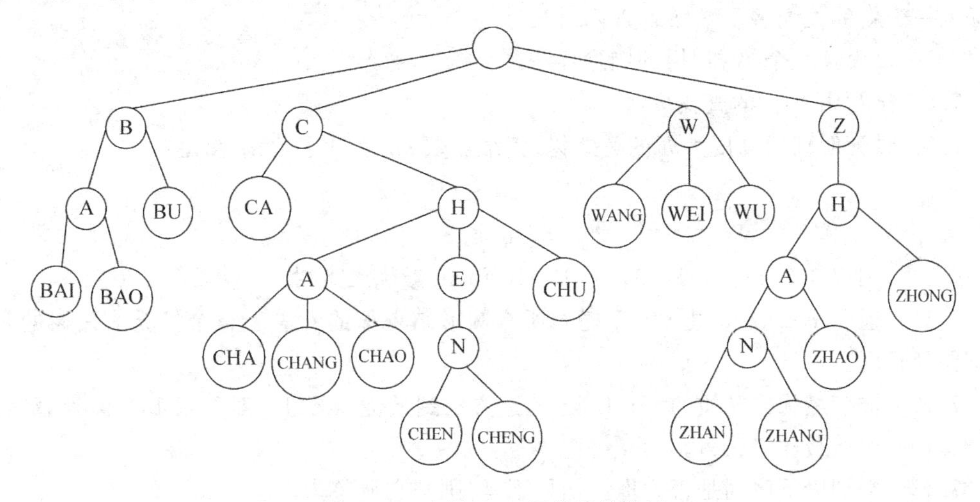

图 7.52　由图 7.51 压缩后的键树

键树不仅便于查找，也很容易作插入、删除。例如，若在图 7.51 所示的树中插入一个记录 WAN，调用查找算法，从根找到 W、A 和 N，此时只要给 N 增加一个儿子 $ 即可。

如果插入是在图 7.52 中进行的，那么，只需把终结结点 WANG 改成如图 7.53 所示的子树形式即可。

键树中删除一个记录也不难实现，通常调用查找算法找到该记录，然后把它从树中删除掉。但是如果被删除结点之父结点没有别的儿子，则要递归地删除这个父结点。例如在

图7.51中删除ZHONG这条记录,则H的右子树上全部结点G到O逐一被删除。

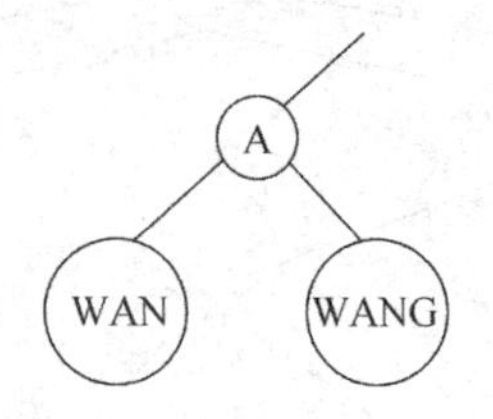

图7.53 键树中插入记录

习 题

7.1 用图形表示所有具有四个结点的二叉排序树。

7.2 证明:二叉排序树结点的对称序列就是二叉排序树结点按关键字值排序的序列。

7.3 编写算法实现二叉排序树中删除一个结点,规定删除按下述方式进行:用待删除结点的对称序后继代替被删除结点。

7.4 编写二叉排序树的查找算法。

```
BinaryTreeNode <T> * Search_bst(BinaryTreeNode <T> * t,T k)
```

7.5 画出所有具有五个结点的平衡二叉树。

7.6 从一棵空AVL树开始,将关键字3,10,5,7,11,6,12逐个插入二叉排序树,画出每插入一个新的关键字后得到的AVL树。

*7.7 试设计一个AVL树的删除算法。

*7.8 试写出B-树的查找算法。

*7.9 试证明任何高度为h的2-3树,其结点数m_h和叶子数n_h满足:

$$2^{h-1} \leqslant m_h \leqslant 3^{h-1}/2$$

$$2^{h-1} \leqslant n_h \leqslant 3^{h-1}$$

7.10 用权3,5,18,10,12,9,7构造Huffman最优二叉树。

7.11 证明Huffman最优二叉树的所有圆形结点值的和等于整个扩充二叉树的带权外部路径长度。

7.12 推广最优二叉树的Huffman构造方法到最优t叉树。对于权1,4,9,16,25,36,49,81,100,构造最优三叉树。

7.13 判别以下序列是否为堆。如果不是,则把它调整为堆。

(1) 123,45,32,76,12,53,67;

(2) 12,15,23,16,18,41,32;

(3) 10,23,16,17,29,31,19。

7.14 已知关键字集合$\{k_1,k_2,\cdots,k_n\}$为一大根堆,编写算法将$\{k_1,k_2,\cdots,k_n,k_{n+1}\}$调整为大根堆。

*7.15 编写用判定树表示用五次比较把四个元素A,B,C,D排序的算法。

*7.16 设集合$S=\{x|1\leqslant x\leqslant n$是正整数$\}$,$R$是$S$上的一个等价关系,

$$R = \{(1,2),(3,4),(5,6),(7,8),(1,3),(5,7),(1,5),\cdots\}$$

试求 S 的等价类。

*7.17 在图 7.54 所示的红黑树中，分别画出插入 19、删除 9 的过程。

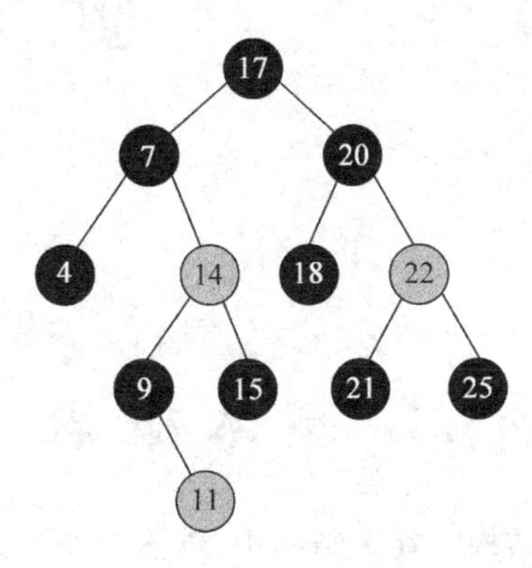

图 7.54 习题 7.17 图

*7.18 设键树的结点用 m 重链表示，试写出键树的查找算法。

第 8 章　图

8.1 基本概念

图(graph)是一种非线性结构。在图结构中,结点与结点之间的关系可以是任意的。从逻辑结构来看,图中任意一个结点的前驱、后继个数都没有限制。现实世界中图的应用极为广泛,已涉及人工智能、通信工程、计算机网络和非线性科学等领域。

定义:图 $G=(V,E)$ 是由非空有穷顶点(vertex)集 V 和 V 上的顶点对所构成的边(edge)集 E 组成。如果 E 中任一条边都是有序顶点对,则图是有向图(directed graph)。若图中代表任一条边的顶点对是无序的,则称此图为无向图(undirected graph)。常用$<V_1,V_2>$表示一条有向边,(V_1,V_2)表示一条无向边;有向边中 V_1 称为边的始点,V_2 称为边的终点。有向图中$<V_1,V_2>$、$<V_2,V_1>$代表不同的边,无向图中(V_1,V_2)、(V_2,V_1)代表同一条边。图 8.1 给出了三个图 G_1、G_2 和 G_3,其中 G_1、G_2 是无向图,G_3 是有向图。

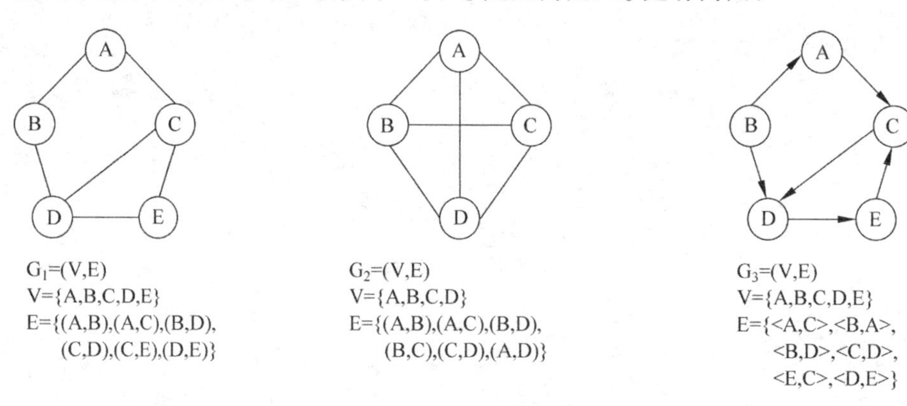

图 8.1　无向图和有向图

下面只研究简单图,即图中任意两点之间至多有一条边,且不含自回路(即顶点 V 到 V 自身的边)。对于简单图,容易得到下述结论:任何一个具有 n 个顶点的无向图,其边数小于等于 $n(n-1)/2$。把边数等于 $n(n-1)/2$ 的含有 n 个顶点的无向图称为完全图。容易验证图 G_2 是一个含有四个顶点的完全图。

类似地,在一个含有 n 个顶点的有向图中,其最大边数为 $n(n-1)$。

若$(V_1,V_2)\in E$,则称 V_1 和 V_2 是相邻顶点,而边(V_1,V_2)则是与顶点 V_1 和 V_2 相关联的边。若$<V_1,V_2>\in E$ 为有向图的一条边,则称顶点 V_1 邻接到顶点 V_2,顶点 V_2 邻接于

顶点 V_1，而边 $<V_1, V_2>$ 是与顶点 V_1、V_2 相关联的。

在有向图中，以顶点 V_1 为始点与 V_1 相关联的边数，称为 V_1 的出度 (out degree)，以顶点 V_1 为终点并与 V_1 相关联的边数称为 V_1 的入度 (in degree)。V_1 的出度与入度之和是 V_1 的度(degree)。无向图中，与 V_1 相关联的边数，称为 V_1 的度。图 8.1 中 G_1 中 C 点的度为 3，图 G_3 中 C 的入度为 2，出度为 1，度为 3。

不难验证下述事实，设图 G 中有 n 个结点，t 条边，若 d_i 为顶点 V_i 的度数，则 $t = \frac{1}{2}\sum_{i=1}^{n} d_i$。

有向图中，出度为 0 的顶点称为终端顶点(或叶子)。

若 $G_1=(V_1,E_1)$，$G_2=(V_2,E_2)$ 是两个图，且 $V_2 \subseteq V_1$，$E_2 \subseteq E_1$，则称 G_2 是 G_1 的子图 (subgraph)。

在有向(或无向)图中，如果存在首尾相接，且无重复边的边序列 $<V_1,V_2>$，$<V_2,V_3>$，…，$<V_{n-1},V_n>$ (或 (V_1,V_2)，(V_2,V_3)，…，(V_{n-1},V_n))，那么称这个序列是一条从 V_1 到 V_n 的路径(path)(又称为路、通路)。序列中的边数称为路径的长度(length)。若除了起点 V_1 和终点 V_n 之外，路径上的其他顶点全不相同，则称该路径是一条简单路径。$V_1=V_n$ 的简单路径称为回路或环(cycle)。

对于无向图 $G=(V,E)$，如果从 V_1 到 V_2 有一条路径相连，则称 V_1 和 V_2 是连通的 (connected)。若图 G 中任意两个顶点 V_i 和 V_j ($V_i \neq V_j$) 都是连通的，则称无向图 G 是连通的。图 8.1 中的 G_1、G_2 是连通图。

对于有向图 $G=(V,E)$，若任何有序顶点对 V_i 和 V_j 都有 V_i 到 V_j 的路径(有向的)，则 G 是强连通的(strong connected)。

一个无向图的连通分支定义为此图的最大连通子图。这种最大连通子图称为图的连通分量。这里所谓最大是指在满足连通的条件下，尽可能多地含有图中的顶点以及这些顶点之间的边。例如图 8.2 中的图 G_4 中含有两个最大连通子图。

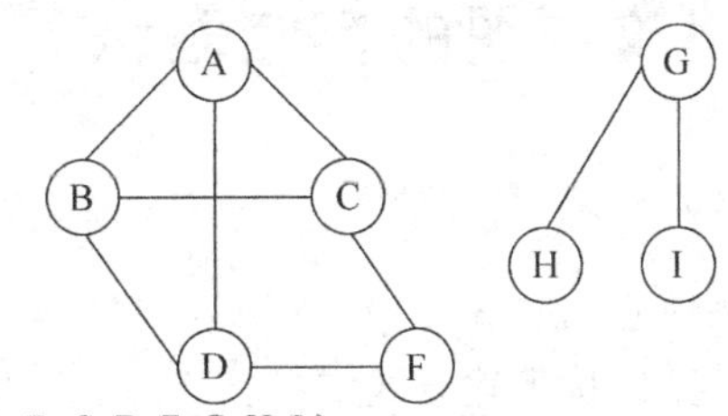

图 8.2　图 $G_4=(V,E)$

类似地，有向图中的最大强连通子图称为有向图的强连通分量。图 8.1 中的 G_3 有图 8.3 所示的强连通分量。一个连通无向图的生成树(spanning tree)是图的一个连通分量，它含有图的全部 n 个顶点和足以使图保持连通的 $n-1$ 条边。图 8.4 是图 8.1 中 G_1 的一棵生成树。

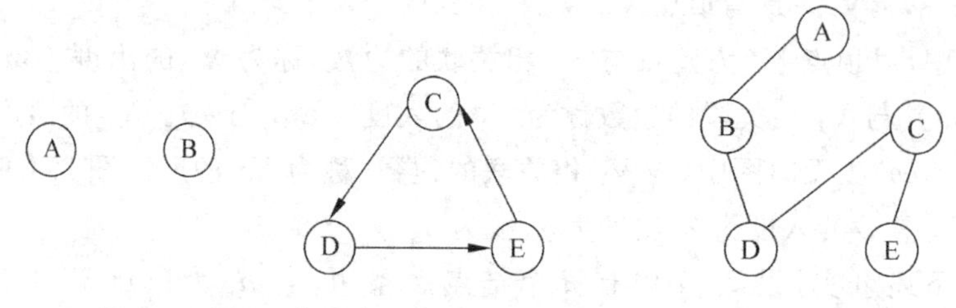

图 8.3　图 G_3 的强连通分量　　　　图 8.4　G_1 的生成树

有 $m(m \geqslant 2)$ 个连通分量的图的每个连通分量都有一棵生成树,它们构成图的生成树林(spanning forest)。有向图的生成树和生成树林有类似的定义,不同的是对应的树是有向树(有向树中仅有一个顶点的入度为0,其余顶点的入度均为1)。图8.5给出了图 G_3 的生成树林。

在某类图中,若每条边都对应一个称为权(weight)的实数,称这样的图为带权图,或称为网络(network)。本节只讨论权为非负实数的网络,权又称为耗费(cost)或路径长度。图8.6中的 G_5 是一个网络的例子。

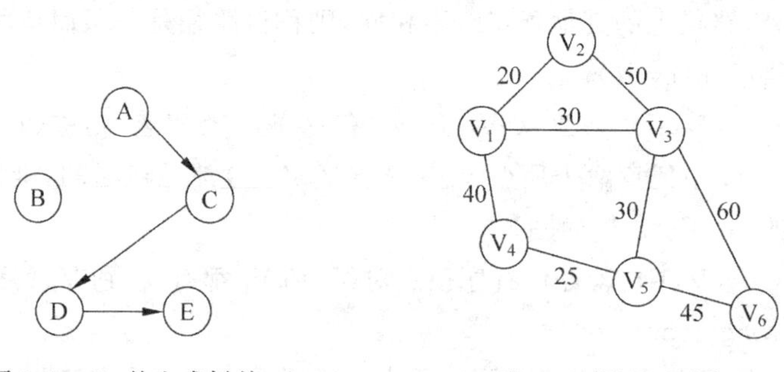

图 8.5　G_3 的生成树林　　　　图 8.6　图 G_5(网络)

和其他结构类似,图的常用运算有插入、删除、遍历、找生成树(林)、找最短路径等。

8.2　图的存储表示

8.2.1　相邻矩阵表示图

设图 $G=(V, E)$ 有 n 个顶点,m 条边,$V=\{V_1, V_2, \cdots, V_n\}$,则 G 的相邻矩阵(adjacency matrix)$\boldsymbol{A}_{n\times n}$ 中的元素 a_{ij} 按下述方式定义:

$$a_{ij}=\begin{cases}1, & (V_i,V_j)\text{ 或 }<V_i,V_j>\text{ 是图 G 的边}\\ 0, & (V_i,V_j)\text{ 或 }<V_i,V_j>\text{ 不是图 G 的边}\end{cases}$$

8.1节中的图 G_1、G_2、G_3 的相邻矩阵分别为 $\boldsymbol{A}_1$、$\boldsymbol{A}_2$、$\boldsymbol{A}_3$,其中

$$\boldsymbol{A}_1=\begin{bmatrix}0&1&1&0&0\\1&0&0&1&0\\1&0&0&1&1\\0&1&1&0&1\\0&0&1&1&0\end{bmatrix}\quad \boldsymbol{A}_2=\begin{bmatrix}0&1&1&1\\1&0&1&1\\1&1&0&1\\1&1&1&0\end{bmatrix}\quad \boldsymbol{A}_3=\begin{bmatrix}0&0&1&0&0\\1&0&0&1&0\\0&0&0&1&0\\0&0&0&0&1\\0&0&1&0&0\end{bmatrix}$$

对于带权的图(或称网),其相邻矩阵,即耗费矩阵 $\boldsymbol{C}_{n\times n}$ 按下述方式定义:

$$\boldsymbol{C}_{ij}=\begin{cases}w_{ij}, & (\mathrm{V}_i,\mathrm{V}_j)\in E(\text{或}<\mathrm{V}_i,\mathrm{V}_j>\in E)\text{,且边}(\mathrm{V}_i,\mathrm{V}_j)\text{ 或 }<\mathrm{V}_i,\mathrm{V}_j>\text{ 上的权为 }w_{ij}\\ \infty, & \text{其他}\end{cases}$$

这里∞表示比任何权都大的数,有时,在某些应用中,定义 $\boldsymbol{C}_{ii}=0(i=0,\cdots,n-1)$。

上节图 8.6 中的网络可表示为

$$\boldsymbol{C}=\begin{bmatrix}\infty & 20 & 30 & 40 & \infty & \infty\\ 20 & \infty & 50 & \infty & \infty & \infty\\ 30 & 50 & \infty & \infty & 30 & 60\\ 40 & \infty & \infty & \infty & 25 & \infty\\ \infty & \infty & 30 & 25 & \infty & 45\\ \infty & \infty & 60 & \infty & 45 & \infty\end{bmatrix}$$

用相邻矩阵表示图,需要存储一个包含 n 个结点的顺序表来保存结点的信息或指向结点信息的指针,另外还需存储一个 $n\times n$ 的相邻矩阵来指示结点间的相邻关系。对于有向图,需 n^2 个单元来存储相邻矩阵;对于无向图,因相邻矩阵是对称的,因而可用一维数组压缩存储它们,仅存储其下(或上)三角部分即可。

用相邻矩阵表示图,容易判断任意两个顶点之间是否有边相连,并容易求得各个顶点的度数。对于无向图,相邻矩阵第 i 行元素值的和就是第 i 个顶点的度数。对于有向图,矩阵第 i 行元素值的和是第 i 个顶点的出度,第 i 列元素值的和是第 i 个顶点的入度。

用相邻矩阵表示图,还容易判定任意两个顶点 V_i 和 V_j 之间是否有长度为 m 的路径相连,这只需考虑 $A^m(=\underbrace{A\times A\times\cdots\times A}_{m})$ 的第 i 行第 j 列的元素是否为 0 即可,如果 A^m 的第 i 行第 j 列的元素为 0,则说明从 V_i 到 V_j 之间没有长度为 m 的路径相连,否则存在这样的路径。

用相邻矩阵表示图的不足之处是:无论图中实际含有多少条边,图的读入、存储空间初始化等需要花费 $O(n^2)$ 个单位时间,这对边数较少(当边数 $m<<n^2$)的稀疏图是不经济的。对于边数较多(如 $m>n\log n$)的稠密图,这种存储方式是有效的。但实际问题中常见的图是非稠密的,因而有必要考虑图的其他存储方式。

8.2.2 图的邻接表表示

图的邻接表(adjacency list)由顶点表和边表构成,其中顶点表的结构为顺序存储的一维数值,数组中第 i 个元素为指向与顶点 V_i 相关联的第一条边的指针,边表中结点的结构为

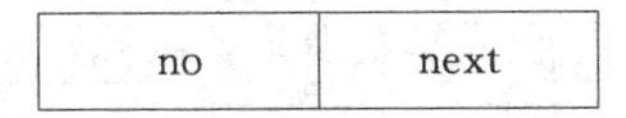

其中,no 为与这条边相关联的一个顶点的序号,next 为指向下一条相关联的边的指针。对于有向图的邻接表只需保存顶点表与出边表,或顶点表与入边表即可。

例如,图 8.7(a)、(b)、(c)的邻接表表示分别为图 8.7(a_1)、(b_1)、(c_1),其中图 8.7(c_1)为有向图的顶点表与出边表,也可用图 8.7(c_2)的顶点表与入边表表示,图 8.7(a)、(b)、(c)中顶点已用 1,2,3,4,…,编号。

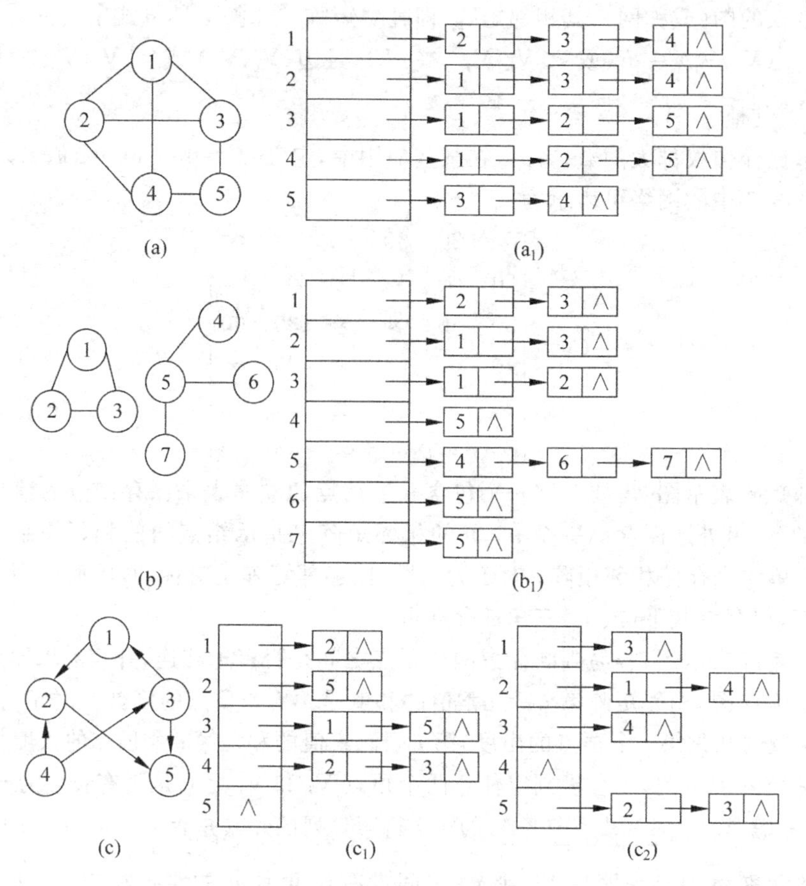

图 8.7 图的邻接表表示

用邻接表表示无向图，每条边在它的两个端点的边表里各占一个表目，因此，若每个表目占用一个单元，则存储一个有 n 个顶点 m 条边的无向图共需 $n+2m$ 个存储单元。用邻接表表示有向图，根据需要可以保存每个顶点的出边表，也可保存每个顶点的入边表，即只保存入边表和出边表之一，需用 $n+m$ 个存储单元。当 $m \ll n^2$ 时，用邻接表表示图不仅节省了存储单元，而且与同一个顶点相关联的边在同一个链表里，便于某些图运算的实现。

如果要用邻接表表示网，只需在表中每个结点增加一个字段表示边上的权。例如图 8.6 中的网络可用图 8.8 的邻接表表示。

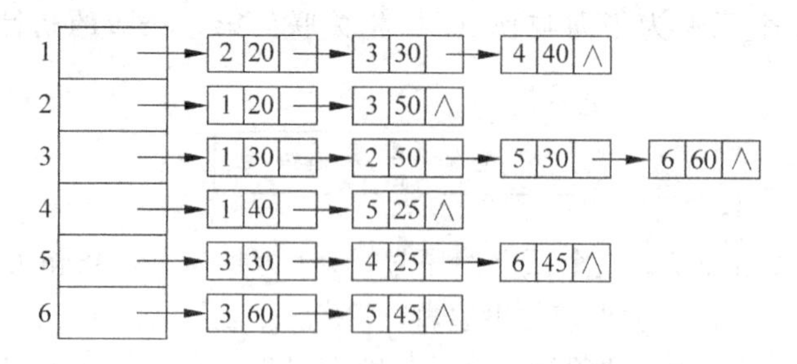

图 8.8 G_5 的邻接表表示

8.2.3 邻接多重表

1. 邻接多重表

邻接多重表(adjacency multilist)是无向图的一种链接存储方式。上一节介绍的无向图的邻接表表示法中,每条边在边表中对应两个结点,这给某些图的运算带来不便。例如在无向图中检测某条边是否被访问或插入、删除等,此时需要找到表示同一条边的两个结点或插入对应于同一条边的两个边表中的结点。若采用邻接多重表表示无向图,则边表中一个结点恰好对应一条边。

邻接多重表由顶点表和边表两部分组成,其中顶点表中结点由下面所示的两个域组成:

data	edge

其中,data 表示顶点相关的信息,edge 为指向与该顶点相关联的第一条边。边表中的结点由下面所示的 5 个域组成:

mark	i	ilink	j	jlink

其中:mark——边表访问标记。

i,j——边表(V_i,V_j)中两个顶点的标号。

$i$link——边表的指针,指向与 V_i 相关联的边表中的下一条边。

$j$link——边表的指针,指向与 V_j 相关联的边表中的下一条边。

例 8.1 图 8.9 是图 8.7(a)的邻接多重表表示。

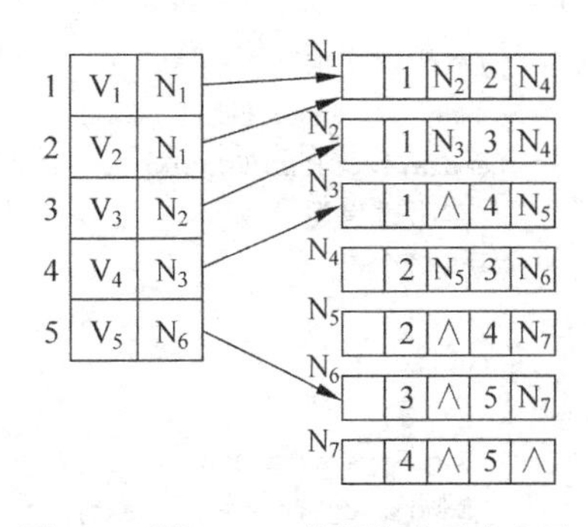

图 8.9 图 8.7(a)的邻接多重表表示

2. 有向图的邻接多重表

有向图的邻接多重表(或称十字链表)是有向图的一种链接存储结构。它是一种既保存有向图的入边表又保存有向图的出边表的一种链表。多重链表由顶点表和边表两部分组成,顶点表的结构为:

data	$edge_1$	$edge_2$

其中:data——代表顶点的信息。

$edge_1$——指向以该顶点为始点的边表中的第一条边。

$edge_2$——指向以该顶点为终点的边表中的第一条边。

而边表中结点的结构与无向图的邻接多重表一致,不同的是 $i$link、$j$link 的意义有所变化。在有向图的邻接多重表中,$i$link 为指向边表中以 V_i 为始点的下一条边的指针,$j$link 为指向边表中以 V_j 为终点的下一条边的指针。图 8.10 给出了图 8.7(c)中有向图的多重链表表示。

将图 8.10 中的边按一条边上的两个顶点组成的二元组排放在二维矩阵对应的位置组成的多重链表即有向图的十字链表,如图 8.11 所示。

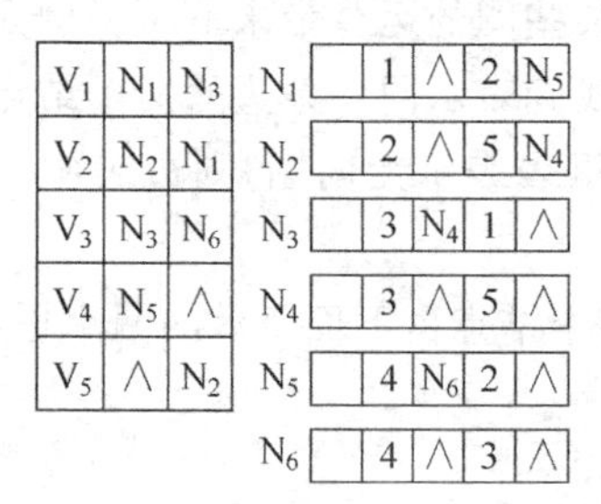

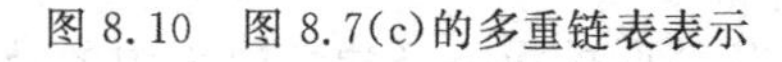
图 8.10　图 8.7(c)的多重链表表示

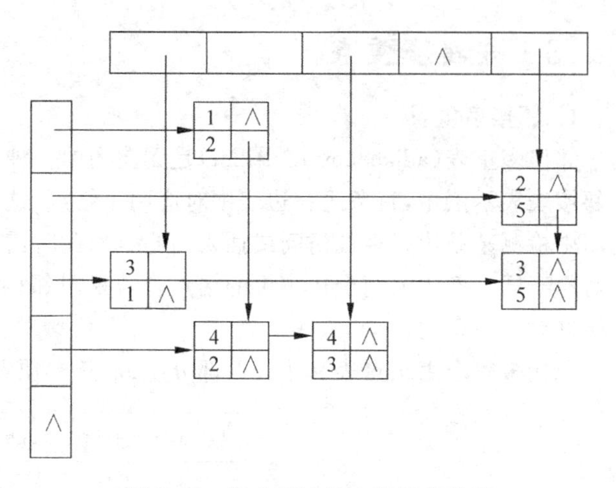
图 8.11　图 8.7(c)的十字链表表示

8.3　构造 Graph 类

8.3.1　基于邻接表表示的 Graph 类

顺序表和单链表是图的邻接表表示中对应于顶点表和边表的两部分。下面基于与顶点表和边表相关的模板类 VertexType、EdgeType(假设已定义,类似于前面用到的模板类 T),构造基于邻接表表示的 Graph 类如下:

```
//图的默认顶点数为 20
const int DefaultVertexNumbers = 20;
template < class EdgeType >
//声明边表类
class Edge
{
 public:
  int jj;                          //边的另一顶点的序号
  EdgeType edgeinfo;               //边表结点对象
  Edge < EdgeType > * next;        //指向下一条边的指针
  Edge(void) { }                   //构造函数
  Edge (int i,EdgeType A):jj(i),edgeinfo (A),next (NULL) {}
  int operator! = (const Edge &B) const {return jj! = B.jj;}
};
template < class VertexType, class EdgeType >
//声明顶点表类
class Vertex
{
 public:
 VertexType data;
 Edge < EdgeType > * out;
 Vertex( ){out = NULL;}
 void operator = (Vertex &a){data = a.data;out = a.out;}
};
```

```
template<class VertexType,class EdgeType>
//声明图的邻接表表示的 Graph 类
class Graph
{
 private:
  //顶点表
  Vertex<VertexType,EdgeType>* VertexList;
  //顶点个数
  int NumVertices;
  //最大的顶点个数
  int MaxNumVertices;
  //边的个数
  int NumEdges;
  //获取顶点在顶点表中的序号
  int ReturnVertexPos (const VertexType & vertex);
 public:
  Graph (int size);
  ~Graph (void);
  //判断图是否为空
  boolean GraphEmpty (void) const {return NumVertices == 0;}
  //判断图的存储是否溢出
  boolean GraphFull(void) const
   {return NumVertices == MaxNumVertices;}
  //返回图中顶点数
  int NumberOfVertices (void) {return NumVertices;}
  //返回图中边数
  int NumberOfEdges (void) {return NumEdges;}
  //返回顶点对象
  VertexType ReturnValue (int i)
   {return i>= 0 && i<NumVertices?VertexList[i].data:NULL;}
  //顶点表中插入新顶点
  void InsertVertex (const VertexType& vertex);
  //删除一个顶点
  void DeleteVertex (int v);
  //在图中插入一条边,假设 vi 已在顶点表中
  void InsertEdge (int vi,int vj,EdgeType& Edgeinfo);
  //删除图中一条边,假设 vi 已在顶点表中
  void DeleteEdge (int vi,int vj);
  //返回图中一条边
  EdgeType ReturnEdgeinfo (int vi,int vj);
  //返回与图中某顶点相关联的第一条边的另一顶点的序号
  int ReturnFirstNeighbor (int v);
  //返回图中与某条边相关联的下一条边的另一顶点的序号
  int ReturnNextNeighbor (int vi,int vj);
};
```

8.3.2 Graph 类的实现

本节基于图的邻接表存储方式,按 8.3.1 节所定义的 Graph 类的各种运算,研究其实现算法。

算法 8.1 构造函数 Graph()。

```
template<class VertexType,class EdgeType>
Graph<VertexType,EdgeType>::Graph(int size = DefaultVertexNumbers):
NumVertices (0), MaxNumVertices (size),NumEdges(0)
{
   int n,e,k,j;
   VertexType newvertex,first,second;
   EdgeType Edgeinfo;
   VertexList = new Vertex <VertexType,EdgeType>[MaxNumVertices];
   cin>>n;
   for (int i = 0;i<n;i++){cin>>newvertex;InsertVertex (newvertex);}
   cin>>e;
   for (i = 0;i<e;i++)
   {
     //假设已定义类 VertexType、类 EdgeType 的重载运算
     cin>>first>>second>>Edgeinfo;
     k = ReturnVertexPos (first);
     j = ReturnVertexPos (second);
     InsertEdge (k,j,Edgeinfo);
   }
  }
```

算法 8.2 析构函数~Graph(void)。

```
template<class VertexType,class EdgeType>
Graph <VertexType,EdgeType>::~Graph(void)
{
   for (int i = 0;i<NumVertices;i++)
   {
     Edge<EdgeType>  *p = VertexList[i].out;
     while (p! = NULL)
     {
      VertexList[i].out = p->next;
      delete p;
      p = VertexList[i].out;
     }
   }
   delete [] VertexList;
  }
```

算法 8.3 成员函数 ReturnVertexPos。

```
template <class VertexType,class EdgeType>
int Graph <VertexType,EdgeType>::ReturnVertexPos (const VertexType& vertex)
 {
   for (int i = 0;i<NumVertices;i++)
     if (VertexList[i].data == vertex) return i;
     return -1;
  }
```

算法 8.4 成员函数 ReturnFirstNeighbor。

```
template< class VertexType, class EdgeType >
int Graph < VertexType, EdgeType >::ReturnFirstNeighbor (int v)
 {
   Edge< EdgeType > * p;
   if (v! = -1)
   {
     p = VertexList[v].out;
     if(p! = NULL)return p -> jj;
   }
   return -1;
  }
```

算法 8.5 成员函数 ReturnNextNeighbor。

```
template < class VertexType, class EdgeType >
int Graph < VertexType, EdgeType >::ReturnNextNeighbor (int vi, int vj)
{
   if (vi! = -1)
   {
     Edge< EdgeType > * p = VertexList[vi].out;
     while (p! = NULL)
     {
       if (p -> jj == vj && p -> next! = NULL)
       return p -> next -> jj;
       else p = p -> next;
     }
   return -1;
  }
```

算法 8.6 成员函数 ReturnEdgeinfo。

```
template< class VertexType, class EdgeType >
EdgeType Graph < VertexType, EdgeType >::ReturnEdgeinfo (int vi, int vj)
{
   vi = ReturnVertexPos(vi);
   vj = ReturnVertexPos(vj);
   if(vi! = -1 && vj! = -1)
   {
     Edge< EdgeType > * p = VertexList[vi].out;
     while(p! = NULL)
     {
       if(p -> jj == vj)return p -> edgeinfo;
       else p = p -> next;
     }
   }
   return 0;
  }
```

算法 8.7 成员函数 InsertVertex。

```
template< class VertexType, class EdgeType >
```

```
void Graph<VertexType,EdgeType>::InsertVertex (const VertexType & vertex)
 {
   int i = ReturnVextexPos (vertex);
   if (i>= 0 && i<NumVertices)
   {cerr<<"表中已有该结点"<<endl;return; }
   VertexList[NumVertices].data = vertex;
   VertexList[NumVertices].out = NULL;
   NumVertices++;
 }
```

算法 8.8 成员函数 DeleteVertex。

```
//假设与该顶点相关联的边都已删除
template<class VertexType,class EdgeType>
void Graph <VertexType,EdgeType>::DeleteVertex (int v)
{
   if(v<0 || v>NumVertices - 1)
   {cerr<<"非法删除"<<endl;return;}
   for (int i = v,i<NumVertices - 1,i++)
   {
    VertexList[i] = VertexList[i+1];
   }
   NumVertices--;
}
```

算法 8.9 成员函数 InsertEdge。

```
template<class VertexType,class EdgeType>
void Graph <VertexType,EdgeType>::InsertEdge
(int vi,int vj,EdgeType& Edgeinfo)
{
  Edge<EdgeType>* p = VertexList[vi].out;
  Edge<EdgeType> * NewEdge = NULL;
  NewEdge = new Edge<EdgeType>(vj,Edgeinfo);
  if (p == NULL){VertexList[vi].out = NewEdge;NumEdges++;return;}
  while(p->jj! = vj && p->next! = NULL){p = p->next;}
    if(p->jj == vj)
    {
     cerr <<"非法插入"<<endl;return;
    }
    if (p->next == NULL)
     p->next = NewEdge;
     NumEdges++;
 }
```

算法 8.10 成员函数 DeleteEdge。

```
template<class VertexType,class EdgeType>
void Graph<VertexType,EdgeType>::DeleteEdge(int vi,int vj)
{
   Edge<EdgeType>* r;
   Edge<EdgeType>* p = VertexList[vi].out;
```

```
    if(p == NULL) {cerr <<"非法删除"<< endl;return;}
    if(p -> jj == vj)
    {
     VertexList[vi].out = p -> next;
     NumEdges -- ;
     return;
    }
    r = p;p = p -> next;
    if (p == NULL) {cerr <<"非法删除"<< endl;return;}
    while(p -> jj! = vj && p -> next! = NULL){r = p;p = p -> next;}
    if (p -> jj == vj)
    {r -> next = p -> next;delete p;NumEdges -- ; return;}
    cerr <<"非法删除"<< endl;
}
```

8.4 图的遍历

与对树的遍历相似,对于给定的图 G(V,E),从 V 中任一顶点出发按一定规律沿着图中的边访问图的每个顶点恰一次的运算称为对图的遍历。

通常有两种遍历图的方法:深度优先遍历和广度优先遍历,这两种遍历方法对无向图和有向图都适用。图的遍历运算,尤其是深度优先遍历,在图的许多相关运算中有广泛的应用。

8.4.1 深度优先遍历

图的深度优先遍历(depth first search)是一种广义的树的先根次序遍历方法,递归定义如下:

(1) 任选 G=(V,E)中某个未被访问的顶点 v∈V 出发,访问 v。

(2) 以与 v 相关联的每一个未被访问过的顶点 w 出发深度优先遍历 G。

(3) 若 G 中还有未被访问的顶点,则转(1);否则遍历终止。

例 8.2 图 8.12 中的有向图 G 的深度优先遍历过程见图 8.12(b)深度遍历(生成树)。

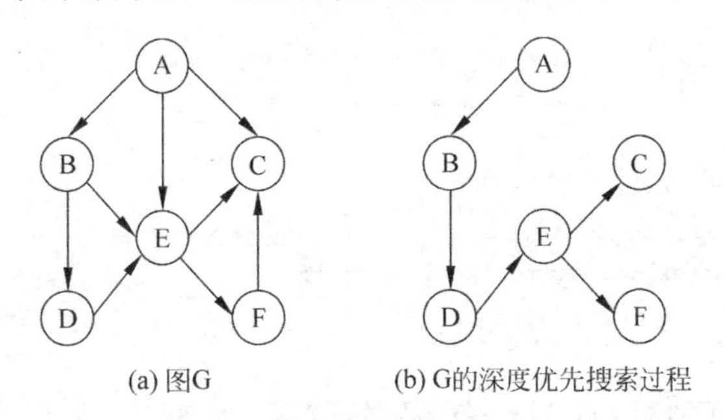

图 8.12 有向图深度优先搜索过程

若图是连通的无向图或强连通的有向图,则从其中任何一个结点出发都可以系统地访问遍所有的顶点;若图是有根的有向图,则从根出发可以系统地访问遍所有的顶点。在上述情况下,图的所有顶点加上遍历过程中经过的边所构成的子图称为图的生成树。图 8.12(b)

实际上是图 8.12(a)按深度方向遍历的生成树。

对于不连通的无向图和不是强连通的有向图,从任意顶点出发一般不能系统地访问遍所有的顶点,而只能得到以此顶点为根的连通分支的生成树。要访问其他顶点则需要从没有访问过的顶点中找一个顶点作为起点再进行遍历,这样最终得到的是生成树林。图 8.13(b)给出了图 8.13(a)的深度方向优先遍历的生成树林。

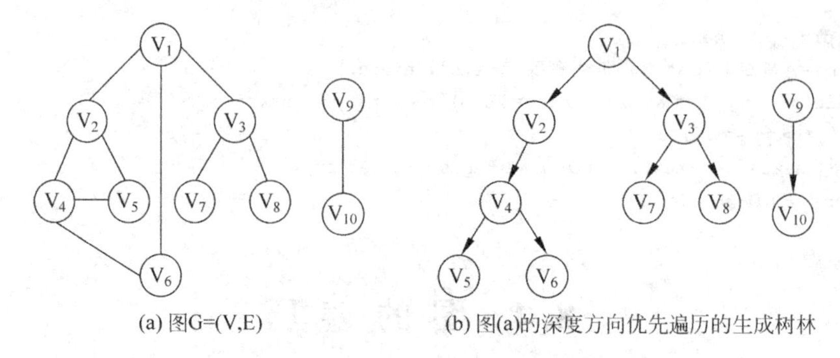

图 8.13 无向图深度方向优先遍历

下面给出深度优先遍历的递归算法,它可作为前一节定义的 Graph 类中新的成员函数 DFS( )。

算法 8.11 基于邻接表表示图的深度优先遍历算法。

```
void Graph::DFS(void)
{
 //记录图顶点是否被访问的访问标记
 int reach[DefaultVertexNumbers];
 //置"未访问"标记
 for (int i = 0;i < n;i++) reach[i] = 0;
 //从标号为 0 的顶点出发深度优先遍历
  for(i = 0;i < n;i++)
    if(!reach[i]) dfs(i,reach);
//释放 reach 数组
 delete [] reach;
}

void Graph::dfs (int v,int reach [])
{
 cout <<"visited vertex"<< ReturnValue(v)<< endl;
 //置"已访问"标记
 reach[v] = 1;
 //取与标号为 v 的顶点相关联的第一条边上另一个顶点的序号
 int u = ReturnFirstNeighbor(v);
 while (u! = - 1)
 {
  //取与标号为 v 的顶点相关联的下一条边
  if(!reach[u])dfs (u,reach);
```

```
    //另一顶点的序号
    u = ReturnNextNeighbor(v,u);
  }
}
```

8.4.2 广度优先遍历

图的广度优先遍历(breadth first search)的定义为：

(1) 任选图中一个尚未访问过的顶点 V 作遍历起点，访问 V。

(2) 相继地访问与 V 相邻而尚未访问过的所有顶点 $V_1, V_2, \cdots, V_s$，并依次访问与这些顶点相邻而尚未访问过的所有顶点。

(3) 若图中尚有未访问过的顶点，则转(1)；否则遍历过程结束。

图 8.12(a)中从顶点 A 出发按广度优先遍历得到的顶点序列为 A、B、E、C、D、F，相应的生成树如图 8.14(a)所示。图 8.13 (a)中从 V_1 出发的广度优先遍历得到的顶点序列为 V_1、V_2、V_6、V_3、V_4、V_5、V_7、V_8、V_9、V_{10}，相应的生成树林如图 8.14(b)所示。

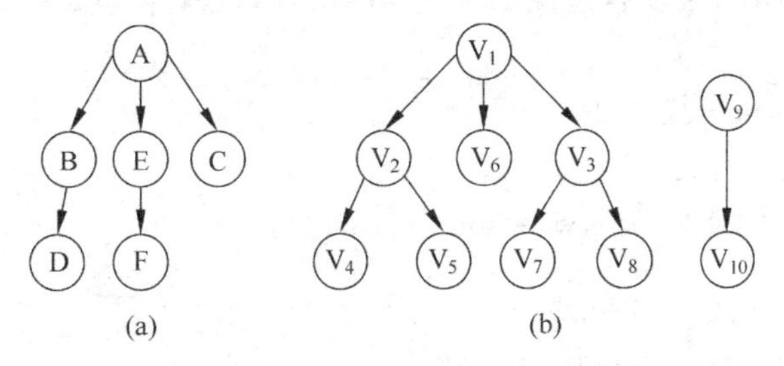

图 8.14　广度优先生成树(树林)

图的广度优先遍历，类似于对树的结点按层次次序遍历。实行广度优先遍历运算的算法，需使用一个队列结构，用来记录遍历路线，队列中存放待访问的顶点。关于广度优先遍历的算法留作习题。

8.5 最小代价生成树

不难发现，图的生成树不是唯一的，从不同的顶点出发进行遍历，可以得到不同的生成树。对于连通的网络 G=(V,E)，边是带权的，因而 G 的生成树的各边也是带权的。把生成树各边的权值总和称为生成树的权(或总耗费，总代价)，并把权最小的生成树称为 G 的最小代价生成树(minimum cost spanning tree)(简称为最小生成树)。

最小生成树有许多重要应用。设图 G 的顶点表示城市，边表示连接两个城市之间的通信线路。n 个城市之间最多可设立的线路有 $n(n-1)/2$ 条，把 n 个城市连接起来至少要有 $n-1$ 条线路。如果给图 G 中的边都赋予权，而这些权可表示两个城市之间通信线路的长度或建造代价，那么，如何在这些可能的线路中选择 $n-1$ 条，以使总的耗费最少呢？这就是要构造图 G 的一棵最小生成树。

构造最小生成树有多种算法，其中大多数构造算法都是利用了下述称为 MST 的性质。

定理 设G=(V,E)是一个连通网络,U是V的一个真子集。若(u,w)是G中"一个端点在U(即u∈U)里、另一个端点不在U(即w∈V\U)里"的边中,具有最小权值的一条边,则一定存在G的一棵最小生成树包括此边(u,w)。

证明:用反证法。假设G的任何一棵最小生成树中都不包含边(u,w)。设T是G的一棵最小生成树,但不包含边(u,w)。由于T是树,且是连通的,因此有一条从u到w的路径;且该路径上必有一条连接两个顶点集U和V\U的边(u′,w′),其中,u′∈U,w′∈V\U;否则u和w不连通。现在将(u,w)加入T(见图8.15(b)),形成了回路,显然(u′,w′)上的权≥(u,w)上的权,在图8.15(b)中删除边(u′,w′)得另一棵树T′,T′上的总花费比T上的总花费要小,矛盾。

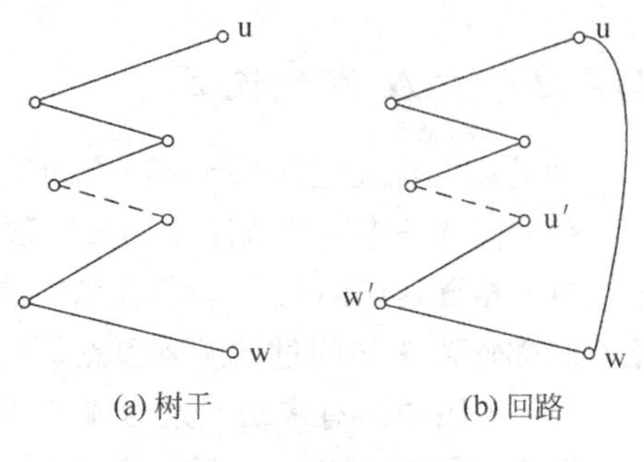

图8.15 T的变化图

本节介绍利用MST性质构造最小生成树的两种算法:普里姆(Prim)算法和克鲁斯卡尔(Kruskal)算法。

普里姆(Prim)算法可描述如下:

(1) T=Φ(Φ代表空集),U={u_0},u_0∈V。

(2) 选边(u^*,w^*)使权(u^*,w)= $\min\limits_{\substack{u\in U\\ w\in V\backslash U}}\{(u,w)\}$。

(3) (u^*,w^*)⊆T,U=U+{w^*}。

(4) 重复(2),(3),直到U=V。

具体实现可叙述为:从任意一个顶点开始,首先把这个顶点加入生成树T中,然后在那些一个端点在生成树、另一个端点不在生成树的边中选权最小的一条边,并把这条边和其不在生成树里的另一个端点加入生成树。如此重复进行下去,每次往生成树里加一个顶点和一条权最小的边,直到把所有的顶点都包括进生成树。当有两条具有同样的最小权的边可供选择时,选哪一条都可以,这时构造的最小生成树不唯一。图8.16给出了Prim算法构造最小生成树的过程,两棵最小生成树已构造完成。

假设以相邻矩阵表示网,在给出Prim算法之前,先确定有关的存储结构如下:

```
typedef struct
{
   int vi,vj;                    //边的起点和终点
   int weight;                   //边上的权,设为整型
}edge;
int adj [n][n];                  //网络的相邻矩阵
edge T [n-1];                    //记录最小生成树
```

网络的边(或最小生成树的边)结点结构如下:

weight	Vi	Vj

在下面的Prim算法中,数组T记录了最小生成树的生长过程。当已经有k个顶点加入最小生成树时,则对应的$k-1$条边存放在T的前$k-1$个分量T[0]~T[$k-2$]中,而

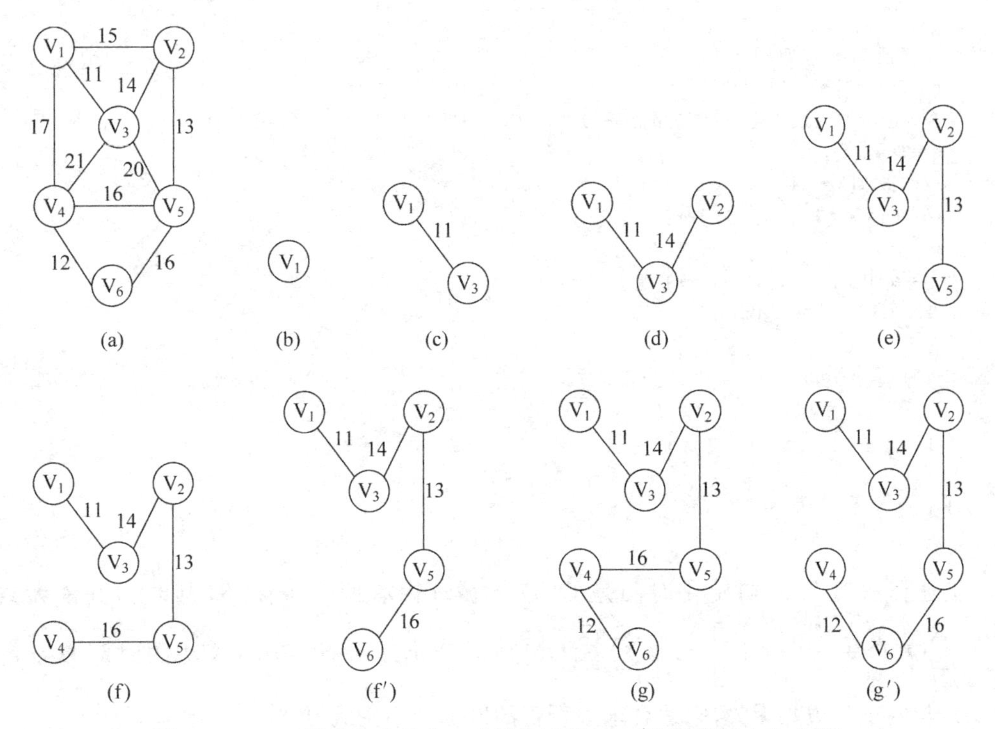

图 8.16　Prim 算法构造最小生成树的过程(g，g′为两棵最小生成树)

T 的后 $n-k$ 个分量 T[$k-1$]～T[$n-2$]正好可用来存放当前有可能加入最小生成树的 $n-k$ 条边。

算法 8.12　Prim 算法。

```
//从 V1 出发构造以相邻矩阵 adj 表示的网络的最小生成树
void prim(void)
{
 int m,v,min,max = 32767,d;
 edge e;
 //T 的初始化
 for (int j = 1;j < n;j++)
 {
  T[j - 1].vi = 1;
  T[j - 1].vj = j + 1;
  T[j - 1].weight = adj[0][j];
 }
 //求第 k + 1 条最小生成树的边
 for (int k = 0;k < n - 1;k++)
 {
  min = max;
  //在 T[k], …,T[n - 2]中选择权最小的边加入最小生成树
  for(j = k;j < n - 1;j++)
   if(T[j].weight < min)
   {
     min = T[j].weight;
     m = j;
```

```
    }
  //交换 T[m]与 T[k]
  e = T[m];T[m] = T[k];T[k] = e;
  //v 是新加入最小生成树的顶点序号
  v = T[k].vj;
  //修改 T[k+1],…,T[n-2]
  for (j = k + 1;j < n - 1;j++)
  {
   d = adj[v - 1][T[j].vj - 1]
   if (d < T[j].weight);
   {
     T[j].weight = d;
     T[j].vi = v;
   }
  }
 }
}
```

上述算法对 T 的初始化时间是 $O(n)$。k 循环内有两个子循环，其时间开销大致为 $\sum_{k=0}^{n-2}\left[\sum_{j=k}^{n-1}O(1)+\sum_{j=k+1}^{n-2}O(1)\right]\approx 2\sum_{k=0}^{n-2}\sum_{j=k}^{n-2}O(1) = O(n^2)$。因此，Prim 算法的时间复杂度为 $O(n^2)$，与网中的边数无关，它适合求边稠密的网的最小生成树。

构造最小生成树的另一算法 Kruskal 可描述如下：

```
(1) T = Φ。
(2) while (T 含有少于 n - 1 条边且边集 E 不空)
   {
         从 E 中挑选一条权最小的边(u*,w*);
         从 E 中删去边(u*,w*);
         if((u*,w*)加入 T 后不形成回路)
         则(u*,w*)⊆T
         else 舍弃(u*,w*);
   }
```

Kruskal 算法的思路很容易理解，它是按边权值的递增顺序来构造最小生成树的。图 8.17 给出了 Kruskal 算法求图 8.16(a)的最小生成树的过程。

边	权	是否加入 T
(1,3)	11	是
(4,6)	12	是
(2,5)	13	是
(2,3)	14	是
(1,2)	15	否
(4,5)	16	是
(5,6)	16	否
(1,4)	17	否
(3,5)	20	否
(3,4)	21	否

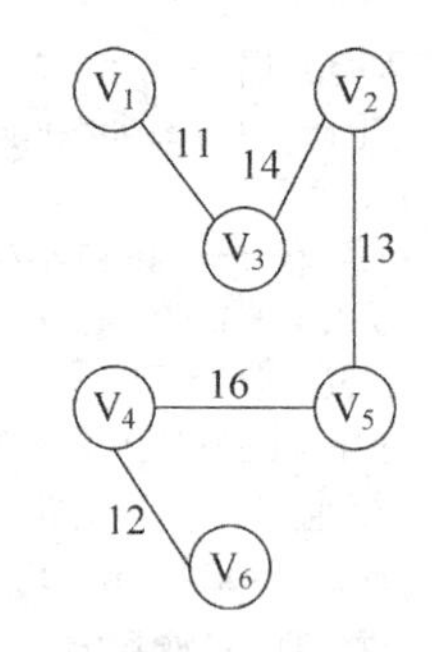

图 8.17 Kruskal 构造最小生成树的过程

类似地交换具有相同权值 16 的两条边(4,5)和(5,6)的顺序,可构造另一棵最小生成树。Kruskal 算法尚有很多较难实现的细节。具体有以下三方面的问题需解决:

(1) 图 G=(V,E)的存储结构的选定。

(2) 边按权值的排序算法的选定。

(3) 如何判断算法中(u^*,w)加入 T 后不形成回路。

关于(3),一个有效的方法是把 V 分成若干个子集。初始时刻,每个顶点自成一个集合,当每次选出最小权值的边(u^*,w^*)后,首先考察两端点 u^*,w^* 是否在同一集合(每个集合实际上是一个等价类)。如果不在同一集合,就把(u^*,w^*)添加到边集 T 中,同时把 u^* 所在的顶点集和 w^* 的顶点集合并成一个集合;否则,舍弃边(u^*,w^*)。这个过程重复进行,直到 V 中所有顶点都位于同一个称为等价类的集合中结束。

显然,Kruskal 算法的时间开销与网中的边数有关,主要的时间开销在对边进行排序上。设网中有 m 条边,则最好的排序算法的时间开销为 $O(m\log m)$。Kruskal 算法适合对边稀疏的网络求最小生成树。

8.6 单源最短路径问题——Dijkstra 算法

单源最短路径问题是:对于给定的带权图 G=(V,E)(不含负耗费)及单个源点 S,求从 S 到 V 中其他各顶点的最短路径。

例如,图 8.18 中以 S 为源点,从 S 到其他各顶点的最短路径如表 8.1 所示。

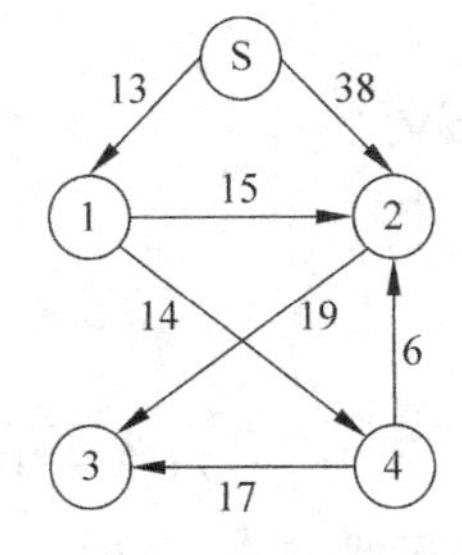

图 8.18 有向图 G

表 8.1 从 S 到其他结点的最短路径

源 点	中间顶点	终 点	最短路径长度
S		1	13
S	1	2	28
S	1,4	3	44
S	1	4	27

戴克斯特拉(Dijkstra)提出了一个找最短路径的方法。方法的基本思想是:将 V 中的顶点分成两组 V=A+B,其中 A 组中的顶点已确定了从 V_0 到该顶点的最短路径,B 组中的顶点尚未确定从 V_0 到该顶点的最短路径,Dijkstra 算法就是依次按最短路径长度递增的原则把 B 中的顶点加入 A 中的过程,直到 B 为空或者不存在从 V_0 到 B 中顶点的路径(路径长度为+∞)为止。

V= A + B

图 8.19 按最短路径长度递增的次序找最短路径

具体实现 Dijkstra 算法时,需要给 A、B 中的顶点定义距离值 length:

- ∀V∈A,定义 V.length=从 V_0 到 V 的最短路径长度;
- ∀V∈B,定义 V.length=从 V_0 到 V 只允许 A 中顶点作为路径上的中间顶点。

Dijkstra 算法的正确性基于下述两个事实:

• B中距离值最小的顶点 V_m,其距离值就是从 V_0 到 V_m 的最短路径长度。

• V_m 是B中最短路径最小的顶点。

证明:

(1) 用反证法,若 V_m 的距离值不是从 V_0 到 V_m 的最短路径长度,另有一条从 V_0 经过B组某些顶点到达 V_m 的路径,其长度比 V_m 的距离值小,设经过B组第一个顶点是 V_s,则 $V_s \cdot length < V_0$ 经过 V_s 到 V_m 的路径长度 $< V_m \cdot length$。与 V_m 是B组中距离值最小的顶点矛盾。

(2) 设 V_t 是B中异于 V_m 的任意一个顶点。从 V_0 到 V_t 的最短路径只可能有两种情况:一种是最短路径上的中间顶点仅在A组中,这是由距离值的定义,其路径长度必然大于 V_m 的距离值;另一种情况是从 V_0 到 V_t 的最短路径上不只包括A组中的顶点作为中间顶点,设路径上第一个在B组中的中间顶点为 V_u,则 V_0 到 V_u 的路径长度就是 V_u 的距离值,已大于或等于 V_0 到 V_m 的最短路径长度,那么 V_0 到 V_t 的最短路径长度当然不会小于 V_0 到 V_m 的最短路径长度。因此,V_m 的确是B中最短路径最小的顶点。

关于求从顶点 V_0 到其他各顶点的最短路径的Dijkstra算法可描述为:

(1) $A=\{V_0\}, V_0 \cdot length=0$

$$B = V\backslash\{V_0\}, \forall V_i \in B, V_i \cdot length = \begin{cases} 权 < V_0, V_i >, & 存在边 < V_0, V_i > \\ +\infty, & 不存在边 < V_0, V_i > \end{cases}$$

(2) 若 $V_m \cdot length = \min\limits_{V_i \in B}(V_i \cdot length)$,则

$$A \Leftarrow A \cup \{V_m\}, B \Leftarrow B\backslash\{V_m\}$$

(3) 修改B中顶点的距离值

$$\forall V_i \in B, 当 V_i \cdot length > V_m \cdot length + 权 < V_m, V_i >$$

则

$$V_i \cdot length = V_m \cdot length + 权 < V_m, V_i >$$

(4) 重复(2),(3),直到B为空或 $\forall V_i \in B, V_i \cdot length = +\infty$。

若采用相邻矩阵adj表示网络,进入算法前 $adj[i,i]=0(i=0,1,\cdots,n-1)$;算法中用 $adj[i,i]=1$ 标识第 i 个顶点已进入A组。数组dist[ ]的每个元素包含两个域length、pre,其中,length代表顶点的距离值,pre记录从 V_0 到该顶点路径上该顶点前一个顶点的序号,算法结束时,沿着顶点 V_i 的pre域追溯可确定 V_0 到 V_i 的最短路径上的中间顶点,而 V_i 的length域就是从 V_0 到 V_i 的最短路径长度。算法中用到的结构说明为:

```
typedef struct
{
  int length;
  int pre;              //pre 0..n
}path;
int adj[n][n];          //顶点标号从 0 到 n - 1,相邻矩阵中 adj[i][j] = 权<Vi,Vj>
path dist[n];
```

算法8.13 Dijkstra算法。

```
void DIJ(int k);        //源点在顶点集中序号为 k
{
```

```
 int i,u;
 for (i=0; i<n; i++)                //A,B 两组初始化
 {
 Dist[i].length=adj[k][i];
 if (dist[i].length != 32767)
  dist[i].pre=k;
 else
  dist[i].pre= -1;                  //-1 代表空
}
 adj[k][k]=1;
 //按最短路径递增的顺序依次将 B 组中的顶点加入 A 组
 for(; ; )
 {
  u= -1;min=32767;                  //取 32767 为比所有权都大的整数
  for (i=0;i<n,i++)
  {
   if(adj[i][i]==0 && dist[i].length<min)
   {
    u=i;min=dist[i].length;
   }
  } //end for i
 if (u== -1)
 {
 cerr<<"No vertex can be added in A from B" << endl;
 return;
 }
 adj[u][u]=1;
 //修改 B 中顶点的距离值
 for (i=0; i<n; i++)
 {
   if (adj[i][i]==0 && dist[i].length>dist[u].length+adj[u][i])
 {
   dist[i].length=dist[u].length+adj[u][i];
   dist[i].pre=u;
  }
 }
 }
 } //end DIJ
```

容易看出，Dijkstra 算法的时间复杂度为 $O(n^2)$，占用的辅助空间是 $O(n)$。

图 8.18 的相邻矩阵 adj 为

$$
\text{adj}=\begin{bmatrix} 0 & 13 & 38 & +\infty & +\infty \\ +\infty & 0 & 15 & +\infty & 14 \\ +\infty & +\infty & 0 & 19 & +\infty \\ +\infty & +\infty & +\infty & 0 & +\infty \\ +\infty & +\infty & 6 & 17 & 0 \end{bmatrix}
$$

表 8.2 说明了 Dijkstra 算法中 dist 数组的变化情况。

表 8.2 Dijkstra 算法中 dist 数组的变化情况

顶点	序号	length	pre	length	pre	length	pre	length	pre	length	pre
S	0	0		0		0		0		0	
1	1	13	0	13	0	13	0	13	0	13	0
2	2	38	0	28	0	28	1	28	1	28	1
3	3	$+\infty$	−1	$+\infty$	−1	44	4	44	4	44	4
4	4	$+\infty$	−1	27	1	27	1	27	1	27	1
		A={S}		A={S,1}		A={S,1,4}		A={S,1,4,2}		A={S,1,4,2,3}	

沿着最后得到的 dist 数组的 pre 域追溯可得到最短路径。例如,从 S 到顶点 3 的最短路径为 S→1→4→3,且最短路径长度为 44。

8.7 每一对顶点间的最短路径问题

交通网络中常常需要回答这样的问题:从甲地到乙地如何选择路径可使旅行路线最短?要解答这个问题,一个自然的方案是以网络中每个顶点为源点,分别调用 Dijkstra 算法。若网络中含有 n 个顶点,则用 $O(n^3)$的时间就可求出网络中每对顶点间的最短路径。

这里介绍由弗洛伊德(Floyd)提出的另一种算法。Floyd 算法形式上比 Dijkstra 算法要简单,总的时间开销仍为 $O(n^3)$。

设网络不含负耗费,用相邻矩阵 adj 表示网络,Floyd 算法的基本思想是递推地产生矩阵序列 $\text{adj}^{(0)},\text{adj}^{(1)},\cdots,\text{adj}^{(k)},\cdots,\text{adj}^{(n)}$,其中 $\text{adj}^{(0)}=\text{adj}$,$\text{adj}^{(0)}[i][j]=\text{adj}[i][j]$可以解释为从顶点 V_i 到顶点 V_j 中间顶点序号不大于等于 1(也就是说不允许任何顶点作为中间顶点)的最短路径长度(顶点编号从 $V_1,\cdots,V_n$)。对于一般的 $k(k=1,\cdots,n)$,定义 $\text{adj}^{(k)}[i][j]$ $=$允许 $V_1,\cdots,V_k$ 作为中间顶点,从顶点 V_i 到 V_j 的最短路径长度。

显然,如果能递推地产生矩阵序列 $\text{adj}^{(k)}$,则 $\text{adj}^{(n)}$ 中记录了任意两顶点间的最短路径。由 $\text{adj}^{(k)}[i][j](1\leqslant i\leqslant n,1\leqslant j\leqslant n)$的定义,不难得到由 $\text{adj}^{(k-1)}$ 产生 $\text{adj}^{(k)}$ 的方法。

$$\text{adj}^{(k)}[i][j]=\begin{cases}\text{adj}^{(k-1)}[i][j], & \text{从 } V_i \text{ 到 } V_j \text{ 允许 } V_1,\cdots,V_k \text{ 作为中间结点的最短路径上不含 } V_k\\ \text{adj}^{(k-1)}[i][k]+\text{adj}^{(k-1)}[k][j], & \text{从 } V_j \text{ 到 } V_j \text{ 允许 } V_1,\cdots,V_k \text{ 作为中间结点的最短路径上含 } V_k\end{cases}$$

下面给出算法。设网络用相邻矩阵 $\text{adj}_{n\times n}$表示,路径用整型二维数组 $P_{n\times n}$表示,用 $D_{n\times n}$记录任意两顶点间的最短路径。

算法 8.14 Floyd 算法求网络中任意两顶点间的最短路径。

```
int path[n][n];
void Floyd (int D[][n], int adj[][n])
{
 int max = 32767;
 for (int i = 0; i < n; i++)                    //给 D,path 赋初值
  for (int j = 0; j < n; j++)
  {
```

```
      if (adj[i][j]! = max) path[i][j] = i + 1;
      else path[i][j] = 0;
      D[i][j] = adj[i][j];
    }
  for (int k = 0; k < n; k++)                         //n 次迭代产生矩阵序列
   for (i = 0; i < n; i++)
    for(j = 0; j < n; j++)
    if (D[i][j]>(D[i][k] + D[k][j]))
     {
      D[i][j] = D[i][k] + D[k][j];
      path[i][j] = path[k][j];
     }
  }
```

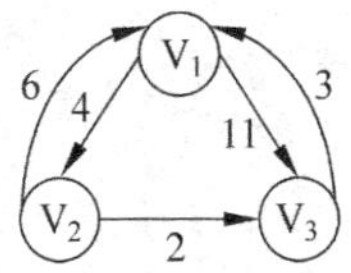

图 8.20　含三个顶点的有向网络

图 8.20 的相邻矩阵为

$$\mathrm{adj}=\begin{bmatrix}0 & 4 & 11\\ 6 & 0 & 2\\ 3 & +\infty & 0\end{bmatrix}$$

$$k=0\text{ 时},\quad \mathrm{adj}=\begin{bmatrix}0 & 4 & 11\\ 6 & 0 & 2\\ 3 & 7 & 0\end{bmatrix},\quad \mathrm{path}=\begin{bmatrix}1 & 1 & 1\\ 2 & 2 & 2\\ 3 & 1 & 3\end{bmatrix}$$

$$k=1\text{ 时},\quad \mathrm{adj}=\begin{bmatrix}0 & 4 & 6\\ 6 & 0 & 2\\ 3 & 7 & 0\end{bmatrix},\quad \mathrm{path}=\begin{bmatrix}1 & 1 & 2\\ 2 & 2 & 2\\ 3 & 1 & 3\end{bmatrix}$$

$$k=2\text{ 时},\quad \mathrm{adj}=\begin{bmatrix}0 & 4 & 6\\ 5 & 0 & 2\\ 3 & 7 & 0\end{bmatrix},\quad \mathrm{path}=\begin{bmatrix}1 & 1 & 2\\ 3 & 2 & 2\\ 3 & 1 & 3\end{bmatrix}$$

算法结束时,由 D 可知任意两顶点之间的最短路径长度。例如从 V_3 到 V_2 的最短路径长度为 D[2][1]=7。由 path 矩阵中的元素追溯可知任意两顶点间的最短路径上的中间顶点。例如由 path[2][1]=1 及 path[2][0]=3 知,从 V_3 到 V_2 的最短路径为 $V_3 \to V_1 \to V_2$。

8.8　有向无回路图

8.8.1　DAG 图和 AOV、AOE 网

一个无环(不含回路)的有向图称为有向无回路(环)图(directed acycline graph),简称为 DAG 图。DAG 图有广泛的应用背景,它在计算机系统设计、计算机应用领域(例如,工程规划、项目管理等)都有重要的作用。

DAG 图是一种较有向树更一般的特殊有向图。考虑算术表达式:

$$(a+b)\times b\times(c+d)-(a+b)/e+e/(c+d)$$

这个表达式中 $(a+b)$、$(c+d)$、e 都重复出现了两次,用第 7 章介绍的二叉树表示(见图 8.21)时,不仅占用较多的空间,而且要作重复计算。但若用 DAG 图表示它,能使表示公共项(相同项)的顶点为其他顶点所"共享",克服了用二叉树表示的上述缺点(见图 8.22)。

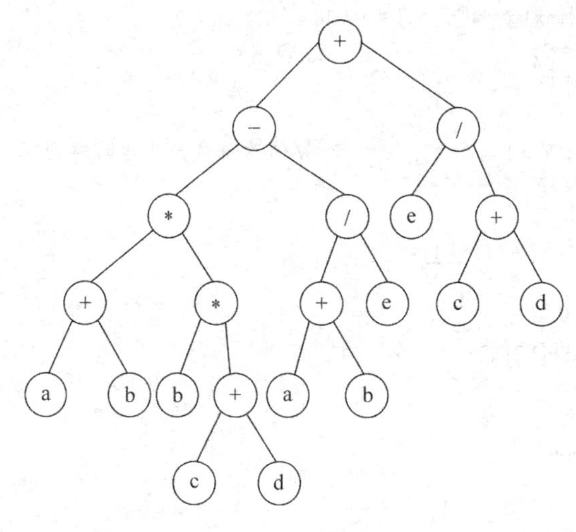

图 8.21　表达式树

DAG 图也是描述一项工程或系统进行过程中的有效工具。一项工程(project),通常可分成若干个被称为活动(activity)的工序。每个活动都在一定的条件下,如某些活动结束之后才能开始,并持续一段时间而结束。

如果用顶点表示活动,边表示活动间的先后关系的有向图,称为顶点活动网(activity on vertex network),简称为 AOV 网。图 8.23 是表 8.3 中各课程优先关系的 AOV 网。

表 8.3　计算机软件专业必修课程

课程代号	课程名称	先修课程
C_1	高等数学	无
C_2	线性代数	无
C_3	计算机导论	无
C_4	程序设计语言	C_3
C_5	离散数学	C_1,C_2
C_6	数据结构	C_3,C_5
C_7	编译原理	C_4,C_6
C_8	操作系统	C_6,C_9
C_9	计算机原理	C_{10}
C_{10}	普通物理	C_1
C_{11}	数值分析	C_1,C_2,C_4

工程的另一种有向图表示是:用顶点表示工程或活动开始、结束等事件(event),用边表示活动。一个活动 e_j 是另一个活动 e_i 的先决条件,当且仅当边 e_i 之始点是边 e_j 的终点。因此,若边 e_1,e_2,…,e_k 是由顶点 V 射出的边,则表明只有当事件 V 发生时,活动 e_1,e_2,…,e_k 才能开始;反之,若 e_1,e_2,…,e_k 都是射入顶点 V 的边,则说明当事件 V 发生时,活动 e_1,e_2,…,e_k 都已结束。这种用顶点表示工程或活动开始、结束等事件,用边表示活动的有向图,称为 AOE 网(activity on edge network)。

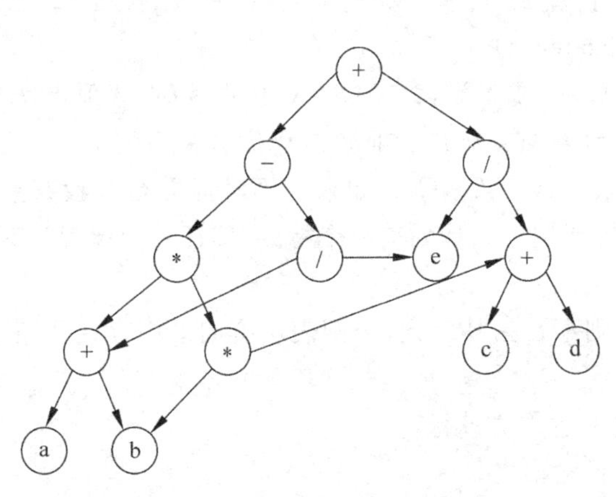

图 8.22　共享结点后的表达式树

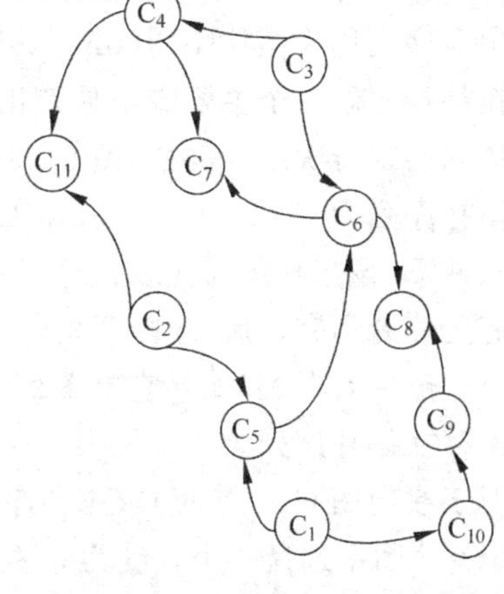

图 8.23　表示各课程优先关系的 AOV 网

一个设计合理的工程，其 AOV 网、AOE 网不应当含有回路，它们都是 DAG 图。图 8.24 所示的 AOE 网络代表一项工程计划，它含有 11 项活动，其中 9 个顶点分别表示 9 个事件 V_1、V_2、V_3、V_4、V_5、V_6、V_7、V_8、V_9，事件 V_1、V_9 分别对应“工程开始”和“工程结束”。其他事件的意义可这样理解，例如，事件 V_5 表示活动 a_4、a_5 已经完成，活动 a_7、a_8 可以开始这个状态。边上的权代表对应活动完成的天数。例如，活动 a_1 需 6 天时间完成，活动 a_7 需 9 天时间完成等。整个工程一开始，活动 a_1、a_2、a_3 就可并行地进行，而活动 a_4、a_5、a_6 只有当事件 V_2、V_3、V_4 分别发生后才能进行。当活动 a_{10}、a_{11} 完成后，整个工程就结束了。

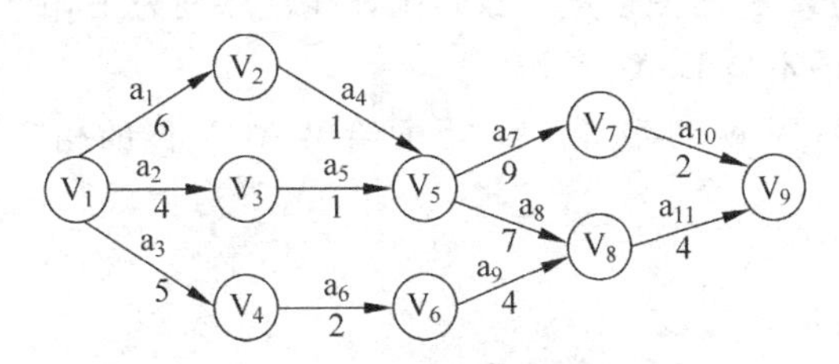

图 8.24　一个 AOE 网的例

8.8.2　AOV 网的拓扑排序

在介绍 AOV 网的拓扑排序之前，首先回顾“离散数学”中偏序(partial order)和全序(full order)的定义：

若集合 X 上的关系 R 是自反的、反对称的和传递的，则 R 是集合 X 上的偏序关系。若 R 是偏序关系，如果对于集合 X 中的任何两个元素 x 和 y 必有 xRy 或 yRx，则称 R 是 X 上的全序关系。

定义：设 R 是集合 X 上的偏序关系，那么构造 X 上的一个全序关系“≤”，使“≤”与 R 相容(相容是指：若 xRy，则 x≤y)的过程，称为对集合 X 按关系 R 进行拓扑排序(topological sort)。此时，集合 X 对全序关系“≤”来说是拓扑有序的。

对一个 AOV 网，G=(V,E)中的顶点进行拓扑排序，直观上就是把 V 中所有顶点排成一个序列 $V_{i_1}, V_{i_2}, \cdots, V_{i_n}$(其中 $i_1, i_2, \cdots, i_n$ 是 $1, 2, \cdots, n$ 的一种排列)，且使得任何 $< V_{i_k}, V_{i_j} >$

$\in$E,则在序列中 V_{i_k} 排在 V_{i_j} 之前；进而,若 V_{i_k} 到 V_{i_j} 有一条有向路径,则 V_{i_k} 排在 V_{i_j} 之前。这个顶点序列称为拓扑序列(topological sequence)。

拓扑排序的一个主要应用是简化 AOV 网,或者说,为 AOV 网上的活动(即顶点)安排合理的先后执行次序。例如,图 8.23 表示计算机系软件专业各课程优先关系的 AOV 网的一种拓扑序列为 C_2、C_3、C_4、C_1、C_{11}、C_5、C_6、C_7、C_{10}、C_9、C_8。如果在不考虑并行开设某些课程的条件下,该拓扑序列代表一种课程安排计划。该计划有一个特点,即任一门课程只有在其所有先修课学完之后,才能开始学习它。

对一般的有向图,如果它是 DAG 图,则存在拓扑序列,否则表明有向图中存在回路,因而它不存在拓扑序列。

对于有向图 G=(V,E)求拓扑序列按下述方法进行：

(1) 从图中选择一个入度为 0 的顶点且输出之。

(2) 从图中删掉此顶点及其所有的出边。

(3) 重复(1),(2),直到输出图的全部顶点,即得到了一种拓扑序列。如果不能输出图的全部顶点,此时说明图中有回路。

如果一个有向图存在拓扑序列,通常拓扑序列不是唯一的。C_1、C_{10}、C_9、C_2、C_5、C_3、C_4、C_6、C_7、C_8、C_{11}是图 8.23 的另一种拓扑序列。

假定用 8.2.2 节介绍的顶点表+出边表表示有向图,下面介绍建立拓扑排序算法。算法中用一个栈 S 来保存入度为 0 的顶点序号。初始时刻,扫描顶点表一次,将入度为 0 的顶点序号压入栈中。然后,当栈非空时,每次从栈中弹出一个顶点序号,加入到线性序列,如果输出的线性序列长度为 n(有向图顶点个数),则该线性序列为拓扑序列,否则该有向图必定存在回路,对应的有向图不是 DAG 图。

基于邻接表作为 AOV 网的存储表示,下面给出 AOV 网的相应类声明。

```
class AOVNetwork
{
 friend class Vertex;
 friend class Edge;
 private:
 Vertex * VertexList;                        //顶点表
 int * count;                                //记录各顶点的入度
 int n;
 public:
 AOVNetwork(const int vertices = 0):n(vertices)
 {
  VertexList = new Vertex[n];
  count = new int[n];
 }
void TopoOrder();
};
```

算法 8.15 AOV 网的拓扑排序。

```
void AOVNetwork::TopoOrder()
{
 int top = -1;
```

```
for(int i = 0;i < n;i++)
if(count[i] == 0)
{count[i] = top;top = i;}                    //入度为 0 的顶点号入栈
for(i = 0;i < n;i++)
 if(top == -1)
 { cout <<"AOV Network has a cycle"<< endl;return;}
 else
 {
   int j = top;top = count[top];
   cout << j << endl;
   Edge < int > p = VertexList[j].out;
   while(p)
   {
     int k = p -> jj;
     //删除与标号为 j 的顶点相关联的一条出边,标号为 k 的顶点入度减 1
     if( -- count[k] == 0)
     {count[k] = top;top = k; }
     p = p -> next;
   }
 }
}
```

算法 8.15 中完全可以用队列来存储入度为 0 的顶点序号,算法中的时间开销为 $O(n+m)$,m 为边的个数。这是因为算法的时间开销主要有:排序过程中初始时刻要扫描整个顶点表一次,需 $O(n)$时间;排序过程中每条边被检查一次,执行时间为 $O(m)$。

8.8.3 AOE 网的关键路径

图 8.24 是一个 AOE 网的例子,代表一项工程预计进度图。由于任何一项工程都只有一个开始点和一个完成点,故表示工程的 AOE 网都只有一个入度为 0 的顶点——源点(source)和一个出度为 0 的顶点——汇点(converge)。通常,在表示 AOE 网的 n 个点中,V_1 表示源点,V_n 表示汇点。

对于表示工程的 AOE 网,下面研究下述两个有实际意义的问题:

(1) 计划完成整项工程至少需要多少时间?

(2) 哪些活动是影响工程进度的关键活动?

定义 AOE 网的路径长度为该路径各边上活动所持续时间之和。

由于在 AOE 网中有些活动可以并行地进行,所以完成整项工程的最短时间应该是从开始点到完成点的最长路径长度。如图 8.25 表示的 AOE 网的最短时间是 6+1+7+4=18(或 6+1+9+2=18)(天)。

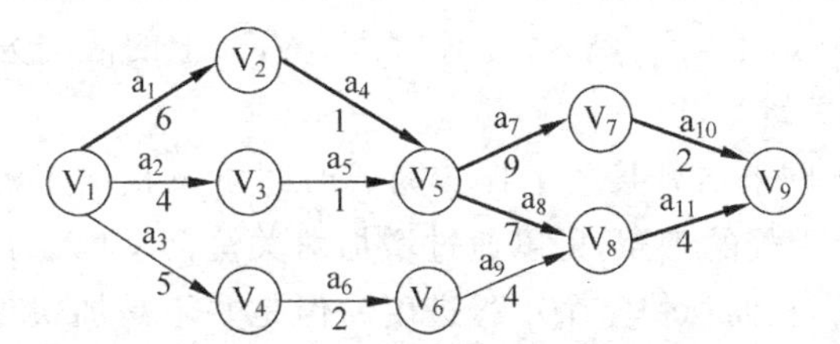

图 8.25 图 8.24 的关键路径为(a_1,a_4,a_8,a_{11})或(a_1,a_4,a_7,a_{10})

定义 AOE 网中路径长度最长的路径为关键路径(critical path)。显然,完成整项工程的最短时间等于关键路径的长度。

为了保证整项工程按计划在最短时间内完成,表示该项工程计划的 AOE 网上有些活动必须"刻不容缓"地进行,即一旦具备进行该项活动的条件就立即开始该项活动,并在规定的时间内完成。图 8.25 中的 a_1、a_4、a_7、a_{10}、a_8、a_{11} 等活动都具有这种特征。在 AOE 网中还有一些活动,稍稍推迟一些时间完成对整项工程的进度没有影响。如图 8.25 中的活动 a_2 可在该活动开始的第 6 天完成,比原计划可推迟 2 天,活动 a_9 可在该活动开始的第 7 天完成,比原计划可推迟 3 天。

若把事件 V_1(开工)的发生时间定为 0,那么网中任一事件 V_i 最早可发生时间 $e(i)$ 定义为从 V_1 到 V_i 的最大路径长度。考虑在不影响整项工程进度的前提下,事件 V_i 必须发生的时间定义为 V_i 的最迟可发生时间,记为 $l(i)$。完全类似地可定义活动 a_i 的最早可发生时间 $ae(i)$ 以及最迟可发生时间 $al(i)$。设活动 a_i 上的开始事件为 V_j,结束事件为 V_k,活动 a_i 持续时间为 $t(j,k)$,则

$$\begin{cases} ae(i) = e(j) \\ al(i) = l(k) - t(j,k) \end{cases} \tag{8.1}$$

把 $al(i)-ae(i)=0$ 的活动 a_i 称为 AOE 网的关键活动。为了找到关键活动,必须对 AOE 网中每个顶点 V_i 计算 $e(i)$,$l(i)$ $(i=1,2,\cdots,n)$,从而对每项活动 a_j 求出 $ae(j)$ 和 $al(j)$,以便判断 a_j 是否为关键活动。

求 $e(i)$、$l(i)$ 可按下述方式进行:

(1)
$$\begin{cases} e(1)=0 \\ e(j)=\max\limits_{\substack{i \\ <V_i,V_j>\in E}}\{e(i)+t(i,j)\}, \quad 2\leqslant j\leqslant n \end{cases} \tag{8.2}$$

(2)
$$\begin{cases} l(n)=e(n) \\ l(i)=\min\limits_{\substack{j \\ <V_i,V_j>\in E}}\{l(j)-t(i,j)\}, \quad 1\leqslant i\leqslant n-1 \end{cases} \tag{8.3}$$

式(8.2)中的 j 是按 AOE 网的拓扑序列的下标递推计算的;式(8.3)中的 i 是按 AOE 网的拓扑序列之逆递推进行的。E 为 AOE 网的边集。

由此可以得到求 AOE 网的关键活动的算法:

(1) 对 AOE 网的顶点作拓扑排序,如发现回路,工程无法正常进行。

(2) 按顶点的拓扑次序递推地用式(8.2)求其余顶点 V_j 的 $e(j)$ 值。

(3) 按顶点的拓扑次序之逆,递推地用式(8.3)求其余顶点 V_i 的 $l(i)$ 值,同时判断 $l(k)-t(j,k)$ 是否与 $e(j)$ 相等(这里 $<V_j,V_k>\in E$,$<V_j,V_k>$ 上的活动为 a_i)。若相等,则 a_i 为关键活动,否则 a_i 不是关键活动。

实践表明,用 AOE 网来估算某些工程的完成时间以及找出工程中的关键活动是至关重要的。要想缩短整个工程的工期,可以通过增加对关键活动(人力、物力等)的投入,以减少关键活动的持续时间,从而加快整个工程进度。但是并不是加快任何一个关键活动都可以缩短整个工程工期的,只有加快那些包括在所有关键路径上的关键活动才能达到目的。

例如在图 8.24 的 AOE 网中，加快活动 a_7 使之由 9 天变为 6 天完成，则并不能使工期由 18 天变为 15 天，因为还存在一条路径长度为 18 的关键路径（$V_1 \to V_2 \to V_5 \to V_8 \to V_9$）。而关键活动 a_1，a_4 是包含在图 8.24 的 AOE 网中的所有关键路径中的，如果将 a_1 由 6 天完成变为 4 天，则整项工程可由 18 天缩短为 16 天完成。有关求 AOE 网的关键活动的算法留作习题。

习　题

8.1　用相邻矩阵、邻接表、邻接多重表表示图 8.26 所示的无向图。

8.2　如图 8.27 所示为一带权的有向图，写出其相邻矩阵、邻接表表示、邻接多重表表示。

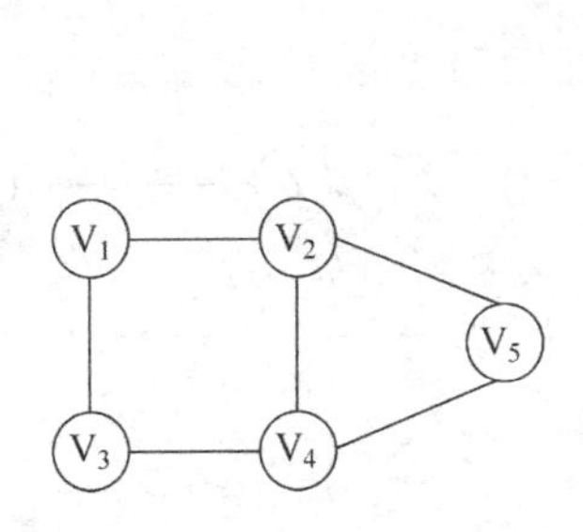

图 8.26　习题 8.1 图

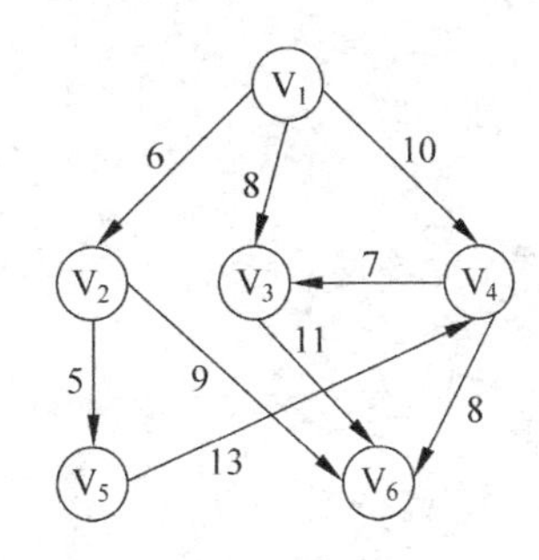

图 8.27　习题 8.2 图

8.3　画出图 8.28 所示有向图的深度优先和广度优先遍历的生成树林。

8.4　编写算法找有向图的广度优先遍历的生成树或生成树林。

8.5　对图 8.29 所示的连通网络，请分别用 Prim 算法和 Kruskal 算法构造该网络的最小生成树。

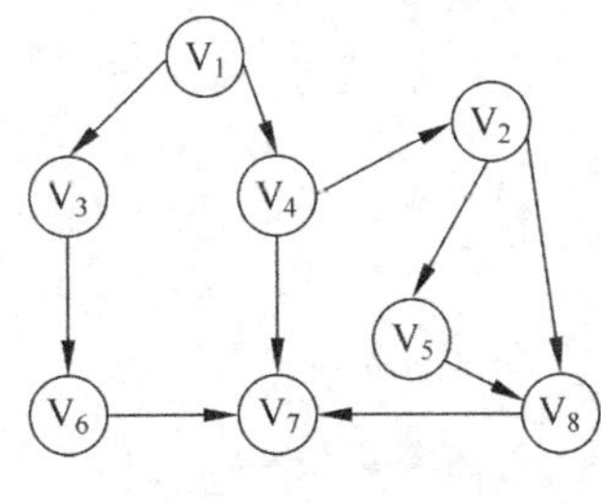

图 8.28　习题 8.3 图

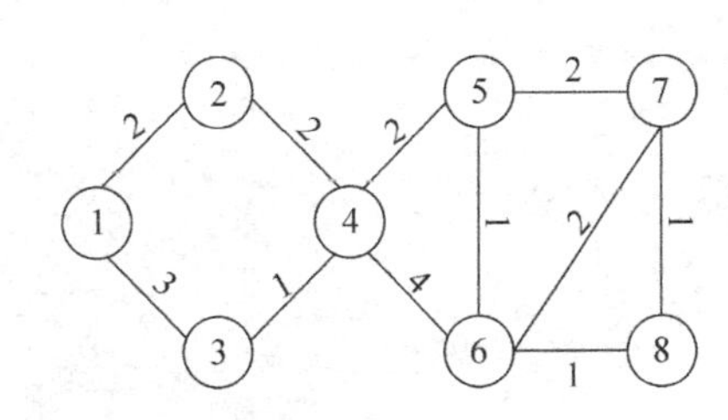

图 8.29　习题 8.5 图

8.6　对图 8.30 所示的无向图，试利用 Dijkstra 算法求从顶点 1 到其他各顶点的最短路径，并写出执行算法过程中每次循环的状态。

8.7　试用 Floyd 算法求图 8.31 所示有向图的各顶点之间的最短路径，并写出由相邻矩阵递推产生的矩阵序列和相应的路径矩阵。

*8.8　编写算法通过对有向图的深度优先遍历，判断图中是否有回路。

*8.9　编写算法通过对有向图的深度优先遍历，对图的顶点作拓扑排序。

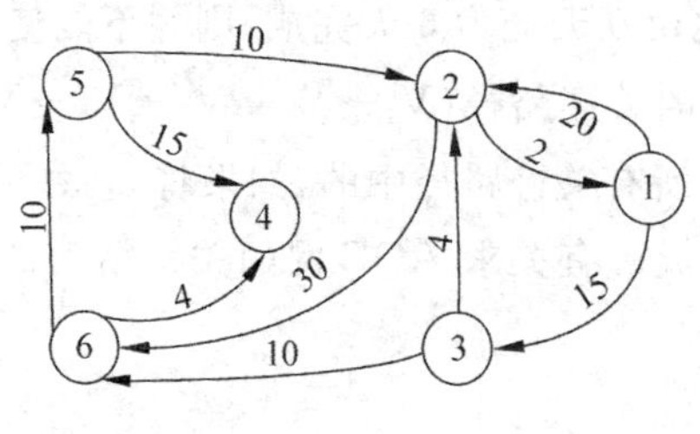

图 8.30　习题 8.6 图

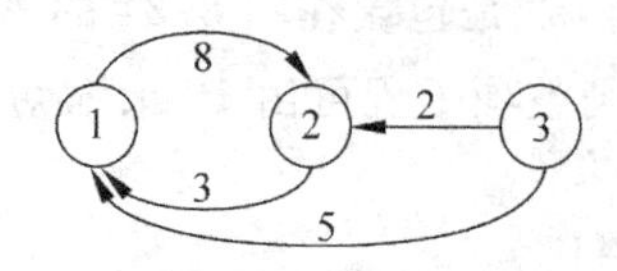

图 8.31　习题 8.7 图

8.10　找出图 8.32 所示有向图的所有不同的拓扑序列。

*8.11　编写算法求 AOE 网的关键活动。

8.12　求出图 8.33 所示 AOE 网(边上的数字代表活动持续的天数)中各顶点 V 的 e(V),l(V)之值,并找出所有的关键活动、关键路径和工程完工的最短时间。

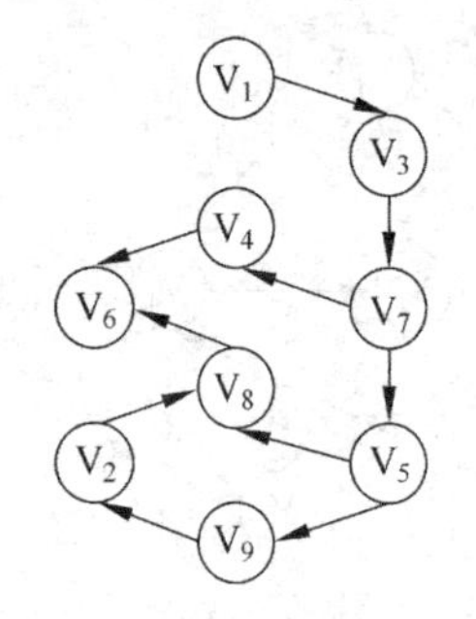

图 8.32　习题 8.10 图

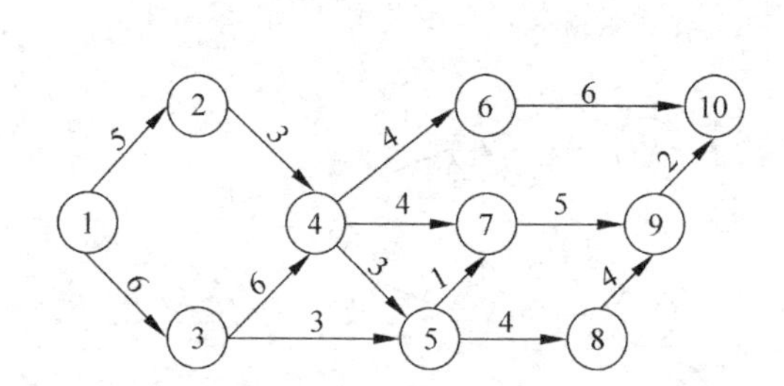

图 8.33　习题 8.12 图

第9章　多维数组

9.1　多维数组的顺序存储

多维数组(multidimensional arrays)(简称数组)是一种常用的数据结构,广泛应用于科学与工程计算和其他计算机应用领域。数组(除一维数组外)中元素之间的关系是一种非线性关系。

例如,二维数组(或称矩阵):

$$\mathbf{A}_{mn}=\begin{pmatrix} a_{11} & a_{12} & \cdots & a_{1n} \\ a_{21} & a_{22} & \cdots & a_{2n} \\ \vdots & \vdots & \vdots & \vdots \\ a_{m1} & a_{m2} & \cdots & a_{mn} \end{pmatrix}$$

元素 a_{ij} 位于 $\mathbf{A}_{mn}$ 的第 i 个行向量和第 j 个列向量($1\leqslant i\leqslant m,1\leqslant j\leqslant n$)。矩阵中元素 a_{ij} 至多有两个前驱和两个后继。推而广之,对于一般的 $m(m\geqslant 2)$ 维数组 $\mathbf{A}_{m_1m_2\cdots m_m}$,其元素 $a_{i_1i_2\cdots i_m}$ ($1\leqslant i_j\leqslant m_j$; $j=1,\cdots,m$)至多有 m 个前驱和 m 个后继。

按照元素下标的自然顺序,把矩阵的元素依次存储在一片连续的内存单元中是最常用的存储方法。多维数组的顺序存储可采用按行和按列两种存储方式。

二维数组 $\mathbf{A}_{mn}$ 的行优先顺序为 $a_{11},\cdots,a_{1n},a_{21},\cdots,a_{2n},\cdots,a_{m1},a_{m2},\cdots,a_{mn}$,$\mathbf{A}_{mn}$ 的列优先顺序为 $a_{11},a_{21},\cdots,a_{m1},a_{12},a_{22},\cdots,a_{m2},\cdots,a_{1n},a_{2n},\cdots,a_{mn}$。如果已知元素 a_{11} 的存储地址 LOC(a_{11})以及每个元素占 l 个存储单元,则对应于 $\mathbf{A}_{mn}$ 的行优先顺序存储,元素 a_{ij} 的地址码计算公式为

$$\begin{aligned}&\mathrm{LOC}(a_{ij})=\mathrm{LOC}(a_{11})+(i-1)\times n\times l+(j-1)\times l\\&1\leqslant i\leqslant m,\quad 1\leqslant j\leqslant n\end{aligned}\tag{9.1}$$

而对应于 $\mathbf{A}_{mn}$ 的列优先顺序存储,元素 a_{ij} 的地址码计算公式为

$$\begin{aligned}&\mathrm{LOC}(a_{ij})=\mathrm{LOC}(a_{11})+(j-1)\times m\times l+(i-1)\times l\\&1\leqslant i\leqslant m,\quad 1\leqslant j\leqslant n\end{aligned}\tag{9.2}$$

对于多维数组按行优先存储是依照先变化元素的最后一个下标,再变化其前一个下标……最后变化第一个下标的次序存储的。相反,按列优先存储是先变化第一个下标,再变化第二个下标……最后变化最后一个下标的次序存储的。例如,三维数组 $\mathbf{A}_{lmn}$ 的元素 a_{ijk} 按行优先顺序排列成

$$
\left.\begin{array}{l}
a_{111}\,a_{112}\,a_{113}\cdots a_{11n}\\
a_{121}\,a_{122}\,a_{123}\cdots a_{12n}\\
\vdots\\
a_{1m1}\,a_{1m2}\,a_{1m3}\cdots a_{1mn}
\end{array}\right\}i=1
$$

$$
\left.\begin{array}{l}
a_{211}\,a_{212}\,a_{213}\cdots a_{21n}\\
a_{221}\,a_{222}\,a_{223}\cdots a_{22n}\\
\vdots\\
a_{2m1}\,a_{2m2}\,a_{2m3}\cdots a_{2mn}
\end{array}\right\}i=2
$$

$$\vdots$$

$$
\left.\begin{array}{l}
a_{l11}\,a_{l12}\,a_{l13}\cdots a_{l1n}\\
a_{l21}\,a_{l22}\,a_{l23}\cdots a_{l2n}\\
\vdots\\
a_{lm1}\,a_{lm2}\,a_{lm3}\cdots a_{lmn}
\end{array}\right\}i=l
$$

一般地,m 维数组 $\mathbf{A}_{m_1 m_2 \cdots m_n}$ 的元素 $a_{i_1 i_2 \cdots i_m}$ 的行优先顺序存储地址为(设一个元素占 l 个存储单元)

$$
\mathrm{LOC}(a_{i_1 i \cdots i_m}) = \mathrm{LOC}(a_{\underbrace{11\cdots1}_{m}}) + l \cdot \sum_{j=1}^{m}\left[(i_j - 1)\prod_{k=j+1}^{m} m_k\right] + l \cdot (i_m - 1) \tag{9.3}
$$

$$1 \leqslant i_j \leqslant m_j, j = 1, \cdots, m$$

类似地,可给出列优先顺序存储中多维数组中元素的地址码公式。因为多维数组中元素是等长的,因此,按行或列优先顺序可给出任一元素的存储地址。多维数组的顺序存储方式给元素的随机存取带来方便。

9.2 特殊矩阵的顺序存储

这里指的特殊矩阵是指矩阵中值相同的元素或者零元素在矩阵中的分布有一定规律。例如,对称矩阵、上三角矩阵、下三角矩阵、三对角矩阵等都是特殊矩阵。

(1) 对称矩阵

设

$$
\mathbf{A}_{nn} = \begin{bmatrix} a_{11} & a_{12} & \cdots & a_{1n} \\ a_{21} & a_{22} & \cdots & a_{2n} \\ \vdots & \vdots & \vdots & \vdots \\ a_{n1} & a_{n2} & \cdots & a_{nn} \end{bmatrix}, \quad a_{ij} = a_{ji}, 1 \leqslant i, j \leqslant n
$$

由于对称性,只需存储 $\mathbf{A}$ 的下三角或上三角部分。如按行优先顺序存储 $\mathbf{A}$ 的下三角部分,则等价于将 $\mathbf{A}$ 压缩存储在一个一维数组 B 中,其中

$$
B[1] = a_{11}, B[2] = a_{21}, B[3] = a_{22}, \cdots, B\left[\frac{n(n+1)}{2}\right] = a_{nn}
$$

$\mathbf{A}_{nn}$ 中的元素与 B 中的元素可按下述方式 1-1 对应:

$$a_{ij} = B[k], \quad k = \begin{cases} \dfrac{i(i-1)}{2} + j, & i \geqslant j \\ \dfrac{j(j-1)}{2} + i, & i < j \end{cases}$$

故

$$\mathrm{LOC}(a_{ij}) = \mathrm{LOC}(B[k]) = \mathrm{LOC}(a_{11}) + (k-1) \cdot l \tag{9.4}$$

这里同样假定一个元素占 l 个存储单元。

(2) 上(下)三角矩阵

设

$$\boldsymbol{A}_{nn} = \begin{bmatrix} a_{11} & 0 & \cdots & 0 \\ a_{21} & a_{22} & \cdots & 0 \\ \vdots & \vdots & \vdots & \vdots \\ a_{n1} & a_{n2} & \cdots & a_{nn} \end{bmatrix}$$

当 $i<j$ 时,$a_{ij}=0$。如果按行优先顺序存储非零元素,则有下述线性序列

$$a_{11}a_{21}a_{22}a_{31}a_{32}\cdots a_{n1}a_{n2}\cdots a_{nn}$$

故

$$\mathrm{LOC}(a_{ij}) = \mathrm{LOC}(a_{11}) + \left[\frac{i(i-1)}{2} + (j-1)\right] \cdot l \tag{9.5}$$

(3) 三对角矩阵

设

$$\boldsymbol{A}_{nn} = \begin{bmatrix} a_{11} & a_{12} & 0 & \cdots & 0 & 0 & 0 \\ a_{21} & a_{22} & a_{23} & \cdots & 0 & 0 & 0 \\ 0 & a_{32} & a_{33} & \cdots & 0 & 0 & 0 \\ \vdots & \vdots & \vdots & \ddots & \vdots & \vdots & \vdots \\ 0 & 0 & 0 & \cdots & \cdots & a_{n-1n-1} & a_{n-1n} \\ 0 & 0 & 0 & \cdots & \cdots & a_{n-1n} & a_{nn} \end{bmatrix}$$

在三对角矩阵里,除满足条件 $|i-j|\leqslant 1(i,j=1,2,\cdots,n)$ 的 a_{ij} 外,其他元素 $a_{ij}=0$。如果按行优先顺序存储非零元素,则非零元素序列为

$$a_{11}a_{12}a_{21}a_{22}a_{23}a_{32}a_{33}a_{34}\cdots a_{nn-1}a_{nn}$$

其中,a_{ij} 在 $\boldsymbol{A}_{nn}$ 中前 $i-1$ 行共有 $3(i-1)-1$ 个非零元素,第 i 行非零元素个数为 $j-(i-1)$,故

$$\begin{aligned} &\mathrm{LOC}(a_{ij}) = \mathrm{LOC}(a_{11}) + 2(i-1) + j - 1 \\ &i=1, j=1,2 \text{ 或 } i=n, j=n-1,n \text{ 或 } 1<i<n, j=i-1,i,i+1 \end{aligned} \tag{9.6}$$

9.3 稀疏矩阵的存储

设二维数组 $\boldsymbol{A}_{mn}$ 中有 N 个非零元素,若 $N \ll m \cdot n$,则称 $\boldsymbol{A}$ 为稀疏矩阵。采用压缩存储的思想,只需保存矩阵 $\boldsymbol{A}$ 的非零元素。

1. 稀疏矩阵的压缩顺序存储

采用稀疏矩阵的行优先(或列优先)的顺序存储方式存储稀疏矩阵中的非零元素,主要

有三元组表示和带辅助行向量的二元组。

(1) 三元组表示

设 $\boldsymbol{A}_{mn}$ 是一个稀疏矩阵,$\boldsymbol{A}$ 的每个非零元素对应一个三元组(row,col,val),它表示一个非零元素的行下标 row、列下标 col 及元素值 val。若 $\boldsymbol{A}$ 共有六个非零元素,那么可得到由六个三元组组成的结点表。

例 9.1 稀疏矩阵

$$\boldsymbol{A}=\begin{pmatrix}0&0&3&0&0\\4&0&0&0&0\\0&2&0&0&0\\0&0&0&7&0\\0&0&9&0&8\end{pmatrix}$$

的三元组(按行优先顺序)表示如图 9.1 所示。

设行下标、列下标与值各占一个存储单元,显然有 N 个非零元素的稀疏矩阵的三元组表示需占 $3N$ 个存储单元。可以用线性表的折半查找(对(row,col)用折半查找)来检索稀疏矩阵按行优先存储的三元组表示,存取一个矩阵元素的时间开销为 $O(\log_2 N)$。

(2) 带辅助行向量的二元组表示

前面介绍的三元组表示中,要找到稀疏矩阵中某行的第一个非零元素并不容易。另一方面,从整体上看,列下标是没有规律的。为了便于很快地找到稀疏矩阵中某行的第一个非零元素以及该行的其他非零元素,考虑建立一个辅助向量 ARV$[m+1]$(m 为稀疏矩阵的行数),其定义如下:

```
//ARV[i]为稀疏矩阵中第 i+1 行中第一个非零元素在二元组表中的位置
ARV[0] = 0
ARV[i] = ARV[i-1] + 稀疏矩阵第 i 行中非零元素的个数 i = 1, …, m
上例中的 ARV 为
ARV = {0,1,2,3,4,6}
```

其带辅助行向量的二元组表示如图 9.2 所示。

row	col	val
1	3	3
2	1	4
3	2	2
4	4	7
5	3	9
5	5	8

图 9.1 稀疏矩阵的三元组表示

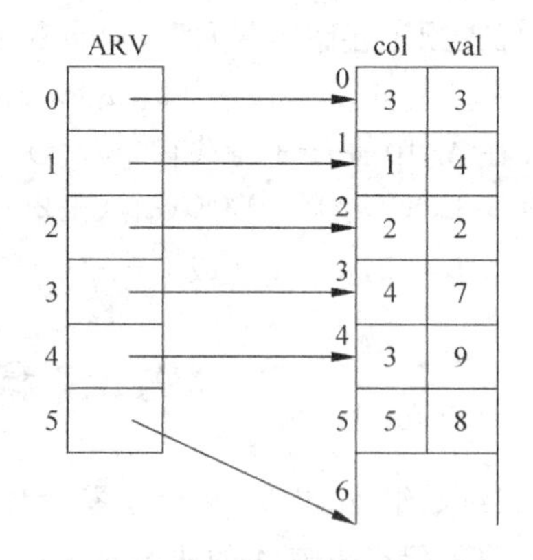

图 9.2 带辅助行向量的二元组表示

这种存储方式的空间开销为 $O(2N+m+1)$，当 $m<N-1$ 时，它比三元组表示要节省存储空间。其优点是检索快(与三元组表示相比)，缺点是插入、删除要涉及两个线性表的表目移动，更困难。

2. 稀疏矩阵的链式存储

链式存储方式存储稀疏矩阵的非零元素是稀疏矩阵存储的另一种有效方式。链式存储方式与顺序存储方式相比，优点是插入、删除运算容易实现，缺点是查找速度慢且存储开销要增大。本节介绍两种常用的链式存储稀疏矩阵的方式。

(1) 行链表表示

链表中结点结构为

列下标	元素值	指针

稀疏矩阵中每一行的非零元素按列下标的大小依次位于一条单链表中。

例 9.2 稀疏矩阵

$$\boldsymbol{A}=\begin{pmatrix}5&0&0&2&0\\0&0&3&0&0\\4&0&0&0&1\\0&0&0&0&0\\0&6&0&0&0\end{pmatrix}$$

的行链表表示如图 9.3 所示。

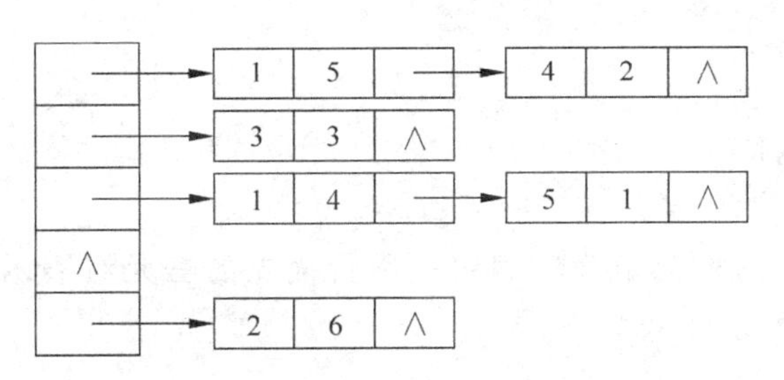

图 9.3 稀疏矩阵的行链表表示

类似地可以给出列链表表示。用行链表表示两稀疏矩阵相加非常方便。如果元素变更频繁，链表也可采用双向链、循环链，也可附加表头结点。

(2) 正交表(或称为行-列表)表示

如果对于稀疏矩阵的某些运算，希望从某行(或某列)第一个非零元素出发系统地访问该行(列)其他非零元素，对应于图 9.3 表示的稀疏矩阵，这时宜采用图 9.4 所示的正交表表示。链表中结点结构如图 9.4 所示。

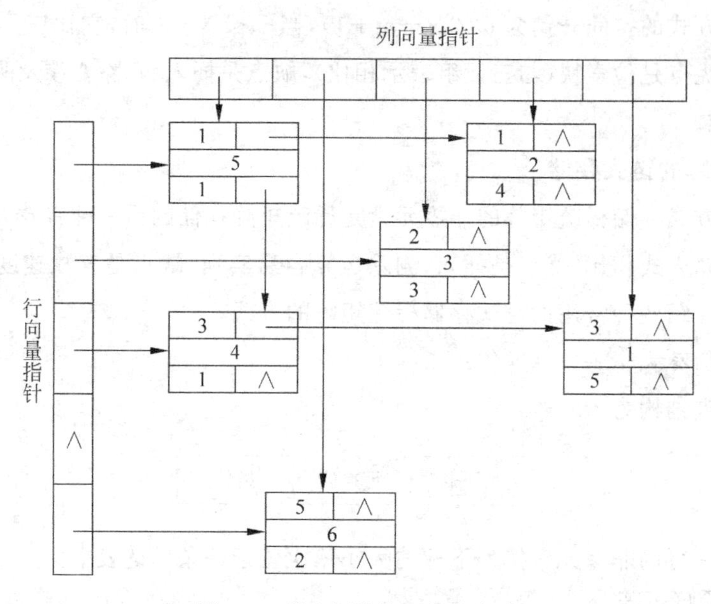

图 9.4　稀疏矩阵的正交表表示

9.4　抽象数据类型稀疏矩阵与 class SparseMatrix

定义抽象数据类型稀疏矩阵为：

```
ADT SparseMatrix
{
Data: 稀疏矩阵的行数 m,列数 n,非零元素的位置和值,非零元素的个数 N
Operations:
① 稀疏矩阵的输入
② 稀疏矩阵的输出
③ 求稀疏矩阵的转置
④ 两个稀疏矩阵求和
}
```

下面的算法涉及的稀疏矩阵都假定是用行优先的三元组表示。为此,定义模板类 Term 如下：

```
template <class T>
class Term
{
 private:
 int row, col;
 T value;
};
```

基于稀疏矩阵的三元组行优先顺序存储,定义 class SparseMatrix,而且需定义类 SparseMatrix 为类 Term 的友元,以至于类 SparseMatrix 能访问类 Term 的私有部分。

```
template <class T>
class SparseMatrix
```

```
{
  friend ostream & Operator <<(ostream &, const SparseMatrix< T > &);
  friend istream & Operator >>(istream &, SparseMatrix< T > &);
  public:
  //构造函数,给稀疏矩阵最大非零元素个数赋初值
  SparseMatrix (int maxTerms = 20);
  ~SparseMatrix( ) {delete [ ] a;}
  //稀疏矩阵的转置
  void Transpose (SparseMatrix< T > & b) const;
  //稀疏矩阵的加法
  void Add (const SparseMatrix< T > & c,SparseMatrix< T > & d) const;
  private:
  void Append (const Term< T > & t);
  int m, n;                                   //稀疏矩阵的维数
  int N;                                      //当前稀疏矩阵中非零元素的个数
  Term < T > = a;                             //数组 a 用来存放稀疏矩阵三元组行优先顺序序列
  int MaxTerms;                               //稀疏矩阵中允许的最大非零元素个数
};
```

算法 9.1～算法 9.6 分别给出类 SparseMatrix 中的友元函数、成员函数的实现方法。

算法 9.1 构造函数 SparseMatrix( )。

```
template < class T >
SparseMatrix < T >::SparseMatrix (int maxTerms)
{
//SparseMatrix 初始化
  if (maxTerms < 1)
  {
   cerr <<"Bad input"<< endl; return;
  }
  MaxTerms = maxTerms;
  a = new Term < T >[MaxTerms];
  m = n = N = 0;
}
```

下面的重载运算<<、>>的代码中,需要 operator<<、operator>>为类 Term 的友元。Operator<<输出稀疏矩阵行优先的非零元素,Operator>>输入稀疏矩阵非零元素行优先的三元组表示。

算法 9.2 重载运算<<。

```
//重载<<
template < class T >
ostream & operator << ( ostream& out, const SparseMatrix< T > & x)
{
//输出稀疏矩阵的特征
 out <<"rows = "<< x.m <<"columns = "<< x.n << endl;
 out <<"nonzero terms = "<< x.N << endl;
//输出非零元素的信息
 for (int i = 0; i < x.N; i++)
 out <<"a("<< x.a[i].row <<","<< x.a[i].col <<") = "<< x.a[i].value << endl;
```

```
  return out;
 }
```

算法 9.3 重载运算>>。

```
//重载>>
template < class T>
istream & operator >>(istream& in, SparseMatrix < T > & x)
{
//输入一个稀疏矩阵
//输入矩阵的维数,非零元素的个数
 cout <<"Enter number of rows, columns, and terms"<< endl;
 in >> x.m >> x.n >> x.N;
 if (x.N > x.MaxTerms)
 {
  cerr <<"Overflow in a"<< endl;
  return NULL;
 }
 for (int i = 0; i < x.N;i++)
 {
  cout <<"Enter row, column, and value of term"<(i + 1) << endl;
  in >> x.a[i].row >> x.a[i].col >> x.a[i].value;
 }
 return in;
}
```

要实现稀疏矩阵求转置的算法并不复杂,关键是将稀疏矩阵转置后,仍要将转置后的稀疏 矩阵的非零元素按行优先顺序存储。为此,用 num[1],…,num[n]预先统计稀疏矩阵中各列所含非零元素的个数;然后把用来存放转置后的稀疏矩阵行优先非零元素的数组分成 n 段,第 j 段单元用来存放稀疏矩阵第 j 列中的非零元素,用指针 pot[j]指示此段的位置,利用 num 数组的元素值可确定 pot 数组,其中

$$\begin{cases} \text{pot}[1] = 0 \\ \text{pot}[j] = \text{pot}[j-1] + \text{num}[j-1] \end{cases}$$

沿着稀疏矩阵非零元素的行优先顺序扫描,把非零元素复制到存放转置后的稀疏矩阵的一维数组(行优先顺序)的对应段所在的位置上,从而完成了求转置的运算。算法 9.4 给出了上述求转置的方法。

算法 9.4 稀疏矩阵的转置算法。

```
template < class T>
void SparseMatrix < T>::Transpose (SparseMatrix< T> &b) const
{
//返回 this 对应的稀疏矩阵的转置于数组 b 中
//检查 b 中空间大小
 if (N > b.MaxTerms)
 {
  cerr <<"No enough space for storing"<< endl;
  return;
 }
```

```
//建立转置矩阵的特征
 b.m = n;
 b.n = m;
 b.N = N;
//计算转置时的初始化
 int  num, pot;
 num = new int[n + 1];
 pot = new int[m + 1];
//计算 num
 for (int i = 1; i <= n;i++)
  num[i] = 0;                              //初始化
 for (int i = 0; i < N; i++)
  num[a[i].col]++;
//计算 pot
 pot[1] = 0;
 for (int i = 2; i <= n; i++)
  pot[i] = pot[i - 1] + num[i - 1];
//扫描稀疏矩阵的行优先非零元素,求其转置结果存放在 b 中
 for (int i = 0; i < N; i++)
 {
  int j = pot[a[i].col]++;
  b.a[j].row = a[i].col;
  b.a[j].col = a[i].row;
  b.a[j].value = a[i].value;
 }
}
```

关于两个稀疏矩阵的相加运算,在这里对应着两个有序表的合并运算。若两个稀疏矩阵中两个对应元素相加后值为 0,则不存储和元素。算法 9.6 实现了 this 与 c 对应的两稀疏矩阵的求和,结果在对象 d 中。算法中用到了函数 Append(见算法 9.5),Append 将稀疏矩阵的新的非零元素添加到对应的一维数组按行优先次序存放的单元中。

算法 9.5 添加非零元素到稀疏矩阵中。

```
template <class T>
void SparseMatrix<T>::Append (const Terms<T> &t)
{
//加入一非零项到 * this
 if (N >= MaxTerms)
 {
  cerr <<"Overflow"<< endl;
  return;
 }
 a[N] = t;
 N++;
}
```

算法 9.6 稀疏矩阵的加法。

```
template <class T>
void SparseMatrix<T>::Add(const SparseMatrix<T> &c,
```

```
SparseMatrix<T> &d) const
{
//计算 d = (this) + c
//参数检查
 if (m! = b.m || n! = b.n)
 {
  cerr <<"Size Mismatch"<< endl;
  return;
 }
//确定两稀疏矩阵之和矩阵的维数
 d.m = m;
 d.n = n;
//初始化
 d.N = 0;
//ct、cc分别为this和c中顺序扫描非零元素时移动的下标变量
//初值为0
 int ct = 0, cc = 0;
//求和
 while (ct < N && cc < c.N)
 {
//确定非零元素在稀疏矩阵中行优先的位置
 int indt = a[ct].row * n + a[ct].col;
 int indc = c.a[cc].row * n + c.a[cc].col;
 if (indt < indc)
 {
  d.Append(a[ct]);
  ct++;
 }
 else
 {
  if (indt == indc)
  {
   //仅当和为非零元素时才保存
    if (a[ct].value + c.a[cc].value)
    {
      Term <T> t;
      t.row = a[ct].row;
      t.col = a[ct].col;
      t.value = a[ct].value + c.a[cc].value;
      d.Append(t);
    }
    ct++; cc++;
   }
   else
   {
    d.Append(c.a[cc]);
    cc++;
   }
  }
 }
//扫尾处理
```

```
  for(; ct<N; ct++)
  d.Append(a[ct]);
  for (; cc<c.N; cc++)
   d.Append(c.a[cc]);
 }
```

不难验证算法9.4和算法9.6的时间复杂度分别为$O(n+N)$和$O(N+c\times N)$，而在一般的$m\times n$矩阵中实现转置运算与两矩阵之和运算的时间复杂度分别为$O\left(\frac{(2n-m)(m-1)}{2}\right)$和$O(m\times n)$，故当$N\ll n\times m$时，算法9.4与算法9.6比通常的矩阵转置与求和运算要快得多。

然而，两个稀疏矩阵之积不一定是稀疏矩阵，采用算法9.4中使用过的行定位指针pot$[j]$ $(j=1,2,\cdots,n)$，可以写出两个稀疏矩阵之积的算法，详细的实现过程留作习题。

习　题

9.1　写出一般的$m(m\geqslant 2)$维数组$\boldsymbol{A}_{m_1 m_2 \cdots m_m}$的元素$a_{i_1 i_2 \cdots i_m}$的列优先顺序存储地址码公式(假设一个元素占1个存储单元)。

9.2　对上三角矩阵，采用按列优先顺序的方法存放非零元素，请写出计算矩阵非零元素地址的计算公式。

9.3　若矩阵$\boldsymbol{A}_{m\times n}$中存在一个元素$a_{ij}$，使得$a_{ij}$是$\boldsymbol{A}$的第$i$行中最小值，同时又是第$j$列中最小值，则称$a_{ij}$是$\boldsymbol{A}$的一个鞍点。

(1) 试证明$\boldsymbol{A}$不可能存在两个鞍点，除非它们的值相等。

(2) 若$\boldsymbol{A}$的元素均不同，试写出求$\boldsymbol{A}$的鞍点的算法(若$\boldsymbol{A}$不存在鞍点，请给出信息)。

(3) 若$\boldsymbol{A}$的元素可以相同，试写出求$\boldsymbol{A}$的所有鞍点的算法(若无鞍点，请给出信息)。

9.4　已知稀疏矩阵$\boldsymbol{X}$，画出$\boldsymbol{X}$的以下各种表示：

(1) 三元组表示。

(2) 带辅助行向量的二元组表示。

(3) 行链表表示。

(4) 正交表表示。

$$\boldsymbol{X}=\begin{bmatrix} 5 & 0 & 0 & 2 & 0 & -5 \\ 0 & 1 & 3 & 0 & 0 & 0 \\ 0 & 0 & 0 & -4 & 0 & 0 \\ 0 & 0 & 0 & 0 & 0 & 0 \\ 9 & 0 & 0 & 0 & 0 & 0 \\ 0 & 0 & 8 & 0 & 0 & 0 \end{bmatrix}$$

*9.5　编写算法实现两个稀疏矩阵相乘。

附录 Nodelib. h

```
#ifndef NODE_LIBRARY
#define NODE_LIBRARY

#include <iostream.h>
#include <stdlib.h>

#include "node.h"

//allocate a node with data member item and pointer nextPtr
template <class T>
Node<T> *GetNode(const T& item, Node<T> *nextPtr = NULL)
{
    Node<T>   *newNode;

    //allocate memory while passing item and NextPtr to
    //constructor. terminate program if allocation fails
    newNode = new Node<T>(item, nextPtr);
    if (newNode == NULL)
    {
        cerr << "Memory allocation failure!" << endl;
        return NULL;
    }

    return newNode;
}

enum AppendNewline {noNewline,addNewline};

//print a linked list
template <class T>
void PrintList(Node<T> *head, AppendNewline addnl = noNewline)
{
    //currPtr chains through the list, starting at head
    Node<T> *currPtr = head;

    //print the current node's data until end of list
    while(currPtr != NULL)
    {
```

```
        //output newline if addl == addNewline
        if(addnl == addNewline)
            cout << currPtr->data << endl;
        else
            cout << currPtr->data << "  ";

        //move to next node
        currPtr = currPtr->NextNode();
    }
}

//find an item in a linked list head; return TRUE and
//value of previous pointer if found; otherwise return FALSE
template <class T>
int Find(Node<T> *head, T& item, Node<T>* &prevPtr)
{
    //find node with value item and return 1 if found and
    //0 otherwise. also give access to the previous pointer
    //begin traversal at first node
    Node<T> *currPtr = head;

    prevPtr = NULL;

    //cycle through the list until end of list
    while(currPtr != NULL)
    {
        //compare data field with item and return if
        //successful; otherwise, go to the next node
        if (currPtr->data == item)
        {
            item = currPtr->data;
            return 1;
        }
        prevPtr = currPtr;
        currPtr = currPtr->NextNode();
    }

    //failed to locate item
    return 0;
}

//insert item at the front of list
template <class T>
void InsertFront(Node<T>* & head, T item)
{
    //allocate new node so it points to original list head
    //update the list head
    head = GetNode(item,head);
}

//find rear of the list and append item
```

```
template <class T>
void InsertAfter(Node<T>* & head, const T& item)
{
    Node<T>  *newNode, *currPtr = head;

    //if list is empty, insert item at the front
    if (currPtr == NULL)
        InsertFront(head,item);
    else
    {
    //find the node whose pointer is NULL
        while(currPtr->NextNode() != NULL)
            currPtr = currPtr->NextNode();

        //allocate node and insert at rear (after currPtr)
        newNode = GetNode(item);
        currPtr->InsertAfter(newNode);
    }
}

//delete the first node of the list
template <class T>
void DeleteAt(Node<T>* & head)
{
    //save the address of node to be deleted
    Node<T> *p = head;

    //make sure list is not empty
    if (head != NULL)
    {
    //move head to second node and delete original
        head = head->NextNode();
        delete p;
    }
}

//delete the first occurrence of key in the list
template <class T>
void Delete (Node<T>* & head, T key)
{
   //currPtr moves through list, trailed by prevPtr
   Node<T>  *currPtr = head, *prevPtr = NULL;

   //return if the list is empty
   if (currPtr == NULL)
      return;

   //cycle list until key is located or come to end
   while (currPtr != NULL && currPtr->data != key)
   {
      //advance currPtr so prevPtr trails it
```

```
        prevPtr = currPtr;
        currPtr = currPtr->NextNode();
    }

    //if currPtr != NULL, key located at currPtr.
    if (currPtr != NULL)
    {
        //prevPtr == NULL means match at front node
        if(prevPtr == NULL)
            head = head->NextNode();
        else
            //match occurred at 2nd or subsequent node
            //prevPtr->DeleteAfter() unlinks the node
            prevPtr->DeleteAfter();

        //dispose of the node
        delete currPtr;
    }
}

//insert item into the ordered list
template <class T>
void InsertOrder(Node<T>* & head, T item)
{
    //currPtr moves through list, trailed by prevPtr
    Node<T> *currPtr, *prevPtr, *newNode;

    //prevPtr == NULL signals match at front
    prevPtr = NULL;
    currPtr = head;

    //cycle through the list and find insertion point
    while (currPtr != NULL)
    {
    //found insertion point if item < current data
    if (item < currPtr->data)
        break;

    //advance currPtr so prevPtr trails it
        prevPtr = currPtr;
        currPtr = currPtr->NextNode();
    }

    //make the insertion
    if (prevPtr == NULL)
    //if prevPtr == NULL, insert at front
        InsertFront(head, item);
    else
    {
    //insert new node after previous
        newNode = GetNode(item);
```

```
        prevPtr -> InsertAfter(newNode);
    }
}
//delete all the nodes in the linked list
template <class T>
void ClearList(Node<T> * &head)
{
    Node<T> *currPtr, *nextPtr;

    //chain through the list deleting nodes
    currPtr = head;
    while(currPtr != NULL)
    {
    //record address of next node, delete current node
        nextPtr = currPtr->NextNode();
        delete currPtr;

        //move current node forward
        currPtr = nextPtr;
    }
    //mark list as empty
    head = NULL;
}
#endif  //NODE_LIBRARY
```

参考文献

[1] T H Cormen,C E Leisersen,R L Rivest,et al. Introduction to Algorithms[M],2nd ed. New York: McGraw-Hill,2001.

[2] 王晓东.算法设计与分析[M].北京:清华大学出版社,2003.

[3] 熊岳山,陈怀义,姚丹霖.数据结构(C++描述)[M].2版.长沙:国防科技大学出版社,2004.

[4] 熊岳山,祝恩.数据结构与算法[M].北京:清华大学出版社,2012.

[5] 许卓群,等.数据结构[M].北京:高等教育出版社,1997.

[6] D E Knuth. The Art of Computer programming. Vol. 1 Fundamental Algorithms. Vol. 3 Sorting and Searching[M]. 2nd ed. Addison-Wesley Publishing Company,1998.

[7] 严蔚敏,吴伟民.数据结构(C语言版)[M].北京:清华大学出版社,2011.

[8] 傅清祥,王晓东.算法与数据结构[M].北京:电子工业出版社,1998.

[9] Ford W,Topp W.数据结构(C++描述)[M].刘卫东,沈官林,译.北京:清华大学出版社,1988.

[10] Sahni S.数据结构、算法与应用:C++语言描述[M].汪诗林,等译.北京:机械工业出版社,2000.

[11] 谭浩强.C语言程序设计[M].3版.北京:清华大学出版社,2014.

[12] Clifford A Shaffer. A Practical to Data Structures and Algorithm Analysis[M].张铭,刘晓丹,译.北京:电子工业出版社,1998.

[13] 张铭,王腾蛟,赵海燕.数据结构与算法[M].北京:高等教育出版社,2008.

[14] Mark Allen Weiss.数据结构与算法[M].陈越,改编.北京:人民邮电出版社,2005.

[15] Mark Allen Weiss.数据结构与算法分析[M].张怀勇,译.3版.北京:人民邮电出版社,2007.

参考文献

图书资源支持

感谢您一直以来对清华版图书的支持和爱护。为了配合本书的使用，本书提供配套的资源，有需求的读者请扫描下方的“书圈”微信公众号二维码，在图书专区下载，也可以拨打电话或发送电子邮件咨询。

如果您在使用本书的过程中遇到了什么问题，或者有相关图书出版计划，也请您发邮件告诉我们，以便我们更好地为您服务。

我们的联系方式：

地　　址：北京市海淀区双清路学研大厦 A 座 714

邮　　编：100084

电　　话：010-83470236　010-83470237

客服邮箱：2301891038@qq.com

QQ：2301891038（请写明您的单位和姓名）

资源下载：关注公众号“书圈”下载配套资源。

资源下载、样书申请

书圈

图书案例

清华计算机学堂

观看课程直播